高等学校电气信息类"十三五"规划教材

华东交通大学教材（专著）基金资助项目

单片微机原理及应用基础教程

陈 慧　刘举平　等编著

化学工业出版社

·北京·

本书以 80C51 为代表，系统、全面地阐述了 51 系列单片微型计算机的硬件组成及工作原理、汇编语言和 C51 语言体系及其程序设计方法、系统扩展的原理及方法、接口技术及其应用基础，并简要介绍了单片机应用系统设计、开发及调试的原则、步骤、方法及常用的开发工具。

本书内容根据教学需要进行编排，兼顾实际工程应用。在编写过程中力求内容充实、概念准确；由浅入深、循序渐进；有点有面、重点突出。为便于读者更好地理解和掌握相关知识，本书配有大量的例题，例题的设计上兼顾到了典型性、实用性和可拓展性；并且本书在每章结束后均附有思考题。

本书可作为高等院校电子信息工程、电气工程及其自动化、机械工程及其自动化、自动化等相关专业单片机课程的教材，也可供从事单片机开发应用方面的工程技术人员阅读和参考。

图书在版编目（CIP）数据

单片微机原理及应用基础教程/陈慧等编著 . —北京：
化学工业出版社，2016.12（2025.2 重印）
高等学校电气信息类"十三五"规划教材
ISBN 978-7-122-28406-8

Ⅰ.①单… Ⅱ.①陈… Ⅲ.①单片微型计算机-高等
学校-教材 Ⅳ.①TP368.1

中国版本图书馆 CIP 数据核字（2016）第 258260 号

责任编辑：郝英华 装帧设计：韩 飞
责任校对：吴 静

出版发行：化学工业出版社（北京市东城区青年湖南街 13 号 邮政编码 100011）
印 装：北京科印技术咨询服务有限公司数码印刷分部
787mm×1092mm 1/16 印张 16 字数 395 千字 2025 年 2 月北京第 1 版第 6 次印刷

购书咨询：010-64518888 售后服务：010-64518899
网 址：http://www.cip.com.cn
凡购买本书，如有缺损质量问题，本社销售中心负责调换。

定 价：45.00 元

→ 前 言

　　目前，国内本科院校电气信息类、机械类、计算机类相关专业普遍开设了单片机原理及应用方面的课程，其中许多专业还将它列为重要的必修课程。 本书是编者结合各开设专业的特点，将自身长期从事相关教学和科研的经验成果悉心总结、提炼而成的。

　　本书以经典的80C51为代表，介绍了51系列单片机的硬件结构及原理、编程语言及程序设计方法，进而阐述了单片机系统扩展、常用接口技术，最后就单片机应用系统开发的相关知识进行了较深入的探讨。 本书对各章节内容和编排顺序进行了精心地组织，全书包括以下8章：第1章单片机基础知识导论；第2章51单片机硬件基础；第3章汇编语言及其程序设计；第4章51单片机中断、定时/计数器及串行接口；第5章单片机系统扩展的原理及方法；第6章接口技术及其应用基础；第7章C51语言及其程序设计；第8章51单片机应用系统开发。 为便于读者更好地理解本书内容的重点和难点，以及帮助读者检验学习的效果，书中每一章都附有思考题。

　　全书内容组织合理，深入浅出，循序渐进，层次分明；知识点阐述上力求用语精准、细致和全面，以期更好地为读者服务。 主要特色有：①在第1章适当补充相关预备知识以满足初学者，尤其是非计算机专业学生的需求；②在第3章和第7章分别安排了汇编语言和C51语言及程序设计的内容，并阐述了将两者结合进行混合汇编的方法，从而较全面地涵盖了程序设计的知识；③在第8章中向读者简介了目前最实用的51单片机开发软件Keil μVision 及 Proteus；④本书在例题及思考题的设计上，力求把握相关内容的重点和难点知识，注重题目的典型性、实用性和可拓展性。

　　本书配有精心制作的电子课件可供用书院校使用，如有需要请发邮件至 cipedu@163.com 索取。

　　本书由陈慧、刘举平等编著，参与本书编写和程序调试工作的还有李志刚、胡爱闽、罗智中、章海亮、余为清及吴至境，所有编写人员均长期从事单片机原理及应用相关的教学及研究工作。 另外，陈浩参与了本书的文字核错工作。

　　由于编者水平有限，书中若有缺点或不妥之处，敬请读者批评指正，谢谢！

编者

2016 年 9 月

第3章　汇编语言及其程序设计　　41

第4章　51单片机中断、定时/计数器及串行接口　　79

第 5 章 单片机系统扩展的原理及方法   103

第 6 章 接口技术及其应用基础   119

第1章 单片机基础知识导论

1.1 基本术语及定义

为帮助初学者更好地理解本书的内容，介绍微型计算机领域一些基本术语及定义。

(1) 位（bit）

位定义为计算机能够表示的最小最基本的单位。由于计算机中采用二进制表示信息，所以位就是一个二进制位，有两种状态"0"和"1"，对应于一个开关量。

(2) 字节（Byte）

相邻的 8 位二进制数称为一个字节，即 1 Byte＝8 bit。例如：11000011。

(3) 字与字长（Word）

字的基本定义是 CPU（Central Processing Unit）内部进行数据处理的基本单位。字长则指的是每个字所包含的二进制位数，字长是衡量 CPU 工作性能的一个重要参数，它通常与 CPU 内部的寄存器、运算装置和总线宽度一致。例如：某 CPU 内含 8 位运算器，则参加运算的数及结果均以 8 位表示，最高位产生的进位或借位在 8 位运算器中不保存，而将其保存到标志寄存器中。

实际中常将"字"用作二进制的单位，此时，一个字定义为相邻的 16 位二进制数，即 1 Word＝2 Byte。在此基础上还定义了比字更大的单位：双字（DWord），一个双字定义为相邻的 32 位二进制数，即 1DWord＝4Byte。

(4) 位编号

为便于描述，对字节、字和双字中的各位用从 0 开始的整数进行编号，称之为位编号。位编号从右边的低位开始到左边的高位依次为 0,1,2,…。字节的位编号如图 1-1 所示，字、双字的位编号依此类推。

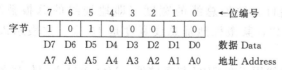

图 1-1　字节位编号示意图

(5) 指令系统与程序

指令是 CPU 能执行的一个基本操作的表达，如取数、加、减、乘、除、存数等。

指令系统是 CPU 所能执行的全部操作的集合，即全部指令的集合。不同的 CPU，其指令系统有所不同。

程序是用户使用计算机解决特定问题时，利用指令系统中指令编写的相应指令序列。

(6) 寄存器

寄存器是用来存放信息的一种基本逻辑电路部件。根据所存放信息的不同，有指令寄存器、数据寄存器、地址寄存器等，各类寄存器在计算机中普遍存在。

(7) 译码器

译码器是将输入代码转换成相应输出信号的逻辑电路。根据译码内容不同可分为指令译码器和地址译码器两类。

① 指令译码器　指令译码器的功能是将指令代码转换成该指令所需的各种控制信号。其工作原理：CPU 设计者对 CPU 所有指令进行了编码；用户用指令编写程序后，CPU 从内存读取程序中的指令，对指令进行译码从而发出执行该指令功能所需的各种信号。

② 地址译码器　地址译码器的功能是将地址信号转换成各个地址单元相应的选通信号。

1.2　单片微型计算机概述

1.2.1　微型计算机及其系统组成

(1) 微型计算机基本组成

一般认为微型计算机主机硬件包括四个部分：CPU、存储器、总线和输入/输出接口（又称 I/O 接口），如图 1-2 所示。主机之外的设备称为外部设备（简称外设），指的是通过 I/O 接口与主机相连的各种输入或输出型设备。

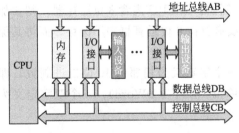

图 1-2　微型计算机硬件组成框图

① 总线　总线是连接多个功能部件的公共信号线。微机各功能部件之间通过总线传输信息。根据总线上流通的逻辑信号不同，总线可分为三类：数据总线、地址总线和控制总线。

数据总线：用于 CPU 与存储器、I/O 接口之间传送数据信息，数据总线是双向的。数据总线的宽度（即数据线的总根数/条数/位数）决定了一次数据传送可能达到的最高传送位数。例如，某微机数据总线宽度是 8 位，这表示该微机执行一次数据传送操作时最多能够传送 8 位数据。

地址总线：地址总线是单向的，用于传送由 CPU 输出的地址信号，以确定被访问的存储单元或 I/O 端口。地址总线的宽度（即地址线的总根数/条数/位数）决定了 CPU 的寻址能力。例如，某微机地址总线宽度是 10 根，这表示该微机可寻址 2^{10}（即 1024）个地址。

控制总线：控制总线用于在 CPU 与存储器、I/O 接口之间传送各种控制信号，控制信号有的是 CPU 发出的，有的是存储器或者 I/O 接口发出的，因此是双向的。

② 中央处理器 CPU　CPU 是微型计算机的核心部件，用于控制并实现指令的自动读取和执行。CPU 是微型计算机中结构最复杂的部件，含有累加器、寄存器、算术逻辑部件、控制部件、时钟发生器、内部总线等。本书第 2 章将详细阐述 MCS-51 单片机 CPU 的结构及功能。

③ 内存　微机主机内含的存储器简称内存，用于存储程序和数据信息。如图 1-3 所示，内存由地址译码器、内存单元等组成，CPU 发出的地址经地址译码器转换为各内存单元相应的选通信号。

④ 输入/输出接口（I/O 接口）　I/O 接口电路指的是协调和实现计算机与外设之间数据传送用的电路部件，简称接口。计算机每连接一个外设就需要一个相应的接口，接口的主要功能如下：

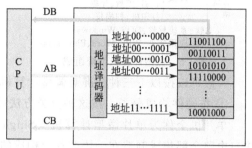

图 1-3　内存结构示意图

a. 协调 CPU 与外设的速度差异。一般外设速度远低于 CPU，因而必须在确认外设已为数据传送做好准备的前提下，CPU 才能进行数据的输入/输出操作。这就需要通过接口电路将外设的状态信息传送给 CPU，据此协调 CPU 与外设之间的速度差异。

b. 信号转换。计算机只能输入或输出特定电平系列的数字信号，但一些外设能提供的或所需要的并不是这样的信号。因此需要接口对其进行信号转换，例如 TTL/MOS 电平转换、D/A 及 A/D 转换等。

c. 输入三态及输出锁存。数据输入时为维护系统公用数据总线的正常传送秩序，只允许当前时刻正在进行数据传送的数据源使用数据总线，其余数据源则要与数据总线隔离，为此接口必须能为数据输入提供三态缓冲功能。数据输出时由于 CPU 工作速度快，数据在总线上只停留短暂的时间，无法满足慢速外设的需要，为此接口中需要配置数据锁存电路用以保存 CPU 输出的数据直至外设接收。

I/O 接口结构及功能示意如图 1-4 所示，其中 I/O 端口部分是接口应用中的重点，CPU 正是通过对接口中各端口的读/写操作来实现与外设的数据交换。端口指的是接口中用以完成某种信息传送，且可以由编程人员寻址进行读/写操作的寄存器，简称为"口"。关于端口有：

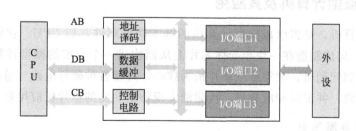

图 1-4　I/O 接口结构示意图

a. 一个接口至少含有一个端口，也可以含有多个端口。

b. 端口根据所寄存信息的类型不同，分为数据端口、状态端口、命令端口等。

c. 每个 I/O 端口都有自己的端口地址，该地址在计算机系统中应具有唯一性。

d. 所谓 CPU 寻址外设是以端口作为实际的访问单元。

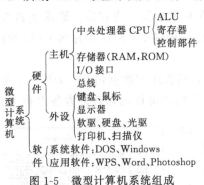

图 1-5 微型计算机系统组成

由于外设的多样性，I/O 接口的结构和功能也是多种多样的。常见外设及其 I/O 接口如下：键盘→键盘接口、显示器→显卡、鼠标→USB 接口、网络→网卡、打印机→并行接口、音箱或麦克风→声卡。

（2）微型计算机系统组成

微型计算机系统组成如图 1-5 所示。

（3）微型计算机分类

一般可以按以下三种标准对微型计算机进行分类。

① 按硬件构成分类。按这种分类方法可将微型计算机分为单片机、单板机和多板机。

单片机全称为单片微型计算机（Single Chip Microcomputer），是将 CPU、内存、I/O 接口电路全部集成制造在一块芯片上构成的微型计算机。具有超小型、高可靠性、价格低廉的特点，常用于智能仪表、工业实时控制、家用电器等领域。单片机典型产品有 Intel 公司的 51 系列和 96 系列，Motorola 公司的 6801、6805 系列以及 Hitachi（日立）公司的 H8S、SH 系列单片机等。

单板机是将 CPU、内存、I/O 接口及其他辅助电路全部制作在一块印刷电路板上组成的微型计算机。其特点是结构简单、价格低廉，主要应用在过程控制、数据处理方面。单板机典型产品是以 Z80CPU 为核心的单板机 TP-801。

多板机是把 CPU、内存、I/O 接口芯片安装制造在多块印刷电路板上，各印刷电路板插在主机板的总线插槽上，通过系统总线连接起来而构成的微型计算机。其特点是功能较强，最具代表性的产品为 IBM 公司的 PC 机。

② 按 CPU 字长分类。按这种分类方法，可将微型计算机分为 4 位机、8 位机、16 位机、32 位机和 64 位机等。CPU 字长指的是其内部的寄存器的宽度，是 CPU 性能的主要参数。

③ 按主机装置分类。按这种分类方法可将微型计算机分为桌上型（例如台式电脑）和便携型（例如笔记本、掌上电脑）两类。

1.2.2　单片微型计算机及其应用

单片微型计算机，是将组成微型计算机的基本功能部件，如 CPU、存储器、总线、输入/输出接口等，集成制造在一块半导体芯片上从而构成一个完整的微型计算机，简称单片机。解决实际控制问题时，常需要以单片机为核心，外接各种硬件电路（通过扩展接口连接的外设及被控对象）并配以相应软件，构建能实现特定功能的单片机应用系统。

（1）单片机发展简史

从 1975 年美国 TEXAS 公司首次发布 TMS1000 系列 4 位单片机开始短短几十年内，单片机的发展十分迅猛，至今其种类已达到几百种。单片机的发展史大致可分以下 4 个阶段。

① 4 位单片机以及低档 8 位单片机阶段。自 TMS1000 系列单片机问世之后，众多计算机厂商竞相推出多款 4 位单片机。知名产品有美国 National Semiconductor 公司的 COP402

系列、Rockwell 公司的 PPS/1 系列、日本 NEC 公司的 μPD75 系列等。

1976 年美国 Intel 公司推出 MCS-48 系列单片机开创了 8 位单片机时代。同类产品有 Motorola 公司 6801 系列、Zilog 公司 Z-8 系列以及 Rockwell 公司 6501、6502 等。这些单片机集成度为几千支管/片，寻址范围小于 8KB，且一般没有串行接口，属于低档 8 位单片机。

② 高档 8 位单片机以及 16 位单片机阶段。1978～1983 年间高性能 8 位单片机相继出现，其中最具代表性的当属 Intel 公司于 1980 年出品的 MCS-51 系列。此外还出现了诸如 Intel 公司的 8X52、Zilog 公司的 Super8 等更高性能的 8 位单片机，它们不但进一步扩大了片内 ROM 和 RAM 的容量，同时还增加了通信功能、DMA 功能以及高速 I/O 功能等。

此后，Intel、National Semiconductor 以及 NEC 等公司还推出了 16 位单片机，最著名的是 Intel 公司于 1983 年推出的 MCS-96 系列。这些 16 位机不仅配置了多个并行、串行 I/O 口、定时/计数器以及多级中断处理系统；还具有高速输入/输出（HSIO）、脉宽调制（PWM）以及监视定时器（Watchdog）等多种功能，因此运算速度和控制功能大大提高，实时处理能力很强。

③ 微控制器（MCU）阶段。许多 IC 公司，如 Philip、Atmel、Dallas、NEC 等，以 MCS-51 中 8051 为内核推出了适合各种嵌入式应用的单片机产品。这些产品将 A/D、D/A、PWM 及 Watchdog 等功能纳于芯片中，加强了外围电路的功能，使得单片机具有微控制器特征。

④ 嵌入式系统应用阶段。现阶段单片机走向了嵌入式系统的独立发展之路，寻求应用系统在芯片上的最大化解决。出现了高速、大寻址范围、强运算能力的各种 8 位、16 位和 32 位的通用及专用单片机。因此，专用单片机的发展自然形成了片上系统（SOC）化趋势。随着微电子技术、IC 设计、EDA 工具的发展，基于 SOC 的单片机应用系统设计会有更大的发展。

(2) 单片机的主要类型

① 51 系列单片机。尽管单片机种类繁多，以 Intel 8051 为内核的各种 51 系列单片机仍然是目前最常用的单片机品种。

a. Intel 公司的 MCS-51 系列。MCS-51 是单片机发展史中一个经典的 8 位机系列，包括 51 子系列和 52 子系列，共有 12 种芯片，如表 1-1 所示。

表 1-1　MCS-51 系列单片机

系列	片内存储器				定时器/计数器	并行 I/O	串行 I/O	中断源	制造工艺
	无 ROM	片内 ROM	片内 EPROM	片内 RAM					
MCS-51 子系列	8031	8051 4KB	8751 4KB	128	2×16 位	4×8 位	1	5	HMOS
	80C31	80C51 4KB	87C51 4KB	128	2×16 位	4×8 位	1	5	CHMOS
MCS-52 子系列	8032	8052 8KB	8752 8KB	256	3×16 位	4×8 位	1	6	HMOS
	80C232	80C252 8KB	87C252 8KB	256	3×16 位	4×8 位	1	7	CHMOS

MCS-51 系列产品片内配备了 128B RAM，32 条 I/O 口线，2 个定时/计数器，5（或 6）

个中断源。MCS-51 系列产品因其应用成熟，学习资料齐全，被单片机开发设计人员广泛接受。本书以该系列产品为例来介绍单片机的硬件原理、指令系统及编程应用等内容。

b. Philips 公司的 51 单片机。Philips 公司的 80C562 和 87C591 是基于 8051 内核的单片机。80C562 单片机在 8051 的基础上有所提高，配备了 256B RAM，48 条 I/O 口线，3 个定时/计数器，14 个中断源。87C591 是比 80C562 配置更强的单片机，配备了 256B RAM 及 256B AXURAM，32 条 I/O 口线，3 个定时/计数器，15 个中断源，还备有 SJA 1000 CAN、10 位 ADC、WDT 以及 I^2C 总线。

c. Cygnal 公司的 C8051F 系列。C8051F 系列内部资源非常丰富。如 C8051F020 单片机内部除包含 MCS-51 的基本配置之外还具有 ADC、DAC、PCA、SPI 和 SMBUS 等部件，这种将单片机基本组成单元与模拟、数字外设集成在一个芯片上实际组成了片上系统（SOC）。此外，C8051F 系列单片机采用流水线结构，使其指令运行速度大约达到 8051 的 12 倍。

d. ATMEL 公司的 8 位单片机。ATMEL 公司的 8 位单片机有 AT89、AT90 两个系列，AT89 系列是 8 位 Flash 单片机，与 8051 系列单片机相兼容，静态时钟模式；AT90 系列单片机是增强 RISC 结构、全静态工作方式、内载在线可编程 Flash 的单片机，也叫 AVR 单片机。

② PIC 系列单片机。PIC 系列单片机是 Microchip 公司的产品，其 PIC16C 系列和 PIC17C 系列是与 MCS-51 对应的 8 位单片系列。PIC 系列单片机的特点：采用完全哈佛结构，指令和数据空间及传输路径完全分开，提高了数据吞吐率；采用流水线形式，执行指令的同时允许取出下一条指令，实现了单周期指令；采用寄存器组结构，其 RAM 及 I/O 口、定时器和程序计数器等都以寄存器方式工作和寻址，只需一个指令周期就可以完成访问和操作；采用 RISC（精简指令集计算机）结构，与传统采用 CISC 结构的单片机相比，不仅指令数量少易学易记，而且系统具有较高的代码压缩能力，有利于提高程序执行速度。

PIC 系列单片机功能全、种类多，开发者可根据不同用途和要求设计出性价比较高的单片机控制装置。因此它们广泛应用于工业控制、电子消费产品及汽车电子等领域，其产量和市场占有率位于前列。

③ TI 公司的单片机。美国 TI 公司 1996 年推出了一种 RISC 结构的 16 位单片机系列 MSP430。MSP430 系列的主要特点有：运算处理能力强，有丰富的寻址方式和简洁的内核指令，8MHz 时钟驱动下指令周期仅为 125ns；超低功耗设计，工作电压 1.8～3.6V，有两个时钟、五种不同的工作模式，可以在指令控制下接通和关断时钟从而实现对总体功耗的控制（例如：在 1MHz 时钟下运行时芯片取用电流在 200～400μA 左右，而在时钟关断模式运行时最低维持电流只有 0.1μA。）；具有丰富的片上外围模块，集成了模拟比较器、硬件乘法器、10/12 位 ADC、液晶驱动器、I^2C 总线和 DMA、WDT 等；具有 OPT、FLASH 和 ROM 3 种类型的开发环境，方便高效；片内有 JTAG（Joint Test Action Group）调试接口，通过 PC 机和 JTAG 调试器获取片内信息，使设计者在调试开发时无需仿真器和编程器，开发工具简便，可以实现在线编程，开发语言有汇编语言和 C 语言；此外，MSP430 系列产品均为工业级因而适合工业环境下使用。

(3) 单片机的应用

单片机又分为通用型单片机和专用型单片机两大类。前者是把可开发资源，如 ROM、

I/O 接口等，全部提供给应用者的单片机；后者则是为了过程控制、参数监测、信号处理等方面的特殊需要而设计的单片机。由于单片机具有体积小、功耗低、功能强、扩展灵活、可靠性高和性价比高的优点，因而在智能仪器、工业自动控制、家用电器、通信、医疗及航空航天等多方面得到广泛应用。

① 智能仪器仪表。单片机在各类仪器仪表（例如功率计、示波器、各种分析仪及各种智能 IC 卡）中应用得十分广泛。单片机的使用有助于提高仪器仪表自动化程度和精度，使其向数字化、智能化、微型化、多功能化及柔性化方向发展。由单片机构成的智能仪表集测量、处理和控制功能于一体，可实现诸如电压、功率、频率、温度、湿度、流量、速度、长度、压力等的测量。

② 工业自动控制。自动化技术中数据采集、过程控制等的实现都离不开单片机。利用单片机可以构成形式多样的工业控制系统、数据采集系统及自适应控制系统（例如，流水线智能管理、电梯智能控制、各种工业报警系统等），用单片机实时进行数据处理和控制可以使系统保持最佳状态，提高产品质量和工作效率。

③ 家用电器。家电产品的一个重要发展趋势是不断提高其智能化程度。目前，各种家用电器（例如空调、电饭煲、电冰箱、洗衣机、彩电、微波炉、音响视频器材、电子称量设备等）普遍采用单片机作为其控制核心。

④ 网络和通信。单片机普遍具备通信接口，可方便地与计算机进行数据通信。计算机网络终端设备、银行终端及计算机外设（如硬盘驱动器、打印机、绘图仪、复印机、传真机等）中都使用了单片机。而且，现在通信设备也基本上实现了单片机控制，在电话机、调制解调器、程控交换技术，以及路由器、交换机、列车无线通信、集群移动通信等各种通信设备中，单片机都得到了广泛的应用。

⑤ 医用设备。单片机在医用设备中的用途也相当广泛，例如各种分析仪、监护仪、医用呼吸机、超声诊断设备及病床呼叫系统等都用到了单片机。

⑥ 汽车电子设备。单片机在汽车电子设备中的应用非常广泛，例如单片机在汽车中的发动机智能电子控制器、GPS 导航系统、汽车制动系统以及 ABS 防抱死系统等中的应用。

⑦ 武器装备。单片机也深入到了现代化的武器装备中，例如军舰、坦克、导弹、航天飞机导航系统等。

1.3　数制及数制间的转换

数制也称进位计数制，是利用符号来计数的科学方法。

计算机中各类信息均以二进制形式进行存储和运算。由于二进制中只含有 0 和 1 两个数码，若以 1 代表高电平，0 代表低电平，在计算机中可利用二值电路来进行计数、比较及运算，实现起来极容易且简便可靠，因此所有计算机都是采用二进制数来进行运算的。但是使用二进制编写程序很繁琐而且所编程序的可读性也差，为此人们在编程时常用到十六进制和八进制。然而，人们在日常生活中习惯采用十进制计数。因此，对于用户输入的十进制数，计算机必须先将其转换成二进制数然后进行识别和处理，处理的结果还常需要还原成十进制的形式输出。

任何一种数制都包含两个基本因素：基数和位权。

(1) 基数 R（Radix）

所谓基数，就是在某一种进制中可能用到的数码的个数。以十进制为例，它包含 $0,1,\cdots,9$ 共 10 个数码，因此十进制的基数 $R=10$。

(2) 位权 W（Weight）

任一进制数中，某一位的数值等于该位的数码值乘以该位的位权。位权表示为基数 R 的某次幂，是一个与该位数码值无关的固定常数，它由该位在这个数中的位置决定，即 $W=R^i$，其中 i 为位编号。

设有一 R 进制数，含有 m 位整数、n 位小数，则该数中从左到右各位的位权分别为 R^{m-1}，R^{m-2}，$\cdots$，R^2，R^1，R^0，R^{-1}，R^{-2}，$\cdots$，R^{-n}。

1.3.1 常用进位计数制

(1) 十进制 D（Decimal）

十进制的基数 $R=10$，有两层含义：第一，十进制包含 0，1，2，$\cdots$，9 共 10 个数码；第二，十进制的进位规则是"逢十进一"和"借一当十"。十进制的位权 $W=10^i$，i 为位编号。任意一个含有 m 位整数、n 位小数的十进制数 N 可以表示为：

$$(N)_D=D_{m-1}\times10^{m-1}+D_{m-2}\times10^{m-2}+\cdots+D_1\times10^1+D_0\times10^0+D_{-1}\times10^{-1}+D_{-2}\times10^{-2}+\cdots+D_{-n}\times10^{-n}$$

例如：$368.295=3\times10^2+6\times10^1+8\times10^0+2\times10^{-1}+9\times10^{-2}+5\times10^{-3}$。

(2) 二进制 B（Binary）

二进制的基数 $R=2$，即：二进制包含 0，1 共两个数码；二进制的进位规则是"逢二进一"和"借一当二"。二进制的位权 $W=2^i$，i 为位编号。任意一个含有 m 位整数、n 位小数的二进制数 N 可以表示为：

$$(N)_B=D_{m-1}\times2^{m-1}+D_{m-2}\times2^{m-2}+\cdots+D_1\times2^1+D_0\times2^0+D_{-1}\times2^{-1}+D_{-2}\times2^{-2}+\cdots+D_{-n}\times2^{-n}$$

例如：$(10110.011)_B=1\times2^4+1\times2^2+1\times2^1+1\times2^{-2}+1\times2^{-3}$。

(3) 八进制 Q（Octal）

八进制的基数为 8，使用的数码有 8 个：0，1，2，3，4，5，6，7。进位规则是"逢八进一"和"借一当八"。其位权 $W=8^i$，i 为位编号。任意一个 m 位整数、n 位小数的八进制数 N：

$$(N)_Q=D_{m-1}\times8^{m-1}+D_{m-2}\times8^{m-2}+\cdots+D_1\times8^1+D_0\times8^0+D_{-1}\times8^{-1}+D_{-2}\times8^{-2}+\cdots+D_{-n}\times8^{-n}$$

例如：$(7062.15)_Q=7\times8^3+6\times8^1+2\times8^0+1\times8^{-1}+5\times8^{-2}$。

(4) 十六进制 H（Hexadecimal）

十六进制的基数 $R=16$，使用的数码为：1，2，$\cdots$，8，9，A，B，C，D，E，F 共 16 个。进位规则是"逢十六进一"和"借一当十六"。十六制的位权 $W=16^i$，i 为位编号。任意一个含有 m 位整数、n 位小数的十六进制数 N 可以表示为：

$$(N)_H=D_{m-1}\times16^{m-1}+D_{m-2}\times16^{m-2}+\cdots+D_1\times16^1+D_0\times16^0+D_{-1}\times16^{-1}+\cdots+$$

$$D_{-n} \times 16^{-n}$$

例如：$(6AD1.0E)_H = 6 \times 16^3 + 10 \times 16^2 + 13 \times 16^1 + 1 \times 16^0 + 14 \times 16^{-2}$。

1.3.2　数制之间的转换

（1）十进制数转换为二、八、十六进制数

十进制数转换为 r 进制数的方法是：先将十进制数分为纯整数与纯小数两个部分，对其纯整数部分采用"除基取余"法获得 r 进制数的纯整数部分；对其纯小数部分采用"乘基取整"法获得 r 进制数的纯小数部分。然后，将所获得的 r 进制数纯整数部分与 r 进制数纯小数部分用小数点连接起来即可。

① 整数部分"除基取余"。设 D_Z 为十进制纯整数，将其转换为 r 进制纯整数 R_Z 的步骤如下。

第一步，用 D_Z 除以 r，获得商 S_1 和余数 Y_1。取余数 Y_1 作为 R_Z 的最低位（小数点左边第 1 位）数码 K_0；

第二步，用第一次除获得的商 S_1 再除以 r，获得新的商 S_2 和余数 Y_2。取余数 Y_2 作为 R_Z 的次低位（小数点左边第 2 位）数码 K_1；

第三步，重复上述"除基取余"的方法，直至第 m 次除法进行后所获商为零时为止。则第 m 次除法获得的余数 Y_m 即为 R_Z 的最高位数码 K_{m-1}。至此，获得了 r 进制纯整数 R_Z 的全部各位数码 K_0，K_1，K_2，$\cdots$，K_{m-1}。

[例 1-1]　将 256 转换成二、八、十六进制数。

$256 \div 2 = 128$，　$K_0 = 0$

$128 \div 2 = 64$，　$K_1 = 0$

$64 \div 2 = 32$，　$K_2 = 0$

$32 \div 2 = 16$，　$K_3 = 0$

$16 \div 2 = 8$，　$K_4 = 0$

$8 \div 2 = 4$，　$K_5 = 0$

$4 \div 2 = 2$，　$K_6 = 0$　　　　$256 \div 8 = 32$，$K_0 = 0$　　　$256 \div 16 = 16$，$K_0 = 0$

$2 \div 2 = 1$，　$K_7 = 0$　　　　$32 \div 8 = 4$，　$K_1 = 0$　　　$16 \div 16 = 1$，　$K_1 = 0$

$1 \div 2$，商为 0，$K_8 = 1$　　$4 \div 8$，商为 0，$K_2 = 4$　　$1 \div 16$，商为 0，$K_2 = 1$

即：$256 = 100000000B$；　　　$256 = 400Q$；　　　　　　$256 = 100H$

② 小数部分"乘基取整"。设 D_X 为十进制纯小数，将其转换为 r 进制纯小数 R_X 的步骤如下。

第一步，用 D_X 乘以 r，得到乘积的整数部分 Z_1 和小数部分 X_1。取其中的整数部分 Z_1 作为 R_X 的最高位（小数点右边第 1 位）数码 K_{-1}。

第二步，用第一次乘得到的乘积的小数部分 X_1 乘以 r，获得新的乘积的整数部分 Z_2 和小数部分 X_2。取 Z_2 作为 R_X 的次高位（小数点右边第 2 位）数码 K_{-2}。

第三步，重复上述"乘基取整"的方法，直至第 n 次乘法进行后所获乘积的小数部分为零（或者达到了所需要的数度位数）时为止。则第 n 次乘法获得的乘积的整数部分 Z_n 即为 R_X 的最后一位数码 K_{-n}。至此，获得了 r 进制纯小数 R_X 的全部各位数码 K_{-1}，K_{-2}，$\cdots$，K_{-n}。

[例1-2] 将 0.235 转换成二、八、十六进制数，要求精度为 5 位小数。

$0.235 \times 2 = 0.47$，$K_{-1} = 0$　$0.235 \times 8 = 1.88$，$K_{-1} = 1$　$0.235 \times 16 = 3.76$，$K_{-1} = 3$

$0.47 \times 2 = 0.94$，$K_{-2} = 0$　$0.88 \times 8 = 7.04$，$K_{-2} = 7$　$0.76 \times 16 = 12.16$，$K_{-2} = C$

$0.94 \times 2 = 1.88$，$K_{-3} = 1$　$0.04 \times 8 = 0.32$，$K_{-3} = 0$　$0.16 \times 16 = 2.56$，$K_{-3} = 2$

$0.88 \times 2 = 1.76$，$K_{-4} = 1$　$0.32 \times 8 = 2.56$，$K_{-4} = 2$　$0.56 \times 16 = 8.96$，$K_{-4} = 8$

$0.76 \times 2 = 1.52$，$K_{-5} = 1$　$0.56 \times 8 = 4.48$，$K_{-5} = 4$　$0.96 \times 16 = 15.36$，$K_{-5} = F$

即：$0.235 \approx 0.00111B$；　　　　$0.235 \approx 0.17024Q$；　　　　　$0.235 \approx 0.3C28FH$

[例1-3] 将 256.235 转换成二、八、十六进制数，小数部分要求精度为 5 位小数。

根据例 1-1、例 1-2，可得：

$256.235 \approx 100000000.00111B$；　　$256.235 \approx 400.17024Q$；　　$256.235 \approx 100.3C28FH$

(2) 二、八、十六进制数转换为十进制数

将其他非十进制数转换为十进制数的方法是"加权求和"，即：将其他进制数先按位权展开成多项式，再利用十进制运算法则求和，可得到该数对应的十进制数。

[例1-4] 将 10110.101B、245.73Q 和 6E8.DH 分别转换成十进制数。

$10110.101B = 1 \times 2^4 + 1 \times 2^2 + 1 \times 2^1 + 1 \times 2^{-1} + 1 \times 2^{-3} = 22.625$

$245.73Q = 2 \times 8^2 + 4 \times 8^1 + 5 \times 8^0 + 7 \times 8^{-1} + 3 \times 8^{-2} = 165.921875$

$6E8.DH = 6 \times 16^2 + 14 \times 16^1 + 8 \times 16^0 + 13 \times 16^{-1} = 1768.8125$

(3) 二进制数与八、十六进制数之间的相互转换

由 $2^3 = 8$ 可见，3 位二进制数与 1 位八进制数包含相同的信息量，即二者之间有着数学上的自然对应关系，这使得二进制数与八进制数之间的转换变得简单。同理，由 $2^4 = 16$ 可见，4 位二进制数与 1 位十六进制数也有着天然的数学对应关系，因此，二进制数与十六进制数之间的转换也很简单。

① 二进制数→八进制数采用"合 3 为 1"的方法。"合 3 为 1"的做法：将二进制数以小数点为分界点，分别向左、右两边各以 3 位为 1 组进行分组，若不足 3 位的以 0 补足以保证 1 组包含 3 位；然后 1 组 3 位二进制数按"加权求和"计算其数值，此数值即为对应的 1 位八进制数码；最后将得八进制数码按原二进制数分组的左右顺序（小数点位置不变）组合起来，就得到了转换后的八进制数。

[例1-5] 将 1011110.0101B 转换成对应的八进制数。

解：001　011　110　.　010　100
　　　1　　3　　6　．　2　　4

即，1011110.0101B = 136.24Q。

② 八进制数→二进制数采用"分 1 为 3"的方法。"分 1 为 3"则正好与"合 3 为 1"相反：将八进制数中每 1 位数码转换为对应的一组 3 位二进制数，然后将所得的全部二进制数码按原来十六进制数的左右顺序（小数点位置不变）组合起来，就得到了转换后的二进制数。

[例1-6] 将 1245.736Q 转换成二进制数。

解：1　　2　　4　　5　．　7　　3　　6
　　001　010　100　101　．　111　011　110

即，1245.736Q = 001010100101.111011110B。

③ 二进制数与十六进制数相互转换。二进制数转换为十六进制数可以采用"合 4 为 1"的方法：将二进制数以小数点为分界点，分别向左、右两边各以 4 位为 1 组进行分组，若不足 4 位的以 0 补足；然后将 1 组 4 位二进制数按"加权求和"计算其数值，此数值即为对应的 1 位十六进制数码；最后将得到的十六进制数码按原二进制数分组的左右顺序（小数点位置不变）组合起来，就得到了转换后的十六进制数。

十六进制数转换为二进制数则可以采用"分 1 为 4"的方法：将十六进制数中每 1 位数码转换为对应的一组 4 位二进制数，然后将所得的全部二进制数码按原来十六进制数的左右顺序（小数点位置不变）组合起来，就得到了转换后的二进制数。

[例 1-7] 将 1001010101010.001011B 转换成十六进制数。

解：0001　0010　1010　1010　.　0010　1100
　　　 1　　 2　　 B　　 B　 .　 2　　 C

即，1001010101010.001011B=12BB.2CH。

[例 1-8] 将 6C5E.3FH 转换成二进制数。

解：6　　 C　　 5　　 E　 .　 3　　 F
　0110　1100　0101　1110　.　0011　1111

即，6C5E.3FH=110110001011110.00111111B。

1.3.3　二进制数的运算

二进制数的运算包括算术运算和逻辑运算两大类，其算术、逻辑运算规律奠定了计算机中数据运算与控制的基础。

（1）二进制数的算术运算

二进制数的算术运算与十进制数相比简单很多，遵循"逢 2 进 1"、"借 1 当 2"的原则。

① 加法运算：两个二进制数相加时，每位有本位被加数、加数及低位向本位的进位共 3 个数参与运算，得到本位和向高位的进位。

[例 1-9] 计算 10111010B+10101B。

解：
```
                    10111010
                       10101
进位+)       01100000
                    11001111
```

即，10111010B+10101B=11001111B。

② 减法运算：两个二进制数相减时，每位有本位被减数、减数以及低位向本位的借位共 3 个数参与运算，得到本位的差以及向高位的借位。

[例 1-10] 计算 10111010B-10101B。

解：
```
                    10111010
                       10101
借位-)       00001010
                    10100101
```

即，10111010B-10101B=10100101B。

③ 乘法运算：用乘数的每一位去乘以被乘数，所得中间结果的最低有效位与相应的乘

数位对齐，如果乘数位为 1，则中间结果即为被乘数；如果乘数位为 0，则中间结果为 0，最后将所有中间结果同时相加可得到乘积。

[例 1-11] 计算 110010B×1101B。

解：　被乘数　　　　　　110010
　　乘数　×)　　　　　　1101
　　　　　　　　　　　110010
　　　　　　　　　　000000
　　　　　　　　　110010
　　+)　　　　　110010
　　　　　　　010001010

即，110010B×1101B=1010001010B。

上述二进制乘法与十进制乘法相似，但该算法对于计算机实现起来还是很不方便的。因此，微型计算机，如果没有乘法指令时，则常采用比较、相加与部分积右移相结合的方法编程实现乘法运算。

④ 除法运算：除法是乘法的逆运算，二进制除法的运算过程类似于十进制除法的运算过程。

[例 1-12] 计算 100101B÷101B。

解：　　　　　　000111
　　　　101｜100101
　　　　　　　101
　　　　　　　1000
　　　　　　　101
　　　　　　　111
　　　　　　　101
　　　　　　　10

即 100101B÷101B，得商 111B、余数 10B。

微型计算机如果没有除法指令时，常采用比较、相减、余数左移相结合的方法进行编程来实现除法运算。

(2) 二进制数的逻辑运算

二进制数的逻辑运算包括"与"、"或"、"非"及"异或"4 种逻辑运算，这是二进制数特有的运算类型。二进制数的逻辑运算遵循"按位进行"的原则，即：参与逻辑运算的两个二进制数必须具有相同的位数；并且逻辑运算发生在两个数的每一个对应位上，任何一位的运算由两数中该位的两个对应数码来完成，其结果不会对其他位产生任何影响。由于二进制数的逻辑运算是"按位进行"的，因此计算机实现起来很容易。

① 逻辑"与"运算：运算符为"·"或"∧"。两个 1 位二进制数相"与"符合以下规则：

$$0 \cdot 0 = 0, \qquad 0 \cdot 1 = 1 \cdot 0 = 0, \qquad 1 \cdot 1 = 1$$

[例 1-13] 已知两数 X=10110011B，Y=01010010B，计算 X·Y。

　　　　　　10110011
　　∧　01010010
　　　　00010010

即，X·Y＝00010010B。

逻辑"与"运算常用于屏蔽某些位，使某些位为 0。

② 逻辑"或"运算：运算符为"＋"或"∨"。两个 1 位二进制数相"或"符合以下规则：

$$0+0=0, \qquad 0+1=1+0=1, \qquad 1+1=1$$

[例 1-14] 已知两数 X＝10110011B，Y＝01010010B，计算 X＋Y。

```
      10110011
 ∨    01010010
      11110011
```

即，X＋Y＝11110011B。

逻辑"或"运算常用于给某些位置 1。

③"非"运算：即逻辑取反，变量 X 的"非"运算记作 $\overline{X}$，符合如下规则：$\overline{1}=0, \overline{0}=1$

[例 1-15] 设有一二进制数 X＝10101001B，求 $\overline{X}$。

$$\overline{X}=01010110 \text{ B}$$

逻辑"非"运算常用于使某变量的全部各位均发生取反变化。

④"异或"运算：运算符为"∀"或"⊕"，运算规律是"相异为 1，相同为 0"，即：

$$0\oplus0=0, \qquad 1\oplus1=0, \qquad 0\oplus1=1\oplus0=1$$

[例 1-16] 已知 X＝11101001B，Y＝01011010B，计算 X⊕Y。

```
      11101001
 ∀    01011010
      10110011
```

即，X⊕Y＝10110011B。

逻辑"异或"可以检验两个开关量（1 位二进制数）是否相等：若 x⊕y＝0，则有 x＝y。

1.4 计算机中数的表示方法

1.4.1 真值与机器数

计算机只能运算和处理二进制数，然而二进制数包括了无符号二进制数和带符号二进制数两种。那么，带符号二进制数其正、负号在计算机中该如何表达呢？规定：①计算机字长的最高位用作符号位，符号位为"0"表示该数为正数；符号位为"1"则表示该数为负数。②计算机字长中，除最高位以外的其他位则用作数值位，存放数值。

一个带符号的二进制数如果要在计算机中进行表达，则必须符合上述规定，符合上述规定的数的表达形式就称之为机器数。这个带符号的二进制数，如果先用"＋"、"-"号区分数的正、负，后跟该数的绝对值，这种表达形式称之为真值。

以字长为 8 的计算机为例（本书以后内容除特殊说明外，均为字长为 8 的计算机）：

＋32 的真值为＋100000B，其机器数为 00100000B；

－32 的真值为－100000B，其机器数为 10100000B。

1.4.2 原码、反码与补码

计算机中，机器数可以有 3 种形式：原码、反码和补码。

（1）原码

正数和负数的符号位分别用"0"、"1"表示，其他数值位则为真值的绝对值，这种形式的机器数称之为原码，表示为 $[X]_原$。原码的优点是其定义简单易懂，与真值转换方便。例如：

$$[+7]_原=00000111B$$
$$[-7]_原=10000111B$$

关于原码，还需要注意以下两点：

① 正零和负零的原码不相等。

$$[+0]_原=00000000B$$
$$[-0]_原=10000000B$$

② 8 位二进制原码表示数的范围为 $[-127]_原=11111111B$~$[+127]_原=01111111B$。

原码表示法的缺点是有时做数的加、减运算不方便。例如，当两个符号相异的数相加或两个符号相同的数相减时，先要判断两数绝对值的大小，用绝对值大的数减去绝对值小的数，最后给出适当的符号。这使得计算机的运算时间增长，控制也更复杂。为此，在计算机运算中引入了反码和补码的概念，使得数的加法和减法运算简化为单一的加法运算。

（2）反码

① 反码用 $[X]_反$ 表示。正数的反码与其原码相同；负数的反码由该负数的原码除符号位不变外，其余数值位逐位取反来得到。例如：

$$[+7]_反=[+7]_原=00000111B$$
$$[-7]_反=11111000B$$

② 正零和负零的反码不相同。

$$[+0]_反=[+0]_原=00000000B$$
$$[-0]_反=11111111B$$

③ 8 位二进制反码表示数的范围为 $[-127]_反=10000000B$~$[+127]_反=011111111B$。

（3）补码

① 补码用 $[X]_补$ 表示。正数的补码与其原码、反码相同；负数的补码要由其原码求得反码，再由反码在末位加 1 获得。例如：

$$[+7]_补=[+7]_原=[+7]_反=00000111B$$
$$[-7]_补=[-7]_反+1=11111000B+1=11111001B$$

② 正零和负零的补码相统一。

$$[+0]_补=00000000B$$
$$[-0]_补=[-0]_反+1=11111111B+1=00000000B$$

③ 8 位二进制反码表示数的范围为：

$$[-128]_反=10000000B~[+127]_反=011111111B。$$

需注意：虽然机器数有原码、反码和补码 3 种形式，但是带符号数在计算机中只有补是其唯一正确的表达形式。

（4）补码的运算规则

① 两个数之和的补码，等于它们各自的补码之和。即：

$$[X+Y]_补 = [X]_补 + [Y]_补$$

② 两个数之差的补码，等于被减数的补码加上减数连同"—"号的补码。即：

$$[X-Y]_补 = [X]_补 + [-Y]_补$$

③ 对一个数的补码再求一次补码，就得到了该数的原码。即：

$$[[X]_补]_补 = [X]_原$$

[例 1-17]　设 X＝＋28，Y＝＋62，试在 8 位计算机中用补码求 X＋Y、X－Y 以及（－X）＋（－Y）。

解：$[X]_原 = [X]_补 = 00011100B$；$[Y]_原 = [Y]_补 = 00111110B$；

$[-X]_原 = 10011100B$，$[-X]_补 = 11100100B$；$[-Y]_原 = 10111110B$，$[-Y]_补 = 11000010B$。

① $[X+Y]_补 = [X]_补 + [Y]_补 = 00011100B + 00111110B = 01011010B$

$[X+Y]_原 = [X+Y]_补 = 01011010B$

则有：X＋Y＝＋1011010B＝＋90

② $[X-Y]_补 = [X]_补 + [-Y]_补 = 00011100B + 11000010B = 11011110B$

$[X-Y]_原 = [[X-Y]_补]_补 = 10100010B$

则有：X－Y＝－100010B＝－34

③ $[(-X)+(-Y)]_补 = [-X]_补 + [-Y]_补 = 11100100B + 11000010B = 10100110B$

$[(-X)+(-Y)]_原 = [[(-X)+(-Y)]_补]_补 = 11011010B$

则有：X－Y＝－1011010B＝－90

1.4.3　溢出的判别

（1）溢出的定义

由于受到字长的限制，任何计算机能表示数的范围都是有限的。以 8 位字长计算机为例，运算装置能存储的数的范围为 00000000B～11111111B，这个范围对于无符号数而言是 0～255，对于带符号数则是－128～＋127，如果超出了这个范围则计算机无法正确表达运算结果，即计算机给出的结果是错误的，这种错误的原因就称之为溢出。溢出是指运算结果超出计算机所能表示数的范围从而导致计算出错的情况。

对于无符号数运算如果出现溢出，其判别比较简单，在计算机内部设有进位标志位会对应于运算结果超出 255 以后出现进位的情况做出标识。

带符号数在计算机中以补码形式存在并按补码运算规则进行运算，结果也是补码形式。对于带符号数的运算，判断其是否出现溢出较之无符号数的运算要复杂些。

[例 1-18]　设 X＝＋100，Y＝＋30，试在 8 位计算机中用补码求 X＋Y，（－X）＋（－Y）。

解：$[X]_原 = [X]_补 = 01100100B$；$[Y]_原 = [Y]_补 = 00011110B$；

$[-X]_原 = 11100100B$，$[-X]_补 = 10011100B$；$[-Y]_原 = 10011110B$，$[-Y]_补 = 11100010B$。

① $[X+Y]_补 = [X]_补 + [Y]_补 = 01100100B + 00011110B = 10000010B$

$[X+Y]_原 = [[X+Y]_补]_补 = 11111110B$

则有：X＋Y＝－126

② $[-X]_{\text{补}}+[-Y]_{\text{补}}=10011100B+11100010B=01111110B$

$[[-X]_{\text{补}}+[-Y]_{\text{补}}]_{\text{原}}=[-X]_{\text{补}}+[-Y]_{\text{补}}=01111110B$

则有：$(-X)+(-Y)=+126$

由于两个正数相加不可能是负数，两个负数之和也不可能是正数，显然上例中运算结果是错误的。其原因是两个带符号数之和的绝对值超过了运算装置所能表示数的范围（n 位字长运算装置能表示数的范围为 $+(2^{n-1}-1)\sim-2^{n-1}$，以 8 位为例即 $+127\sim-128$），从而引起溢出错误。两个数之和的绝对值大于正上限称为正溢出，小于负下限则称为负溢出。

至于参与运算的二进制数究竟是带符号数还是无符号数，则是由编程人员事先确定，计算机在进行运算处理时是将它们同样对待，按照所编程序来执行运算的。

（2）溢出的判别

对计算机而言，补码的引入使带符号数的运算都按加法处理。那么对于带符号数的运算，如何判别运算结果是否出现溢出呢？计算机中通常采用双高位判别法来判别溢出。双高位判别法是利用符号位及最高数值位的进位情况来判断运算结果是否发生了溢出。

先定义两个开关型的变量 C_S 和 C_P：

C_S：反映符号位发生进位的情况，有进位 $C_S=1$，否则 $C_S=0$。

C_P：反映最高数值位发生进位的情况，有进位 $C_P=1$；否则 $C_P=0$。

如果 C_S 和 C_P 的值相等（即 $C_S C_P$ 的状态为"00"或"11"），表示运算结果正确，没有溢出，结果正、负由符号位决定；如果 C_S 和 C_P 的值不等（即 $C_S C_P$ 的状态为"01"或"10"），则表示运算结果不正确，发生了溢出。据此，计算机采用"异或"电路来判别有无溢出发生，即 $C_S \oplus C_P=1$ 表示有溢出，否则无溢出。

[例 1-19] 双高位判别法应用示例。

① $X=+66$，$Y=+108$，求 $X+Y$。　　② $X=-80$，$Y=-92$，求 $X+Y$。

解：
```
      01000010(+66)           10110000(-80)
      01101100(+108)          10100100(-92)
  +)  01000000(进位)      +)  10100000(进位)
      10101110(-46)           01010100(+84)
```

$C_S=0$，$C_P=1$，正溢出　　　　　$C_S=1$，$C_P=0$，负溢出

1.4.4 定点数与浮点数

前面已经解答了带符号的数如何在计算机中进行表达，本小节进一步讨论带小数点的数在计算机中如何进行表达及运算。可以有两种处理方法：定点数表示法和浮点数表示法。

（1）定点数表示法

如果表达一个带小数点的数时，将小数点位置固定不变，这种方法称为定点数表示法。计算机中这个固定的位置是事先约好，不必用任何符号来表示的。这种方法表达的数称之为定点数。定点数表示法具体又分为定点整数表示法和定点小数表示法两种。

① 定点整数表示法：表示数时将小数点固定在最低数值位之后的位置，称为定点整数表示法。采用定点整数表示法，机器能表示的所有数都是整数。

用字长为 n 的计算机以定点整数表示法表示数 N，则 N 的范围为：

$$-2^{n-1}\leqslant N\leqslant 2^{n-1}-1 \tag{1-1}$$

例如：设计算机字长 $n=8$，数 $N=+1010110B$ 用定点整数法可表示为

0	1010110
符号位	数值位

小数点约定位置

② 定点小数表示法：表示数时将小数点固定在符号位之后、最高数值位之前的位置，称为定点小数表示法。采用定点小数表示法，机器能表示的所有数都是纯小数。

用字长为 n 的计算机以定点小数表示法表示数 N，则 N 的范围是：

$$-(1-2^{1-n}) \leqslant N \leqslant 1-2^{1-n} \tag{1-2}$$

例如：设计算机字长 $n=8$，数 $N=-0.1010110B$ 用定点小数法可表示为：

1	1010110
	数值位

小数点约定位置符号位

上述两种定点数表示法在应用时需注意：小数点的固定位置是假想的，实际上并不真正存放小数点，这只是一种约定。

（2）浮点数表示法

定点数表示法的优点在于表示数时简单易行，但这种表示数的方法有以下两个缺点：一是在进行数的运算时可能比较麻烦。由于实际数值一般既含有整数部分也含有小数部分，要求编程时选择"比例因子"将原数据化成纯整数或小数，计算的结果则要用比例因子恢复实际值。如果中间运算结果超过最大绝对值，会产生"上溢出"；如果小于最小绝对值，计算机只能把它作为 0 处理，即产生"下溢出"。这两种情况下都必须调整比例因子重新计算。当计算比较复杂，中间结果的大小事先难以准确估计，则计算中间需要多次调整比例因子。二是对于特定字长的计算机，定点表示法所表示数的范围较小。当遇到超出绝对值所能表示的范围时，这种方法就将无法正确表示数。

因此，为扩大数的表示范围或精度，发展了浮点数表示法。

浮点数表示法指的是在计算机中表示数时，小数点位置不固定，是可以改变的，这样表示出的实数，称为浮点数。

一个二进制数 N 用浮点数表示法可表示为式（1-3）的形式，

$$N=\pm M \cdot 2^{\pm E} \tag{1-3}$$

二进制浮点数在机器中的一般格式为：

阶符	阶码 E	数符	尾数 M

式（1-3）中：E 称为阶码，为纯二进制整数形式，它指明尾数小数点移动的位数。阶码 E 左边的一位为符号位，称为阶符，它指明尾数小数点向右或向左浮动的方向。M 称为尾数，为纯二进制小数形式，它指出 N 的全部有效位。尾数 M 左边的一位也为符号位，称为数符，它指出数 N 的正、负。这里的阶符与数符均采用 0 表示正，采用 1 表示负。

二进制浮点数其小数点位置的浮动情况是由阶符和阶码 E 共同指出的。设有一个 m 位阶码 E、n 位尾数 M 的二进制浮点数 N，则 N 的取值范围为：

$$2^{-n} \cdot 2^{-(2^m-1)} \leqslant |N| \leqslant (1-2^{-n}) \cdot 2^{(2^m-1)} \tag{1-4}$$

对于 16 位字长的计算机：当将 $n=16$ 代入式(1-1)，可得采用定点数表示法所能表示的数的最大绝对值为 $|N|_{max}=32767$；当将 $m=7$，$n=7$ 代入式(1-4)，可得采用浮点数表示法所能表示的数的最大绝对值为 $|N|_{max} \approx 2^{127}$。可见浮点数能表示的数值范围很大，因此在科学计算时不需要比例因子。而且如果想要扩大数的表示范围，可以相应增加阶码的位数；如果要提高精度，则可以相应增加尾数的位数，这是浮点数表示法的优点。

但是浮点数表示法也有其短处：加减运算首先要求小数点对齐，对于浮点数而言就要求两数的阶码相等；因此浮点数在加、减运算时必须先对阶，然后进行尾数运算，从而增加了运算的复杂度。所以，一般的微型计算机若要进行浮点运算则需要配置专门的软件或硬件。

1.5 计算机常用编码

为方便编程以及识别计算机处理的结果，人们在输入/输出信息时常要用到英文字母、阿拉伯数字和各种符号。由于计算机只能处理二进制数码，所以它们在机器中都必须以有特定意义的二进制信息来表示，即进行二进制编码。

1.5.1 字符的 ASCII 码及奇偶检验

(1) 字符的 ASCII 码

对于字母、数字和常用字符的编码，在计算机中普遍采用的是美国标准信息交换码（American Standard Code for Information Interchange，即 ASCII 码）。ASCII 码是采用 7 位二进制数对常用字符进行编码，这些字符共有 128 个，包括十进制数 0~9；大写和小写英文字母各 26 个；32 个通用控制符以及 34 个专用符号。ASCII 字符编码表见表 1-2，表 1-3 给出了各种控制字符的功能说明。

表 1-2 美国标准信息交换码（ASCII 码）表

低4位＼高位		0000	0001	0010	0011	0100	0101	0110	0111
		0	1	2	3	4	5	6	7
0000	0	NUL	DLE	SP	0	@	P	、	p
0001	1	SOH	DC1	!	1	A	Q	a	q
0010	2	STX	DC2	"	2	B	R	b	r
0011	3	ETX	DC3	#	3	C	S	c	s
0100	4	EOT	DC4	$	4	D	T	d	t
0101	5	ENQ	NAK	%	5	E	U	e	u
0110	6	ACK	SYN	&	6	F	V	f	v
0111	7	BEL	ETB	'	7	G	W	g	w
1000	8	BS	CAN	(	8	H	X	h	x
1001	9	HT	EM	)	9	I	Y	i	y
1010	A	LF	SUB	*	:	J	Z	j	z
1011	B	VT	ESC	+	;	K	[	k	{
1100	C	FF	FS	,	<	L	\	l	|
1101	D	CR	GS	—	=	M	]	m	}
1110	E	SO	RS	.	>	N	↑	n	~
1111	F	SI	US	/	?	O	←	o	DEL

表 1-3　ASCII 码表中控制字符功能说明

字符	代码及名称	功能	字符	代码及名称	功能
NUL	00H 空白符	在字符串中插入或去掉空白符	DLE	10 H 数据链转义	使紧随其后的有限个字符或代码改变含义
SOH	01 H 标题开始	标题开始	DC1	11 H 设备控制 1	使辅助设备接通或启动
STX	02 H 正文开始	正文开始,标题结束	DC2	12 H 设备控制 2	使辅助设备接通或启动
ETX	03 H 正文结束	正文结束	DC3	13 H 设备控制 3	使辅助设备断开或停止
EOT	04 H 传输结束	一次传输结束	DC4	14 H 设备控制 4	使辅助设备断开、停止或中断
ENQ	05 H 询问	向已建立联系的站请求回答	NAK	15 H 否定回答	对已建立联系的站作否定答复
ACK	06 H 应答	对已建立联系的站作肯定答复	SYN	16 H 同步空转	用于同步传输系统的收发同步
BEL	07 H 响铃	控制警铃	ETB	17H 信息组传送结束	一组数据传输的结束
BS	08 H 退一格	使打印或显示位置在同一行中退回一格	CAN	18 H 取消作废	字符或数据是错误的或可略去
HT	09 H 横向列表	使打印或显示位置在同一行内进至下一组预定格位	EM	19 H 媒体尽头	用于识别数据媒体的物理末端
LF	0A H 换行	使打印或显示位置换到下一行同一格位	SUB	1A H 取代符	用于替换无效或错误的字符
VT	0B H 垂直制表	使打印或显示位置在同一列内进至下一组预定行	ESC	1B H 换码符	
FF	0C H 换页	使打印或显示位置进至下一页第一行第一格	FS	1C H 文件分隔符	用于逻辑上分隔数据文件
CR	0D H 回车	使打印或显示位置回至同一行的第一个格位	GS	1D H 群分隔符	用于逻辑上分隔数据群
SO	0E H 移位输出	使此字符以后的各字符改变含义	RS	1E H 记录分隔符	用于逻辑上分隔数据记录
SI	0F H 移位输入	由 SO 符开始的字符转义到此结束	US	1F H 单元分隔符	用于逻辑上分隔数据单元
SP	20 H 空格符	使打印或显示位置前进一格	DEL	7FH 作废符	清除错误的或不要的字符

(2) 奇偶检验

计算机输入/输出的信息，尤其是计算机网络中的信息，在传输过程中可能受到各种干扰，因此需要一些检验方法来验证信息传输的正确性。各种检验方法中，计算机实现起来最简单的也最常用的是奇偶校验，它包括奇校验和偶校验两种。奇偶校验的原理：由于字符的存储和传送是以字节（8 位二进制）为单位进行的，而字符的 ASCII 码只占用了 1 个字节的低 7 位，即最高位（D7 位）与字符的表达无关。因此，发送方可以将每一个字符所在字节的 D7 位按需要设置为 1 或 0，使得所有字符数据均含有奇数个 1（对于奇校验而言）或偶数个 1（对于偶校验而言），以此作为被传送的所有字节数据的共同特征。接收方在接收信息后对每个字节数据进行特征检验，如果发现接收到的某一字节数据不具备上述特征（当采用奇校验法时，如果接收方发现某一字节数据含有偶数个 1；或者当采用偶校验法时，如果接收方发现某一字节数据含有奇数个 1），就表明传送过程有错，需要重新发送信息直至正确为止。例如使用偶校验法，当传送字母 F（其 ASCII 码为 1000110B）时应将 D7 位置 1，使其字节数据保持偶数个1的特征；而传送字母G（其ASCII码为1000111B）时应将D7位置0，同样使其字节数据保持偶数个1的特征。

当不需采用奇偶检验时，字节数据的D7位可以空着不用（实际上是为"0"）。

1.5.2 BCD码及其十进制调整

（1）BCD码

人们日常生活中习惯运用十进制数，而计算机仅能识别二进制数，为此需要引入BCD码（Binary Coded Decimal）。BCD码是十进制数的二进制编码，一方面它是十进制数，遵守"逢十进一、借一当十"的规则；另一方面它是用二进制数码按照某种规律形成的编码，具有二进制的形式。

BCD码是采用4位二进制数来表示十进制的0～9，4位二进制数（0000～1111）共16种组合，因此有多种BCD码（比如8421码、2421码、余3码等），其中最常用的是8421BCD码，其中8、4、2、1分别为4位二进制数从高位到低位各位的位权。表1-4给出了8421BCD码和十进制数的对应关系。

表1-4 8421BCD码与十进制数的关系

十进制数	8421BCD码	十进制数	8421BCD码
0	0000	9	1001
1	0001	10	00010000
2	0010	11	00010001
3	0011	12	00010010
4	0100	13	00010011
5	0101	14	00010100
6	0110	15	00010101
7	0111	16	00010110
8	1000		

8421BCD码与二进制数相互转换：如果要将8421BCD码转换为二进制数，先将它表示为十进制数后再转换为二进制数；反之亦然。

8421BCD码与十六进制相互转换：如果要将8421BCD码转换为十六进制数，先将它转换为二进制数，然后再转换为十六进制数；反之亦然。

（2）BCD码的十进制调整

如果希望计算机直接用十进制的规律进行运算，则将数据用BCD码存储和运算即可。

[例1-20] BCD码运算两例。

① X=+22，Y=+13，求X+Y；　　　　② X=+5，Y=+8，求X+Y。

解：① X+Y=$(00100010)_{BCD}$+$(00010011)_{BCD}$=$(00110101)_{BCD}$=35，结果正确；

② X+Y=$(0101)_{BCD}$+$(1000)_{BCD}$=(1101)>$(1001)_{BCD}$，结果不正确。

由上例可知，BCD码的运算结果不一定总是正确的。这是因为4位二进制数编码可得0000～1111共16种组合，但8421BCD码只取了其中与十进制数码0～9对应的10个组合0000～1001，这种人为地截断数学规律的做法必然带来缺陷。为此，人们设计了便于计算机实现的弥补方法，即十进制调整的方法，从而较好地解决了用BCD码进行运算的问题。

BCD码运算的十进制调整：

① 当两个 BCD 数相加结果大于 1001（十进制数 9）时，为符合十进制运算和进位规律，需对 BCD 码的二进制运算结果加 0110（加 6）调整。

② 当两个 BCD 数相加结果在本位上并不大于 1001，但由于有低位向本位发生进位，使两 BCD 数与进位一起相加的结果大于 1001，这时也要对本位作加 0110（加 6）调整。

例如：$8+5 = (1000)_{BCD} + (0101)_{BCD} = (1101) > (1001)_{BCD}$，结果不正确。

加 6 调整后结果为：$(1101)_{BCD} + (0110)_{BCD} = (00010011)_{BCD} = 13$。

综上所述，采用 BCD 码进行十进制运算时一定要对结果进行十进制调整。微型计算机指令系统中专门提供了十进制调整的相关指令。

 思考题

1-1　微型计算机硬件由哪几部分组成？试绘制简图表达各部分之间的连接关系。

1-2　什么是 I/O 接口？I/O 接口起到什么作用？

1-3　什么是端口？如何理解端口与接口者的关系？

1-4　与一般微机相比，单片机在结构和应用上有何特点？

1-5　将以下十进制数转换成二进制、八进制及十六进制数。

(1) 91；　　　　(2) 256；　　　　(3) 0.753；　　　　(4) 168.686

1-6　求以下二进制、八二进制或十六进制数的数值。

(1) 11010101B；　(2) 1001.101B；　(3) 526.12Q；　(4) 2B03.1DH

1-7　将以下八进制或十六进制数转换成二进制数。

(1) 1234567Q；　(2) 237.602Q；　(3) 1FFFH；　(4) 4B5F.6AH

1-8　对于字长为 8 位的单片机，求以下定点整数补码对应的十进制表示的真值。

(1) 00011000B；　(2) 7FH；　　　(3) 80H；　　　(4) FFH

1-9　对于字长为 8 位的单片机，试用补码方法计算以下各式。

(1) 已知 X=60，Y=40，求 X+Y 和 X-Y 的值；

(2) 已知 X=-20，Y=-30，求 X+Y 和 X-Y 的值；

(3) 已知 X=110，Y=55，求 X+Y 的值；

(4) 已知 X=-90，Y=-108，求 X+Y 值。

1-10　补码运算出现溢出错误的原因是什么？采用何种方法检测运算结果是否溢出？

1-11　将以下十进制数转换为对应的 8421BCD 码。

(1) 8；　　　　(2) 0.315；　　　(3) 9640；　　　(4) 75603774012.0466831

1-12　说明 ASCII 码是如何进行编码表达常用字符的。

1-13　简述奇偶校验的原理。

第2章 51单片机硬件基础

51系列单片机是国内应用最广泛的8位单片机系列产品，在目前乃至今后相当长的时间内将占据很大市场份额。本章以该系列的80C51单片机为典型对象，介绍其内部结构、性能和工作原理。而且，由于微型计算机结构原理是一脉相承的，初学者以相对简单的80C51单片机作为学习的入门对象，将为日后学习和掌握更为复杂的微型计算机原理及应用奠定基础。

2.1 80C51单片机概述

80C51是Intel公司出品的MCS-51系列单片机中的一款典型机型，其字长为8位，内、外部数据总线宽度均为8位，地址总线宽度为16位。80C51芯片为40引脚双列直插式封装（DIP40），+5V电源供电，CHMOS制造工艺。

2.1.1 80C51内部功能结构

图2-1为80C51单片机内部结构简图。由图可见，80C51内部结构主要由以下7个功能部分组成。

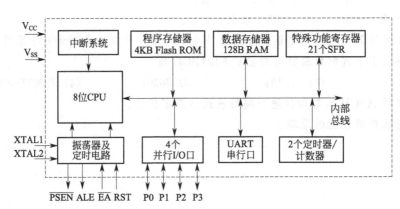

图 2-1   80C51单片机内部结构简图

① 一个 8 位字长的中央处理器 CPU。用于完成运算和控制功能，CPU 主要由 8 位的运算器、控制器、各种类型的寄存器、布尔处理器、内部时钟电路等组成。

② 容量为 4KB 的 ROM 型内部程序存储器。主要用于存放程序，也可用于存放查表程序附带的表格数据。

③ 容量为 128B 的 RAM 型内部数据存储器。主要用于存放运算的最终结果及中间结果，信息一般以字节为单位存放，部分存储单元还可以存放位数据信息。

④ 4 个 8 位的并行输入/输出接口，分别是 P0、P1、P2、P3。4 个并行 I/O 接口共有 32 根口线，可以灵活地定义为通用输入或输出口线，有的还可用作系统总线，具有重要的第二功能。

⑤ 1 个全双工串行输入/输出接口。提供了与其他单片机、PC 机或者特殊功能的器件进行串行通信的方式。

⑥ 2 个 16 位的定时器/计数器 T0、T1。可用于实现控制系统要求的定时、延时控制任务，或者用于对外部事件进行计数。

⑦ 一个有 5 个中断源、2 级中断优先级的中断系统。利用中断方式，单片机可以及时处理故障和随机参数、信息等，提高控制系统的可靠性及实时处理能力。

2.1.2　80C51 引脚定义及总线结构

单片机通过其引脚实现与外界的信息交换。单片机应用系统开发的一个重要步骤就是将作为控制核心的单片机的引脚与各种外围电路正确连接。为此，需要全面、清楚地了解单片机引脚的定义。把握引脚定义可以从 3 个方面着手。

① 引脚的功能，即该引脚上流通的信息起到什么作用或者是用于做什么。一个引脚可能被赋予一种或两种功能，其中后一种情况称为引脚的复用。

② 引脚承担特定功能时其信号电平高低的定义。可能是高电平、低电平、由高到低（下降沿）或由低到高（上升沿）的不同定义。

③ 引脚承担特定功能时其信号的流向。有的是输入，有的是输出，还有的是双向。

80C51 系列单片机一般采用双列直插（DIP）封装方式，总线型为 DIP40，非总线型为 DIP20。在此只介绍 80C51 单片机采用的 DIP40 封装，其引脚示意图如图 2-2 所示。下面对 80C51 单片机的 40 个引脚分 3 类进行介绍。

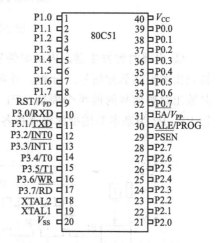

图 2-2　80C51 单片机引脚示意图

(1) 电源引脚

电源引脚有 V_{CC}（40 引脚）和 V_{SS}（20 引脚），用于接入 80C51 的工作电源。其中 V_{CC} 接 +5V 电源正端；V_{SS} 接电源地端。

(2) 时钟电路引脚

单片机本身就像一个复杂的同步时序电路，为保证同步工作方式的实现，应该在唯一的时钟信号控制下按时序来进行工作。时钟电路的作用就是产生单片机工作所需的时钟信号。

与时钟电路相关联的芯片引脚有两个：XTAL1（19 引脚）和 XTAL2（18 引脚），用于引入外部振荡信号与芯片内部电路共同构成单片机时钟电路。

80C51 的时钟电路由振荡器、内部时钟发生器、可关断控制电路组成。

① 振荡器。振荡器在 80C51 片内的结构是一个高增益反相放大器，放大器的输入端、输出端分别为单片机的引脚 XTAL1、XTAL2。通过这两个时钟引脚连接外部电路，与片内放大器共同构成自激振荡器。振荡器发出振荡脉冲作为工作主频直接送入内部时钟发生器，进而得到时钟信号。80C51 时钟引脚连接情况分内部振荡方式和外部振荡方式两种，如图 2-3 所示。

内部振荡器方式如图 2-3(a)，XTAL1 和 XTAL2 外接晶振与电容组成并联谐振电路与片内反相放大器构成自激振荡器。图中电容 $C1$ 和 $C2$ 一般取 $30pF \pm 10pF$，晶振频率在 $1.2 \sim 12MHz$ 之间，常用 6MHz 和 12MHz 两种。

外部振荡器方式如图 2-3(b) 所示，XTAL1 为外部振荡信号输入脚，XTAL2 引脚则悬空。其外部振荡信号通常为频率低于 12MHz 的方波。

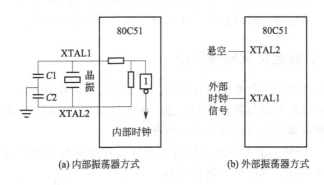

(a) 内部振荡器方式   (b) 外部振荡器方式

图 2-3　80C51 单片机的时钟电路

② 内部时钟发生器。内部时钟发生器实质上是一个二分频的触发器，其功能是对振荡器发出的振荡脉冲信号二分频，并向 CPU 提供两相时钟信号 P1 和 P2，如图 2-4 所示。在其输出时钟信号的前半个周期，P1 信号有效；后半个周期，P2 信号有效。CPU 以两相时钟 P1、P2 为基本节拍指挥单片机各部分协调动作。

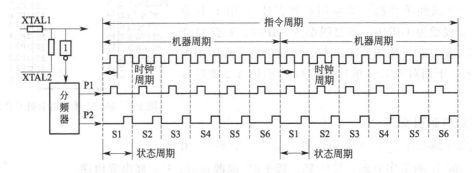

图 2-4　80C51 的内部时钟信号

③ 可关断控制电路。80C51 的时钟系统具有可关断功能，通过对相应控制位的设置可以关闭 CPU 的时钟或关闭时钟振荡器，主要用于单片机的功耗管理。

（3）控制信号引脚

① $\overline{EA}/V_{PP}$（31 引脚）：片内程序存储器地址允许信号输入端/编程电压输入端。

当 $\overline{EA}=1$，允许访问片内程序存储器。片内 4KB 程序存储器分配地址 0000H～0FFFH，片外程序存储器可分配的地址范围为 1000H～FFFFH。

当 $\overline{EA}=0$，只允许访问片外程序存储器。片外程序存储器可分配的地址范围为 0000H～FFFFH。因此，对 80C31 等内部无程序存储器的单片机，$\overline{EA}$ 必须接低电平。

V_{PP} 为第二功能，对于片内含可编程 ROM 的单片机，用作编程时编程电压的接入端。

② $\overline{PSEN}$（29 引脚）：外部程序存储器读选通信号输出引脚，低电平有效。其有效信号仅出现在当 CPU 通过数据总线从外部程序存储器读取指令或常数期间，此时每机器周期 $\overline{PSEN}$ 两次有效。

③ $ALE/\overline{PROG}$（30 引脚）：地址锁存允许信号输出端/编程脉冲输入端。

ALE 为地址锁存允许信号输出端，高电平有效。当访问片外存储器时，ALE 用于锁存 P0 口送出的低 8 位地址。访问片外程序存储器时，每机器周期 ALE 两次有效；访问片外数据存储器时，每机器周期 ALE 一次有效。当不访问片外存储器时，ALE 端以每机器周期两次的固定频率向外输出正脉冲信号。

$\overline{PROG}$ 为第二功能，对于内含可编程 ROM 的单片机，此引脚用作编程脉冲的输入端。

④ RST/V_{PD}（9 引脚）：复位信号输入端/备用电源端。

RST 为复位信号，高电平有效。输入持续两个机器周期以上的高电平就能可靠地复位单片机。常用的复位电路如图 2-5 所示，电路参数通常可取 $C=22\mu F$，$R1=200\Omega$，$R2=1k\Omega$，该电路既可以上电自动复位，也可以外部手动复位。

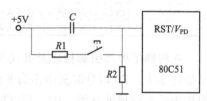

图 2-5　80C51 单片机复位电路

复位操作会使得单片机的程序计数器 PC 以及特殊功能寄存器的内容恢复为设定的初始值，称为复位状态。复位不影响片内 RAM 单元的数据变化，仅影响特殊功能寄存器中的内容。另外，复位操作使得 ALE 和 $\overline{PSEN}$ 变为无效状态。80C51 单片机内部寄存器复位状态见表 2-1。

表 2-1　80C51 单片机复位状态

寄存器名	复位状态	寄存器名	复位状态
PC	0000H	TH0	00H
ACC	00H	TL0	00H
B	00H	TH1	00H
PSW	00H	TL1	00H
SP	07H	SBUF	不定
DPTR	0000H	TMOD	00H
P0～P3	FFH	SCON	00H
IP	×××00000B	PCON(HMOS)	0×××××××B
IE	0××00000B	PCON(CHMOS)	0×××0000B
TCON	00H		

V_{PD} 为第二功能，用于当 V_{CC} 发生故障时，该引脚接入备用电源为片内 RAM 供电。

(4) 并行输入/输出引脚

① P0.0～P0.7（39～32引脚）：这8个引脚统称为P0口。当80C51扩展了片外存储器或者I/O接口时，P0口分时作为8位地址总线和8位双向数据总线；当80C51不扩展片外存储器或者I/O接口时，P0口可用作8位通用I/O口线，每一引脚均可单独定义为输入或输出功能，可直接与外设通信。另外，对于内含可编程ROM的单片机，在编程时是从P0口输入指令字节；在验证程序时则是从P0口输出指令字节。

② P1.0～P1.7（1～8引脚）：这8个引脚统称为P1口，用作8位通用I/O口线。另外，对于内含可编程ROM的单片机，编程和验证程序期间由P0口接收输入的低8位地址。

③ P2.0～P2.7（21～28引脚）：这8个引脚统称为P2口。当80C51扩展了片外存储器或者I/O接口时，它作为高8位地址总线；当80C51不扩展片外存储器或者I/O接口时，P2口可用作8位通用I/O口线。另外，对于内含可编程ROM的单片机，编程和验证程序期间由P2口接收输入的高8位地址。

④ P3.0～P3.7（10～17引脚）：这8个引脚统称为P3口。P3口除了用作8位通用I/O口线外，每一引脚还具有重要的第二功能定义。P3口第二功能定义见表2-2。

表 2-2 P3 口第二功能表

引　　脚	第二功能	引　　脚	第二功能
P3.0	RXD(串行口输入端)	P3.4	T0(定时/计数器0计数脉冲输入端)
P3.1	TXD(串行口输出端)	P3.5	T1(定时/计数器1计数脉冲输入端)
P3.2	$\overline{INT0}$(外部中断0请求输入端)	P3.6	$\overline{WR}$(外部数据存储器写选通信号输出端)
P3.3	$\overline{INT1}$(外部中断1请求输入端)	P3.7	$\overline{RD}$(外部数据存储器读选通信号输出端)

在明确了外部引脚构成及其功能定义之后，可以对80C51单片机系统三总线的构成情况描述如下：P0口分时复用作为8位的数据总线；P2口用作高8位地址总线，P0口分时复用作为低8位地址总线，P2、P0口共同组成16位的地址总线；控制总线则由 $\overline{EA}$、$\overline{PSEN}$、ALE、RST以及P3口的 $\overline{WR}$、$\overline{RD}$ 组成。80C51单片机系统三总线构成如图2-6所示。

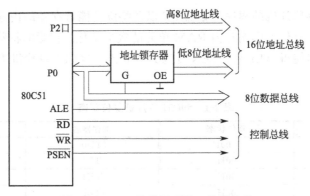

图 2-6　80C51单片机系统三总线构成

2.2　中央处理器 CPU

中央处理器CPU是单片机的核心部件，其功能主要是读取指令、对指令进行译码并执行指令以完成规定的操作。CPU 由运算部件和控制部件两大部分组成。

80C51 单片机 CPU 内部结构及其与片内其他功能部件的逻辑联系框图如图 2-7 所示。

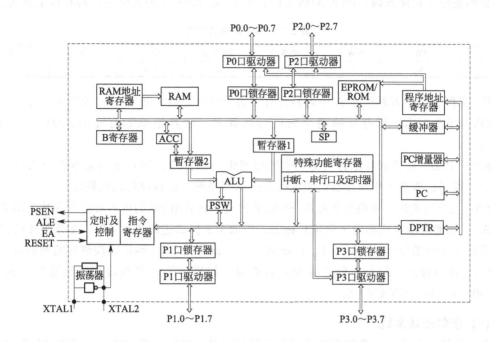

图 2-7 80C51 单片机内部功能结构的逻辑联系图

2.2.1 运算部件

运算部件能实现两大任务：一是 8 位二进制数的算术逻辑运算及数据传送；二是布尔处理，即对位变量的操作。运算部件是以算术逻辑单元 ALU 为核心，加上累加器 ACC（ACC 通常简写为 A）、暂存寄存器 TMP1 和 TMP2、寄存器 B、BCD 码运算调整电路、程序状态字寄存器 PSW 以及布尔处理系统等构成的。

（1）算术逻辑单元 ALU

ALU 是 8 位的运算核心，能完成 8 位二进制的算术运算和逻辑运算，并通过对运算的结果判断影响程序状态字寄存器的内容。

（2）累加器 A、寄存器 B、暂存器 TMP1 和 TMP2

累加器 A 是 80C51 系列单片机中使用频率最高的一个 8 位寄存器。ALU 运算的操作数多来自于累加器 A，而且运算结果也多传送回累加器 A 保存。

寄存器 B 是一个 8 位寄存器，主要用于 ALU 进行乘、除法运算时提供参与运算的其中一个操作数，并且用于存放乘、除法运算的一部分结果。当 CPU 不进行乘、除法运算时，寄存器 B 可作为普通寄存器使用。

暂存器 TMP1 和 TMP2 均为 8 位寄存器，暂时存放数据总线或其他寄存器送来的操作数。

（3）BCD 码运算调整电路

用于完成 BCD 码加法运算的十进制调整。

（4）程序状态字寄存器 PSW

PSW 是一个 8 位的特殊功能寄存器，用于寄存运算和操作结果的状态信息，可作为控制转移的条件供程序查询。PSW 的格式如表 2-3，除 PSW.1 外其余各位均有特定含义。

表 2-3　PSW 的格式定义

PSW.7	PSW.6	PSW.5	PSW.4	PSW.3	PSW.2	PSW.1	PSW.0
CY	AC	F0	RS1	RS0	OV	—	P

P：奇偶标志。若累加器 A 中内容含有 1 的个数为奇数，则 P=1；否则 P=0。

OV：溢出标志。带符号的两个数进行运算时，运算结果如有溢出，OV=1；否则 OV=0。

RS1、RS0：两位联合作为当前工作寄存器组的选择位。用户通过指令改变 RS1、RS0 的内容，可以在四组工作寄存器组中选择其一承担当前工作寄存器组的职能。

F0：用户定义位。可根据需要对 F0 赋予含义，然后由 F0 的内容决定程序执行的方式。

AC：辅助进位（也称为半进位）标志。当两个 8 位二进制数运算时，如果低 4 位向高 4 位有进位（或有借位），则 AC=1；否则 AC=0。该位是 BCD 码运算调整列的判别位。

CY：进位标志。两个 8 位二进制数运算时，如果运算结果在最高位有进位（或有借位），则 CY=1；否则 CY=0。

（5）布尔处理系统

布尔处理即位操作，是指对赋予了位地址的位单元进行清零、置位、逻辑"与"、"或"、"非"以及测试位条件控制程序转移等操作。80C51 系列单片机的布尔处理系统由三个部分组成，它们是：存储器中的位地址空间、由 17 条位操作指令构成的布尔指令集以及布尔操作累加器（此处的累加器借用程序状态字 PSW 的进位标志位 CY）。布尔处理系统其实就是一个完整的 1 位微型计算机，它在开关决策、实时控制和逻辑电路仿真方面非常有用。

2.2.2　控制部件

控制部件相当于单片机的神经中枢，其功能是发出 CPU 时序，对指令进行译码，并且在规定时刻发出指令执行所需的各种内部和外部控制信号，使单片机各部分协调工作，完成指令所规定的操作。控制部件由程序计数器、数据指针、堆栈指针、指令寄存器、指令译码器、地址寄存器、时钟电路、定时控制逻辑电路等组成。

（1）程序计数器 PC（Program Counter）

程序计数器 PC 是一个 16 位的指针，用于存放即将要执行的指令所在单元的地址。CPU 将 PC 的内容送至地址总线，从指定的程序存储器单元中取出指令送到 CPU 内部进行译码和执行。程序指令一般是顺序执行的，此时 PC 内容以自动加 1 的增量规律变化；当不按指令顺序执行时，则 PC 通过接收直接地址信息或分支计数器中的地址信息送至地址总线，使得程序执行实现跳转。

（2）数据指针 DPTR（Data Pointer）

数据指针 DPTR 是一个 16 位的地址寄存器。DPTR 既可以用于寻址外部数据存储器单元、外部 I/O 端口的内容，也可以用于寻址程序存储器单元内的表格常数。

（3）堆栈指针 SP（Stack Pointer）

堆栈作为一种数据结构，是为程序执行过程中的子程序调用以及中断操作而设置的，用于暂时存放断点地址和保护现场数据。堆栈指针 SP 是一个 8 位的寄存器，用于寄存堆栈的栈顶单元地址。SP 指针总是指向栈顶：数据进栈时，SP 的内容自动加 1；数据出栈时，SP 的内容自动减 1。

（4）指令寄存器、指令译码器、定时控制逻辑电路

程序由指令序列组成，单片机执行程序的过程就是逐条执行指令的过程。一条指令的执行首先是 CPU 根据 PC 的指引从程序存储器取出指令，然后将它送到指令寄存器存放，该指令在执行的整个过程中一直保存在指令寄存器中。指令内容包含操作码和地址码。其中的地址码送往操作数地址形成电路，形成实际的操作数地址。其中的操作码则送往指令译码器，经译码分析形成各种逻辑电平信号。这些电平信号与外部时钟脉冲在 CPU 定时控制逻辑电路中组合，输出各种按一定时间节拍变化的电平和脉冲，即控制信号，用于控制指令规定的各种操作正确执行。具体来说，这些控制信号有的用于协调 CPU 内部各寄存器之间的数据传送、数据运算等操作；还有的是向外部发出的 ALE、$\overline{EA}$、$\overline{PSEN}$、$\overline{WR}$ 和 $\overline{RD}$，用于对存储器读写、输入/输出进行控制。

2.2.3　CPU 时序

CPU 时序又称指令时序，即指令执行过程中，其所有微操作对应的各控制信号（脉冲）在时间上的相互关系。分析 80C51 单片机的指令时序首先应明确 4 个有关的时间基准单位。

① 振荡周期：振荡器发出的振荡脉冲的周期，即内部振荡方式下的晶振周期或外部振荡方式下的外部振荡信号周期。振荡周期又称为节拍，用字母 P 代表。

② 时钟周期：振荡脉冲信号经二分频所得的时钟信号的周期。时钟周期又称为状态周期，用字母 S 代表，一个时钟周期 S 包含 P1、P2 两个连续的节拍。在前半周期 P1 内，一般进行算术或逻辑运算；在后半周期 P2 内，一般进行内部寄存器间的数据传输操作。

③ 机器周期：6 个时钟周期组成 1 个机器周期。1 个机器周期包含 12 个节拍，依次为 S1P1，S1P2，S2P1，…，S6P2。

④ 指令周期：执行一条指令需要的时间称为指令周期。指令周期以机器周期为单位，根据具体指令的不同，可包含 1～4 个机器周期。当振荡脉冲频率为 12MHz 时，振荡周期为 $1/12\mu s$，时钟周期为 $1/6\mu s$，机器周期为 $1\mu s$，指令周期的范围是 1～$4\mu s$。

80C51 系列单片机指令执行过程分取指令、译码、执行 3 个过程，指令执行的时间长短取决于指令字节数和指令的操作类型。图 2-8 所示为 80C51 系列的几种典型指令时序。

单字节单周期指令：CPU 于 S1P2 期间（ALE 信号第 1 次有效时间的前半时期）将指令读入到指令寄存器，并开始执行指令。虽然在 S4P2 期间（ALE 信号第 2 次有效时间的前半时期）仍有一次读的操作，但此次读出的下一条指令的字节不予处理，且 PC 指针也不加 1。

双字节单周期指令：于 S1P2 期间将操作码（指令的第 1 个字节）读入到指令寄存器中，在 S4P2 期间读入指令的第 2 个字节。

单字节双周期指令：在 2 个机器周期内有 4 次读指令字节的操作，只有第 1 次读出的指令有效，后 3 次读到的内容均被丢弃。但这类指令中 MOVX 指令的时序有所不同，其第 1

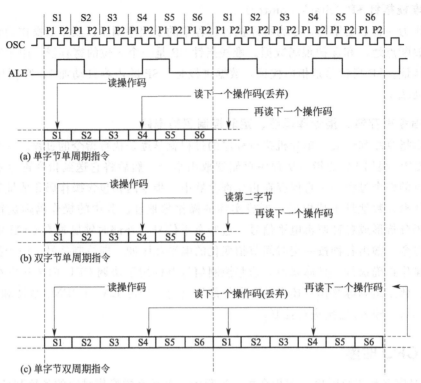

(a) 单字节单周期指令

(b) 双字节单周期指令

(c) 单字节双周期指令

图 2-8　80C51 系列的典型指令时序

个机器周期仍是于 S1P2 期间读入指令并放弃 S4P2 期间读入的内容，但是从紧接着的 S5 开始直至第 2 个机器周期的 S3 期间，执行的是送出外部 RAM 单元的地址，随后读或写数据的操作，在此期间 ALE 信号会跳空一个脉冲；而且，在第 2 个机器周期中外部 RAM 单元已经被寻址和选通，因此也不会发生读取指令字节的操作。

2.3　存储器

　　单片机存储器结构有冯·诺伊曼（Von Neumann）和哈佛（Harvard）两种结构。冯·诺伊曼结构是单片机程序存储器和数据存储器共用一个存储器地址空间，统一编址。哈佛（Harvard）结构是单片机程序存储器地址空间和数据存储器地址空间相互分离，有各自的寻址方式和控制信号。其中，存储器地址空间是指用若干位二进制数进行编号的，从 0 开始的一个连续地址范围，例如 00H～FFH。

　　80C51 系列单片机的存储器结构为哈佛结构，分为 3 个独立的逻辑地址空间：64KB 的程序存储器空间（地址范围 0000H～FFFFH）、256B 的片内数据存储器空间（地址范围 00H～FFH）和 64KB 的片外数据存储器空间（地址范围 0000H～FFFFH），分别采用不同的访问指令。在物理构成上，80C51 系列单片机存储器可以由片内、片外程序存储器和片内、片外数据存储器 4 部分组成。51 系列单片机存储器结构如图 2-9 所示。

2.3.1　程序存储器

　　程序存储器用于存放程序和表格常数。如图 2-9（a）所示，80C51 程序存储器空间

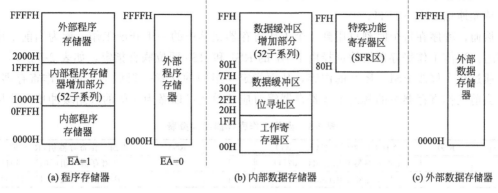

图 2-9　51系列单片机存储器结构图

0000H～FFFFH 由片内和外部扩展的程序存储器单元共同瓜分，并受到信号 $\overline{\text{EA}}$ 的控制。80C51 片内有 4KB 的 ROM 型程序存储器，仅当 $\overline{\text{EA}}=1$ 时，程序存储器空间最小的 4K 个连续地址（0000H～0FFFH）被分配给这些内部存储单元，外部程序存储器可用地址范围为 1000H～FFFFH；而当 $\overline{\text{EA}}=0$ 时，程序存储器空间全部 64K 个地址（0000H～FFFFH）仅提供给外部扩展的程序存储器单元，片内程序存储器由于没有地址而不能访问。

80C51 单片机设定了 6 个固定的程序运行入口地址，如表 2-4 所示。表中列出的特定操作发生后，PC 内容被设定为相应的入口地址值，则 CPU 将执行存放于该入口地址开始的程序。实际编程中，通常将一条无条件转移指令安放在需要的每个程序运行入口地址处，通过转移指令自动跳转到用户真正的程序起始地址。

表 2-4　程序运行入口地址

操作类型	程序入口地址	操作类型	程序入口地址
复位	0000H	定时/计数器 T1 溢出中断	001BH
外部中断 INT0	0003H	串行口中断	0023H
定时/计数器 T0 溢出中断	000BH	定时/计数器 T2 溢出中断(52 子系列)	002BH
外部中断 INT1	0013H		

2.3.2　内部数据存储器

80C51 单片机有 256B 的片内数据存储器，按功能分为两个部分：内部 RAM 区和特殊功能寄存器（SFR）区。内部 RAM 区有 128 个字节单元，地址为 00H～7FH，用于存放运算的中间结果和标志位，实现数据暂存和缓冲。SFR 区也有 128 个字节单元，地址为 80H～FFH，该区域的每一个寄存器都赋予了特殊功能，用于控制和管理单片机各功能模块的工作。

（1）内部 RAM 区（地址 00H～7FH）

内部 RAM 区又划分为工作寄存器区、位寻址区和数据缓冲区 3 个功能区域，如图 2-9 (b)。当 V_{CC} 接通电源时（除了 V_{CC} 断电前已经在 V_{PD} 端接上后备电源的情况外），内部 RAM 中单元的内容将不定。

① 工作寄存器区（地址 00H～1FH）：由 32 个存储单元构成，分为 4 个工作寄存器组，每组含有 8 个工作寄存器 R0～R7。每个工作寄存器组由 8 个地址连续的单元承担，它们是：

0 组，单元地址 00H～07H；1 组，单元地址 08H～0FH；2 组，单元地址 10H～17H；3 组，单元地址 18H～1FH。

然而，程序在每个时刻只用到 4 个工作寄存器组其中的一组开展工作，称为当前工作寄存器组。当前工作寄存器组的选择由 PSW 的 RS1 和 RS0 两位联合指定，如表 2-5 所示。用户可通过指令修改 RS1、RS0 的内容，从而指定 4 组中的任意一组做为当前工作寄存器组。不是当前工作寄存器组的其他工作寄存器组对应的单元可以做为一般的数据缓冲单元使用。

表 2-5　当前工作寄存器组选择表

RS1	RS0	当前工作寄存器组(R0～R7)	RS1	RS0	当前工作寄存器组(R0～R7)
0	0	工作寄存器 0 组(00H～07H)	1	0	工作寄存器 2 组(10H～17H)
0	1	工作寄存器 1 组(08H～0FH)	1	1	工作寄存器 3 组(18H～1FH)

② 位寻址区（地址 20H～2FH）：包含 16 个字节单元共有 128 位，以 8 位二进制编号赋予这 128 位以直接位地址 00H～7FH，见表 2-6。这 128 个可寻址位是布尔处理器位地址空间的一部分。CPU 能直接寻址这些位，进行置位、位数据传送、逻辑运算和条件转移等布尔操作。此外，位寻址区的 16 个字节单元也可以按其单元地址寻址作为一般的数据缓冲器使用。

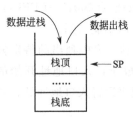

图 2-10　80C51 单片机堆栈结构

栈顶单元的地址寄存在堆栈指针 SP 中，给指针 SP 赋值即为设置堆栈。堆栈原则上可设在片内 RAM 区任意位置，但为了避开有特定功能定义的工作寄存器区和位寻址区，一般将它设在 30H～7FH 的范围内。复位时 SP 的内容为 07H，指向工作寄存器区，因此用户在系统初始化时应对 SP 重新赋值。如图 2-10 所示，80C51 单片机堆栈属于向上生长型：数据进栈时，SP 内容先自动加 1 指向新的栈顶，然后将数据存入该栈顶单元；数据出栈时，则先从当前栈顶单元弹出数据，然后 SP 内容自动减 1 指向新的栈顶。

表 2-6　位寻址区的直接位地址表

字节单元地址	直接位地址							
	D7	D6	D5	D4	D3	D2	D1	D0
20H	07H	06H	05H	04H	03H	02H	01H	00H
21H	0FH	0EH	0DH	0CH	0BH	0AH	09H	08H
22H	17H	16H	15H	14H	13H	12H	11H	10H
23H	1FH	1EH	1DH	1CH	1BH	1AH	19H	18H
24H	27H	26H	25H	24H	23H	22H	21H	20H
25H	2FH	2EH	2DH	2CH	2BH	2AH	29H	28H
26H	37H	36H	35H	34H	33H	32H	31H	30H
27H	3FH	3EH	3DH	3CH	3BH	3AH	39H	38H
28H	47H	46H	45H	44H	43H	42H	41H	40H
29H	4FH	4EH	4DH	4CH	4BH	4AH	49H	48H
2AH	57H	56H	55H	54H	53H	52H	51H	50H
2BH	5FH	5EH	5DH	5CH	5BH	5AH	59H	58H
2CH	67H	66H	65H	64H	63H	62H	61H	60H
2DH	6FH	6EH	6DH	6CH	6BH	6AH	69H	68H
2EH	77H	76H	75H	74H	73H	72H	71H	70H
2FH	7FH	7EH	7DH	7CH	7BH	7AH	79H	78H

（2）特殊功能寄存器 SFR 区（地址 80H～FFH）

80C51 单片机的 SFR 区含有 128 个字节单元，其中用户可以访问的仅为 18 个分散定义于该区域的特殊功能寄存器，总共占用了 21 个字节单元（其中有 3 个 SFR 为双字节的寄存器）。特殊功能寄存器是与单片机特定功能相关的状态和控制寄存器，用于控制和管理运算部件、并行 I/O 口、定时器/计数器、串行 I/O 口、中断系统等的工作。该区域的每一个 SFR 均可按字节寻址操作；此外有 12 个可以位寻址的 SFR，它们的共同特点是字节地址的低半字节为 0H 或 8H。12 个可位寻址的 SFR 中共包含 93 个可寻址位（其中 IE、IP 寄存器有 3 位未定义），SFR 区的这 93 位与工作寄存器区的 128 位共同构成了 80C51 单片机布尔处理系统的位地址空间。表 2-7 列出了每个 SFR 的名称、符号、字节地址、位地址与位名称（注：表中寄存器名称带"＊"的为 52 子序列所有），除前面学过的外，其他 SFR 的用途将在后续相关章节介绍。

表 2-7　80C51 单片机 SFR 表

字节地址	寄存器名称	符号	位地址与位名称							
			D7	D6	D5	D4	D3	D2	D1	D0
80H	P0 口	P0	87H	86H	85H	84H	83H	82H	81H	80H
81H	堆栈指针	SP								
82H	数据指针	DPL								
		DPTR								
83H		DPH								
87H	电源控制	PCON	SMOD	—	—	—	GF1	GF0	PD	IDL
88H	定时/计数器控制	TCON	TF1	TR1	TF0	TR0	IE1	IT1	IE0	IT0
			8FH	8EH	8DH	8CH	8BH	8AH	89H	88H
89H	定时/计数器方式控制	TMOD	GATE	C/$\overline{\text{T}}$	M1	M0	GATE	C/$\overline{\text{T}}$	M1	M0
8AH	T0 低字节	TL0								
8BH	T1 低字节	TL1								
8CH	T0 高字节	TH0								
8DH	T1 高字节	TH1								
90H	P1 口	P1	97H	96H	95H	94H	93H	92H	91H	90H
98H	串行控制	SCON	SM0	SM1	SM0	REN	TB8	RB8	TI	RI
			9FH	9EH	9DH	9CH	9BH	9AH	99H	98H
99H	串行数据缓冲器	SBUF								
A0H	P2 口	P2	A7H	A6H	A5H	A4H	A3H	A2H	A1H	A0H
A8H	串行允许	IE	EA	—	ET2	ES	ET1	EX1	ET0	EX0
			AFH	—	ADH	ACH	ABH	AAH	A9H	A8H
B0H	P3 口	P3	B7H	B6H	B5H	B4H	B3H	B2H	B1H	B0H
B8H	中断优先级	IP	—	—	PT2	PS	PT1	PX1	PT0	PX0
					BDH	BCH	BBH	BAH	B9H	B8H
C8H	定时/计数器 2 控制＊	T2CON	TF2	EXF2	RCLK	TCLK	EXEN2	TR2	C/$\overline{\text{T2}}$	CP/$\overline{\text{RL2}}$
			CFH	CEH	CDH	CCH	CBH	CAH	C9H	C8H
CAH	T2 自动重装低字节＊	RLDL								
CBH	T2 自动重装高字节＊	RLDH								
CCH	T2 低字节＊	TL2								
CDH	T2 高字节＊	TH2								

字节 地址	寄存器 名称	符号	位地址与位名称							
			D7	D6	D5	D4	D3	D2	D1	D0
D0H	程序状态字	PSW	Cr D7H	AC D6H	F0 D5H	RS1 D4H	RS0 D3H	OV D2H	— D1H	P D0H
E0H	累加器	A	E7H	E6H	E5H	E4H	E3H	E2H	E1H	E0H
F0H	寄存器 B	B	F7H	F6H	F5H	F4H	F3H	F2H	F1H	F0H

表 2-7 中，位地址与位名称是两个不同的概念：拥有一个唯一的直接位地址（用 8 位二进制编码的，常书写为十六进制形式的位地址）是一个位成为可寻址位的充分必要条件；位名称则是一个赋予了特定功能定义的位所拥有的功能名称。因此，表 2-7 中有一些位只有位地址没有位名称；也有一些位只有位名称没有位地址，还有一些位同时拥有位地址和位名称。由表 2-7 还可见，每个可位寻址的 SFR 其第 0 位的直接位地址与该 SFR 的字节单元地址相同，其他各位的直接位地址则在第 0 位地址的基础上按位编号由小到大递增编号。

另外，除上述 21 个字节单元外，用户不能访问 SFR 区其余没有定义的单元，访问这些单元将得到不确定的随机数，因此是没有意义的。

2.3.3 外部数据存储器

80C51 单片机可根据需要扩展外部数据存储器和 I/O 接口，外部 RAM 单元和 I/O 端口统一编址，地址均来源于外部数据存储器空间。如图 2-9（c），外部数据存储器空间为 0000H～FFFFH，因此扩展外部 RAM 和 I/O 接口的最大容量为 64KB。CPU 访问外部 RAM 单元和 I/O 端口是通过寄存器 DPTR、R0 和 R1 以间接寻址的方式实现的。

由于内、外部数据存储器和程序存储器空间三者各有专用的访问指令，并且有控制信号 $\overline{PSEN}$ 和 $\overline{RD}$、$\overline{WR}$ 来区分外部的程序存储器和数据存储器选通，所以外部数据存储器空间可与片内数据存储器 128 字节的地址重叠，也可与程序存储器空间全部 64K 地址重叠。

2.4 并行 I/O 接口

80C51 单片机有 4 个并行 I/O 接口 P0、P1、P2、P3，每个接口由相同的 8 位结构组成。这 4 个 I/O 接口既可以并行传输方式输入/输出 8 位的信息，也可按位独立定义为输入或输出口线使用。

2.4.1 P0 接口

P0 接口可承担两种功能：当单片机扩展片外存储器或 I/O 接口时，用作地址/数据分时复用总线；当没有外部扩展时，可用作通用输入/输出接口。P0 口任意一位 P0.X（P0.0～P0.7）的结构如图 2-11 所示，由 1 个输出锁存器、2 个三态输入缓冲器、1 个转换开关（在内部控制信号作用下有 2 个工位）、1 个与非门、2 个场效应管构成的输出驱动电路和 1 个外部引脚组成。P0 用作输出可以驱动 8 个 LSTTL 负载，其输出电流不小于 $800\mu A$。

(1) 通用输入/输出接口

P0 承担通用输入/输出功能时内部控制信号为低电平"0"，一方面使转换开关 MUX 打向下方（如图 2-11 中所示位置）；另一方面使与门输出为"0"，场效应管 T1 截止。

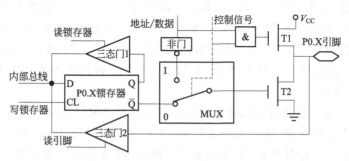

图 2-11　P0.X 的位结构

① 作为通用输出接口　当 CPU 执行向 P0 口写数据的指令时，P0 用作通用输出接口。锁存器在 CL 端"锁存"信号作用下，锁存经内部数据总线送到 D 端的数据；该数据经锁存器反相端反相后再送至场效应管 T2 的控制端。若 D 端数据为"0"，到达 T2 控制端则为"1"，T2 导通，引脚 P0.X 输出"0"，即数据"0"可以正确输出；若 D 端数据为"1"，到达 T2 控制端则为"0"，T2 截止，由于 T1 也截止，引脚 P0.X 的输出不确定，为确保数据"1"正常输出用户必须为 P0.X 引脚外接上拉电阻。

② 作为通用输入接口　执行从 P0 读入数据的指令时 P0 作通用输入接口用，有一般输入和端口输入两种情况。

一般输入是读取引脚的信息，多数读 P0 接口的指令（例如 MOV 30H，P0）是这一类输入指令。此时三态门 2 在"读引脚"信号作用下打开，将外部引脚 P0.X 上的数据送到内部数据总线。若外部输入数据为"0"，无论 T2 当前处于导通或者截止状态，数据"0"均可正确输入。若外部输入数据为"1"，当 T2 当前处于截止状态时，数据"1"可以正确输入；但当 T2 处于导通状态时，由于引脚 P0.X 经由 T2 连上低电平因此输入内部数据总线只能是"0"。因为上述原因，P0 被称为准双向 I/O 接口。为使外部数据"1"能正确输入，必须人为地在输入操作之前向 P0 锁存器写"1"使得 T2 截止，方法是编程时在输入指令前附加一条输出的指令 MOV P0，♯0FFH。

端口输入则是读取锁存器的信息，一些指令（例如 ANL P0，A 等）具有"读—修改—写"P0 端口的功能，其中"读"操作要求直接输入 P0 锁存器的内容。因为 P0.X 位引脚上的信息不可能始终与该位锁存器的信息相一致，为确保读入的是位锁存器的信息，在 P0.X 位结构中特别配置了三态门 1。端口输入操作时，在"读锁存器"信号作用下打开三态门 1，读入 P0.X 锁存器 Q 端的信息到内部数据总线。

（2）地址/数据分时复用总线

P0 用作地址/数据分时复用总线时内部控制信号为高电平"1"，一方面使转换开关 MUX 打向上方；另一方面使与门两输入之一为"1"，场效应管 T1 的导通/截止取决于另一输入。当 80C51 扩展了片外存储器或 I/O 接口时 P0 作为地址/数据分时复用的总线，有以下两种情况。

① 输出地址/数据信息。当执行访问外部 ROM 单元的指令时，需经 P0 输出由累加器 A 与当前 PC 或 DPTR 内容相加所得的 16 位地址其中的低 8 位。当执行向外部 RAM 单元或者 I/O 端口写入信息的指令时，需先经 P0 输出由 DPTR 或 R0、R1 内容决定的 16 位地址其中的低 8 位；然后再由 P0 输出 8 位数据信息。

若地址/数据信息为"0"，则 T2 控制端的信息为"1"，T2 导通连上低电平；同时与门的输出为"0"，T1 截止。此时引脚 P0.X 输出为"0"，即地址/数据"0"可以正确输出。

若地址/数据信息为"1"，则 T2 控制端的信息为"0"，T2 截止；同时与门的输出为"1"，T1 导通连上高电平。此时引脚 P0.X 输出为"1"，即用户不需外接上拉电阻地址/数据"1"也可以正确输出。

② 输入数据信息。从外部存储器单元或者 I/O 端口读取信息时，数据经由 P0 输入到单片机内部。其输入过程与 P0 用作通用输入接口时的第一种情况相同，即三态门 2 在"读引脚"信号作用下打开，将引脚 P0.X 上的数据送到内部数据总线。也必须在输入操作之前向 P0 锁存器写"1"以保证外部数据"1"能正确输入，但与 P0 用作通用输入接口不同的是，向 P0 口锁存器写入 0FFH 的操作会由 CPU 自动完成，因此对用户而言 P0 用作地址/数据总线时是一个真正的双向三态接口。

2.4.2 P1 接口

P1 只承担通用输入/输出接口这一种功能。P1 口任意一位 P1.X（P1.0～P1.7）的位结构如图 2-12 所示，由 1 个输出锁存器、2 个三态输入缓冲器、1 个场效应管与内部上拉电阻组成的输出驱动电路以及 1 个外部引脚构成。

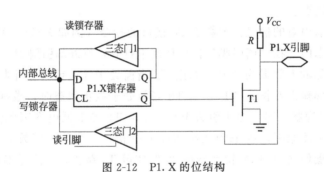

图 2-12 P1.X 的位结构

与 P0 情况相同的是，作输入接口时必须人为地先向口锁存器写入 1，因此 P1 也是一个准双向 I/O 接口。与 P0 不同的是，由于在 P1 的位结构中有内部上拉电阻，因此不必外接上拉电阻 P1 口也能正确输出高电平"1"。P1 用作输出时可驱动 4 个 LSTTL 负载，即输出电流不小于 $400\mu A$。

2.4.3 P2 接口

P2 可以承担两种功能：用作通用输入/输出接口或者用作高 8 位地址总线。P2 口任意位 P2.X（P2.0～P2.7）的结构如图 2-13 所示，在控制信号作用下转换开关 MUX 有两个工位，对应于上述两种不同的功能应用。

（1）用作通用输入/输出接口

当系统不进行外部扩展，或者仅扩展了 256B 以内的 RAM 或 I/O 端口时，单片机不需对外提供高 8 位地址，此时 P2 可用作通用输入/输出接口。在图 2-13 中控制信号为"0"，使得 MUX 打向连通锁存器 Q 端的位置，P2.X 用作通用输入/输出口线。此时 P2 是一个准双向 I/O 接口，应用情况与 P1 完全相同。另外，P2 的输出驱动电路与 P1 相同，因此 P2

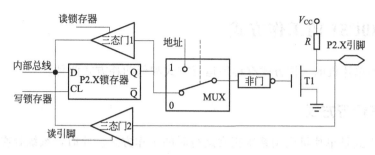

图 2-13　P2.X 的位结构

接口带负载的能力也与 P1 相同，即能驱动 4 个 LSTTL 负载。

（2）用作高 8 位地址总线

当系统扩展了外部 ROM，或者扩展了超过 256B 的外部 RAM 或 I/O 端口时，P2 承担对外送出高 8 位地址的功能。此时图 2-13 中控制信号为 "1"，使得 MUX 打向连接地址线的位置，最终 P2.X 引脚输出的信号即为地址线的信号。

2.4.4　P3 接口

P3 除了作为通用输入/输出接口使用外，其每一位都具有重要的第二功能，请见本章的表 2-2。P3 口任意位 P3.X（P3.0～P3.7）的位结构如图 2-14 所示。

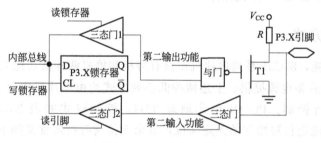

图 2-14　P3.X 的位结构

（1）用作通用输入/输出接口

P3 用作通用输入/输出接口时也是一个准双向 I/O 接口。此时，图 2-14 中第二功能输出信号为高电平，与非门的输出取决于锁存器 Q 端的状态。当 P3.X 用作输入口线时，需先向口锁存器写 "1" 使得引脚处于高阻输入状态，其后在 "读引脚" 信号作用下，引脚上的数据经三态门 2 输入到内部数据总线。当 P3.X 用作输出口线时，锁存器 Q 端的信号与引脚输出的信号相同。P3 接口能驱动 4 个 LSTTL 负载，带负载的能力与 P1、P2 相同。

（2）用作第二功能输入/输出

P3.X 作为第二功能输入/输出口线使用时，硬件自动将口锁存器 Q 端置 "1"。第二功能作输入用时（如 RXD），图 2-14 中第二功能输出信号为 "1"，因此 T1 截止，引脚处于高阻输入状态，引脚信号通过输入缓冲器 3 后由第二功能输入线送到单片机内部。第二功能作输出用时（如 TXD），由于图 2-14 中口锁存器 Q 端自动置 "1"，第二功能输出信号经与非门取反后再经输出驱动电路反相，最终由引脚输出到外部。

2.5 80C51 的工作方式

80C51 系列单片机的工作方式有程序运行方式和低功耗方式两种。

2.5.1 程序运行方式

程序运行方式是单片机应用系统正常运行时的工作方式。此时，系统处在程序运行的工作状态下，CPU 不断从程序存储器读取并执行指令以实现设定的功能。

通常，系统在启动运行时需先复位。复位操作（80C51 单片机复位电路见本章 2.1 节）进行时，首先使 RST 引脚的信号由低电平变为高电平，此高电平信号只要持续 2 个机器周期以上就可使单片机进入到复位状态；然后 RST 引脚的信号又由高电平恢复为低电平，使得单片机脱离复位状态进入到程序运行的状态，即系统进入程序运行工作方式。由于复位操作时 PC 的内容被置为 0000H，因此程序运行方式下 CPU 总是从 0000H 单元开始执行指令。

又由表 2-3 可知，80C51 系列单片机将 0003H～0023H 之间的 5 个单元规定为中断服务程序入口地址，为了不覆盖这 5 个入口地址，实际中系统主监控程序的起始地址会避开至 0023H 之后。这样就与 CPU 总是从 0000H 单元开始执行主程序的要求相矛盾，解决这一矛盾的方法是在程序存储器地址 0000H 开始的 3 个单元内放置一条无条件转移指令，通过它跳转到主监控程序的真正起始地址去执行。

2.5.2 低功耗方式

为降低系统功耗，80C51 系列单片机还具有待机和停机两种低功耗工作方式，低功耗方式下 V_{cc} 的输入由后备电源提供。上述两种低功耗方式均由单片机内部 SFR 区的电源控制寄存器 PCON 进行控制。PCON 单元地址 87H，控制格式如表 2-8，其中 PCON.4～PCON.6 为用户不能进行写操作的无定义位，其余 5 位均有特定含义如下。

表 2-8　PCON 的格式定义

PCON.7	PCON.6	PCON.5	PCON.4	PCON.3	PCON.2	PCON.1	PCON.0
SMOD	—	—	—	GF1	GF0	PD	IDL

IDL：待机方式控制位。IDL=1 时，单片机进入待机工作方式。

PD：停机方式控制位。PD=1 时，单片机进入停机工作方式。当 PD、IDL 同时为"1"时，等同于 PD=1 的情况，即单片机进入停机工作方式。

GF1、GF0：通用标志位。

SMOD：串行通信的波特率倍增控制位（详见本书后续内容）。

若要使单片机进入待机或停机工作方式，只需执行一条使 IDL 或 PD 位为"1"的指令就可以了。单片机复位时 PCON 的值为 0XXX0000B。

(1) 待机（节电）方式

在程序运行过程中，当 CPU 无工作任务或用户不希望它执行程序时，可通过执行一条待机方式设置指令（使 IDL 位置"1"的指令）使单片机进入待机方式。待机方式可以降低功耗，单片机工作电流下降到程序运行方式时电流的 15% 左右，一般为 1.7～5mA。

待机方式下晶体振荡器继续工作，只是将供给 CPU 的时钟信号切断，但时钟信号仍然继续提供给中断系统、定时/计数器以及串行口等模块。此时 CPU 工作暂停，处于待机状态，其状态被完整保存。片内 RAM 单元和特殊功能寄存器的内容在待机期间将保持不变，I/O 引脚状态也保持不变，ALE 和 $\overline{PSEN}$ 信号保持高电平状态。

退出待机方式有两种方法：硬件复位操作和中断操作。

硬件复位使 PCON 的内容置为 0XXX0000B，控制位 IDL 被清零，单片机退出待机方式。

待机期间，触发任何允许的中断请求会引起硬件清零控制位 IDL，使单片机退出待机方式；CPU 响应中断请求并转而执行相应的服务程序，当中断服务程序执行完返回到原程序时，系统将从待机方式设置指令的下一条指令开始继续执行程序。PCON 中的通用标志位 GF0、GF1 用作指示中断操作是在程序运行方式下还是在待机方式下发生的，方法是：在待机方式设置指令之前先执行置位 GF0（或 GF1）为"1"的指令，当中断发生时在中断服务程序中可检测通用标志位，如 GF0（或 GF1）为"1"，则是在待机方式下进入的中断。

（2）停机（掉电保持）方式

在程序运行方式下执行一条停机方式设置指令（使 PD 位置"1"的指令），系统进入停机方式，此时 V_{CC} 电压可降到 2V，单片机工作电流为 5～50μA，功耗降到最小。停机方式下内部振荡器停止工作，由于没有时钟信号单片机所有功能部件都停止工作。但片内 RAM 单元和特殊功能寄存器的内容在停机期间保持不变，ALE 和 $\overline{PSEN}$ 信号则保持低电平状态。

需注意在进入停机方式之前，V_{CC} 电压不能降低；而在准备退出停机方式之前，V_{CC} 端必须恢复到正常工作电压且维持约 10ms 的时间，使内部振荡器重新启动并稳定工作后才可以退出停机方式。

退出停机方式有两种方法。一种是硬件复位，使 PCON 的控制位 PD 清零从而退出停机方式。复位将重新定义特殊功能寄存器但不改变片内 RAM 中的内容。另一种是由外中断 $\overline{INT0}$ 或 $\overline{INT1}$ 引脚发出外部中断信号来终止停机方式。

思考题

2-1　简述 51 单片机 $\overline{EA}$ 引脚的功能定义。

2-2　51 单片机外部数据总线和地址总线的宽度分别是多少位？具体由哪些引脚承担着外部数据总线和地址总线的功能？

2-3　简述 51 单片机时钟周期、机器周期和指令周期的定义，设 80C51 的晶振频率为 6MHz，则其机器周期为多少？

2-4　51 单片机的存储器从逻辑上可分为哪几个独立的存储空间？

2-5　程序计数器 PC 是几位的寄存器？简述 PC 的功能。

2-6　片内 RAM 低 128 单元划分为哪 3 个功能区域？

2-7　微型计算机中堆栈的作用是什么？堆栈区数据的存取遵循什么原则？

2-8　简述 51 单片机片内位地址空间配置的情况。

2-9　为什么说 P0 用作通用输出接口时是一个准双向接口，而用作地址/数据总线时是一个真正的双向三态接口？

2-10　80C51 访问片外程序存储器和片外数据存储器的相同地址单元时，为什么不会发生总线冲突？

2-11　简述 80C51 单片机待机和停机两种工作方式的区别。

第 3 章 汇编语言及其程序设计

单片机应用系统中，对运行时间和代码存储容量要求较高的程序常用汇编语言来编写。汇编语言是用助记符描述的指令系统，它与硬件直接相关，不同类型的机器其汇编指令系统各不相同。但是各种汇编语言指令其类型、格式以及寻址方式的含意都具有很大相似性，因此，掌握好一种汇编语言，就容易学习其他汇编语言了。

包括 80C51 系列在内的所有 51 系列单片机都是以 Intel 公司 MCS-51 系列的单片机为内核设计的，因此 MCS-51 系列的汇编语言可应用于所有 51 系列单片机上。本章论述 51 系列单片机汇编语言的指令体系及其程序设计。

3.1　汇编语言概述

3.1.1　汇编语言源程序及其汇编

用汇编语言指令编写的程序称为汇编语言源程序。汇编语言源程序具有不可移植性，例如，用 51 系列的汇编语言编写的源程序只能应用于 51 系列的单片机上。

汇编语言源程序必须经过翻译成为机器语言程序（即目标程序）才能在单片机上运行，此过程称为"汇编"。汇编有手工汇编和机器汇编两种方式。手工汇编是编程人员根据指令表将源程序的指令人工逐条翻译成机器代码指令，手工汇编费时多且容易出错。机器汇编则利用安装于 PC 机上的汇编程序的帮助自动完成对源程序的翻译，汇编程序不仅能准确、迅速地将源程序翻译成对应的目标程序，还可以自动对源程序进行检查、分析其语法并给出错误提示信息，以及根据编程人员的要求自动安排目标程序的存放地址、分配其存储空间等。正因为机器汇编较之于手工汇编具有上述优点，因而在实际应用中多采用机器汇编方式。

3.1.2　汇编语言指令类型与指令格式

汇编语言指令分为汇编真实指令和伪指令两类。51 系列单片机有 111 条汇编真实指令和 7 条常用汇编伪指令，它们组成了 51 系列单片机的汇编指令体系（参见附录 B）。

汇编真实指令是汇编语言的主要语句成分，与机器代码指令一一相对应。51 系列单片机的汇编真实指令共使用了 7 种寻址方式，这些指令按其功能不同分为数据传送指令、算术运算指令、逻辑运算及移位操作指令、控制转移指令和位操作指令。

汇编伪指令用于对机器汇编过程进行某种控制，例如指定汇编后目标程序存放的起始地址、在程序存储器中建立表格、结束程序汇编等，它们仅作用于汇编过程中，当汇编结束后不产生对应的可执行指令代码。

汇编语言指令的一般格式如下，由 ［ ］括起来的为可选项，一条指令最多包含 6 个部分：

［标号:］操作码 ［目的操作数］［，源操作数］［，第三操作数］［；注释］

例如：STATT：CJNE A，#01H，66H；当（A）≠01H 时，程序转至执行起始地址为 66H 的指令段。

① 标号：标号以字母起始，是由 1～8 个字母或数字组成的字符串。标号与操作码之间应以冒号"："分隔。标号是用户定义的指令符号地址，代表指令源地址（指令第一字节存放的存储单元地址）。机器汇编时汇编程序会将指令源地址赋值给标号，因此在编写程序时可以在其他语句的操作数字段中引用已定义的标号作为地址或数据。标号不能重复定义。

② 操作码：操作码也称为指令助记符，是由英文缩写组成的字符串。它表明了指令执行的功能或操作性质，例如助记符"MOV"表示数据传送类的操作。操作码不能缺省。

③ 操作数：操作数是指令操作码操作的对象，可以是参加操作的数或者参加操作的数所在的地址。51 单片机指令操作数的具体形式可以是各种进制的数、PC 当前值、ASCII 码、指令标号、已赋值的符号名及表达式。需注意当字母做数字用时，字母前要冠以"0"。

目的操作数必须提供一个用于存放操作结果的目的地址，在某些指令中它同时还提供参与操作的其中一个操作对象所在的地址。源操作数提供源操作对象所在的地址，或者提供立即数形式的源操作对象本身。第三操作数仅出现在 CJNE 指令中，用于给出相对地址偏移量。

目的操作数与操作码之间以空格分隔。目的操作数与源操作数、源操作数与第三操作数之间均以逗号分隔。

④ 注释部分：注释部分是编程人员为使源程序更便于阅读而添加的解释，用于说明关键指令或程序段的功能。注释部分不参与汇编过程也无对应的目标程序代码，因此其内容可以用任何形式来表达。注释与指令其他部分之间以分号"；"分隔。

3.1.3 汇编语言指令常用符号

为便于理解和记忆，介绍 51 系列单片机汇编语言指令时引入了一些特定符号。指令常用的符号及含义列于表 3-1。要注意的是，编程时这些符号必须代之以具体内容而不能照搬。

表 3-1 指令常用符号及含义

符号	含　义
#data	指代包含在指令中的 8 位立即数。其中"#"为立即数的前缀符号
#data16	指代包含在指令中的 16 位立即数
direct	指代内部数据存储器(RAM 区及 SFR 区)单元的 8 位直接地址。对于 SFR,direct 既可用 8 位直接地址也可用该寄存器的符号名称具体化
addr16	用于 LJMP 和 LCALL 指令中,代表程序转移到的目标指令的 16 位源地址(源地址即指令第一个字节所在单元的地址)。程序转移的范围可以是整个程序存储器空间,即 64KB
addr11	用于 AJMP 和 ACALL 指令中,代表程序转移到的目标指令的源地址的低 11 位。转移范围为与该 AJMP 或 ACALL 指令的下条指令处于相同 2KB 范围的程序存储器空间
Rn	代表当前工作寄存器组 R0～R7 中的一个寄存器

符号	含　义
Ri	仅能代表当前工作寄存器组中 R0 或 R1 其中的一个
@	间接寻址的前缀。如@Ri 表示寄存器间接寻址
rel	用于相对转移指令中,指代相对地址偏移量。具体形式是以补码表示的 8 位带符号的数,范围为−128～＋127
$	指代本条指令的源地址
bit	内部数据存储器(含 RAM 区和 SFR 区)中可寻址位的位地址
C	指代进位标志位,在位操作中作累加器用
/	位操作指令中用作位地址的前缀,表示对该位操作数取反(但不影响该位的原值)
(X)	X 为寄存器名称或存储单元地址,(X)表示该寄存器或存储单元中的内容
((X))	X 为寄存器名称或存储单元地址,((X))表示以该寄存器或存储单元中的内容为地址的另一存储单元中的内容
←	指令操作流程符号,表示箭头左方的内容被箭头右方的内容取代

3.1.4　操作数寻址方式

操作数寻址方式简称寻址方式,指汇编语言指令在操作数位置以何种方式给出参与运算的数或该数的存储地址。寻址方式是学习汇编语言指令应掌握的首要知识点。51 系列单片机共有 7 种寻址方式,表 3-2 列出了每种寻址方式及其可寻址的存储器范围。

表 3-2　51 系列单片机的寻址方式及其寻址范围

寻址方式	寻址范围
立即寻址	程序存储器
直接寻址	程序存储器;内部 RAM 区低 128 个单元(00H～7FH)、SFR 区
寄存器寻址	R0～R7、A、B、C(CY)、AB、DPTR
寄存器间接寻址	内部数据存储器的 RAM 区(不含 SFR 区);外部数据存储器
变址寻址	程序存储器
相对寻址	程序存储器
位寻址	由分布于内部数据存储器内的 221 个可寻址位构成的位地址空间

(1) 立即寻址

在操作数位置直接给出指令要操作的数本身,这种寻址方式称作立即寻址。立即寻址的操作数称为立即数,它随指令一起存放,读取指令时该数可以立即获得。立即数以前缀"♯"号为其标志。立即寻址常用于为寄存器或存储单元赋初值,该寻址方式只能用于源操作数而不能用于目的操作数。立即寻址举例如下:

```
MOV  30H, ♯10H        ;(30H)←10H
MOV  R0, ♯0F0H         ;(R0)←F0H
MOV  DPTR, ♯2000H      ;(30H)←10H
```

(2) 直接寻址

在操作数位置直接给出操作对象所在存储器地址的寻址方式称作直接寻址。直接寻址方式可用于访问程序存储器,也可用于访问内部数据存储器。

直接寻址访问程序存储器用于 LJMP、LCALL、AJMP 和 ACALL 指令中,指令操作数为 addr16 或 addr11,它们都直接给出了程序转移目的地的地址。这些指令执行后 PC 的全部 16 位或低 11 位内容将被替换为指令操作数位置给出的地址。

直接寻址访问内部数据存储器的指令以 direct 为操作数,其寻址范围包括内部 RAM 区低 128 个单元(00H～7FH)和 SFR 区的 8 位特殊功能寄存器。当访问 SFR 时 direct 不仅可以用寄存器所在单元地址，还可以用寄存器符号名称来具体化。直接寻址举例如下：

```
MOV   60H，30H          ；（60H）← （30H）
MOV   P0，#0FFH         ；（P0）← FFH
MOV   80H，#0FFH        ；（80H）← FFH
```

（3）寄存器寻址

在操作数位置给出某一寄存器名称，以该寄存器的内容为指令操作对象的寻址方式称作寄存器寻址。寄存器寻址的寻址空间有 R0～R7、A、B、C（CY）、AB 和 DPTR。举例如下：

```
MOV   A，30H            ；（A）← （30H）
MOV   R1，40H           ；（R1）← （40H）
MOV   DPTR，#1234H      ；（DPTR）← 1234H
```

（4）寄存器间接寻址

以"@"为前缀，后紧跟某一寄存器名称出现在指令操作数位置，是为寄存器间接寻址。可用于寄存器间接寻址的寄存器有 R0、R1、SP 和 DPTR。

这种寻址方式出现在源操作数位置时，源操作对象是以该寄存器的内容为地址的某一存储单元中的信息；而当出现在目的操作数位置时，则是以该寄存器的内容作为目的地址用于存放指令操作结果。寄存器间接寻址可用于访问内部 RAM 区（00H～FFH）和外部数据存储器（地址为 000H～FFFFH），但不能用于访问内部数据存储器的 SFR 区。

设已知（30H）=10H，（R0）=30H，（R1）=40H，（DPTR）=1000H，外部 RAM 单元（1000H）=1FH，（A）=00H，寄存器间接寻址举例如下：

```
MOV   7FH,@R0           ;(7FH)←10H
MOV   @R1,30H           ;(40H)←10H
MOVX  @DPTR,A           ;(1000H)←00H
```

（5）变址寻址

变址寻址是"变址寄存器加基址寄存器间接寻址"的简称，它以 A 为变址寄存器、以 DPTR 或 PC 为基址寄存器。

变址寻址方式只存在于 MOVC 和 JMP 两种指令中，以"@A+DPTR"或"@A+PC"的形式出现在指令操作数位置，其寻址范围为程序存储器空间，指令中"@"右边两寄存器内容相加形成的 16 位地址即为操作对象所在的单元地址。

设已知(A)=01H，（当前 PC）=1000H，（DPTR）=1FFFH，程序存储器单元(1001H)=20H，变址寻址举例如下：

```
MOVC  A,@ A+PC  ;(A)← 20H
JMP   @ A+DPTR  ;(PC)← 2000H,即程序跳转至执行源地址为2000H的指令
```

（6）相对寻址

相对寻址方式用于相对转移指令中，以符号"rel"出现在指令操作数的位置。相对转移指令执行时，是将当前 PC 值（作为基地址）和指令中给出的 rel 值（作为相对地址偏移量）相加，其结果作为程序转去执行的目标指令的源地址（此地址称为"转移目的地址"）。

转移目的地址＝当前 PC 值＋rel＝转移指令源地址＋转移指令字节数＋rel

式中，rel 是以补码表示的带符号的单字节数，取值范围为 00H～FFH（即＋127～−128）。因此，相对寻址的转移范围为：在程序存储器中以转移指令源地址为基点，向地址增大的方向最多可转移 127 个字节；向地址减小的方向最多可转移 128 个字节。

设双字节相对转移指令 SJMP　08H 的源地址为 2020H，则执行该指令后程序将发生跳转，其转移目的地址为 202AH。

设双字节相对转移指令 SJMP　0F2H 的源地址为 1010H，则执行该指令后程序将发生跳转，其转移目的地址为 1004H（提示：此处 rel 值 0F2H 为−14 的补码；当前 PC 值＝转移指令源地址＋2）。

(7) 位寻址

位寻址方式仅用于位操作类的指令中，它以符号"bit"出现在指令操作数位置，代表某一可寻址位的位地址，而以该可寻址位中的一位二进制数作为指令的操作对象。位寻址的范围是由片内 221 个可寻址位构成的位地址空间（包括片内 RAM 的 128 位和 SFR 区的 93 位）。具体编程时，符号"bit"可由以下 4 种位地址表示方法所取代：

① 直接位地址。任一可寻址位都有一个 8 位（二进制）的直接位地址，可用它取代指令中的 bit。注意，它与直接寻址方式中"direct"代表的字节单元地址具有完全相同的形式，区别二者需依靠所在指令的操作码或者其他操作数。

② 含点符"."的位地址。有两种表示形式：可寻址位所在的字节单元地址＋点符"."＋该位在字节中的位编号（0～7）；可寻址位所在的特殊功能寄存器符号名称＋点符"."＋该位在字节中的位编号（0～7）。其中后一种表示形式只适用于 SFR 区的可寻址位。

③ 位名称。位名称用作位地址，仅适用于 SFR 区中定义了位名称的部分可寻址位。

④ 用户定义名。用户可以根据需要为某一可寻址位定义一个位符号地址（也称用户定义名），指令中允许用该用户定义名作为该位的位地址。位寻址方式举例如下：

MOV　C，00H；(CY)←(00H)，源操作数存放于直接位地址为 00H 的可寻址位中
MOV　C，20H.0；(CY)←(20H.0)，源操作数为 20H 单元的第 0 位的内容
MOV　C，P0.1；(CY)←(P0.1)，源操作数为 P0 寄存器的第 1 位的内容
MOV　C，F0；(CY)←(F0)，源操作数为位名称为 F0 的可寻址位的内容

3.2　51 单片机汇编语言指令体系

51 系列单片机汇编语言指令体系由数据传送类指令、算术运算类指令、逻辑运算及循环移位类指令、控制转移类指令、位操作类指令及伪指令类共 6 大类指令组成。本书将 51 系列单片机汇编语言指令汇总列表于附录 B 中。

3.2.1　数据传送类指令

数据传送类指令共 29 条，用于实现数据的单向或双向传送操作。按指令操作方式不同，该类型指令又可分为 5 个小类：内部数据存储器数据传送指令（助记符 MOV）、内部数据存储器数据交换指令（助记符 XCH、XCHD 和 SWAP）、堆栈操作指令（助记符 PUSH 和 POP）、外部数据存储器数据传送指令（助记符 MOVX）及程序存储器数据传送指令（助记符 MOVC）。除涉及改变 A 累加器内容的指令外，数据传送类指令一般不影响 PSW 的值。

（1）内部数据存储器数据传送指令

这类型指令用于给内部数据存储器单元和寄存器赋值以某个立即数，或者在这些存储单元和寄存器之间进行数据传送。图 3-1 为内部数据存储器间数据传送关系图。该类型指令共16 条，下面按目的操作数归类进行介绍。

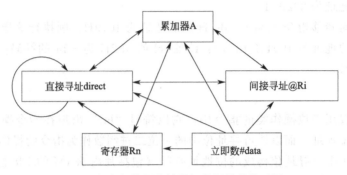

图 3-1 内部数据存储器间数据传送关系图

① 累加器 A 作为目的操作数的指令（4 条指令） 在此对每条指令按其操作码、目的操作数、源操作数、指令功能注释及 16 进制形式的机器码分别进行说明，以后在介绍其他指令时也与此类同。

操作码	目的操作数	源操作数	指令功能注释	机器码（H）
MOV	A,	♯data	;(A)← data	,74 data
MOV	A,	direct	;(A)←(direct)	,E5 direct
MOV	A,	Rn	;(A)←(Rn)	,E8～EF
MOV	A,	@Ri	;(A)←((Ri))	,E6、E7

［例 3-1］ 试将数 10H 传送到累加器 A 中。

解 1：MOV A，♯10H

解 2：MOV 30H，♯10H

　　　MOV A，30H

解 3：MOV R0，♯10H

　　　MOV A，R0

解 4：MOV 40H，♯10H

　　　MOV R1，♯40H

　　　MOV A，@R1

② 当前工作寄存器 Rn 作为目的操作数的指令（3 条指令）

MOV	Rn,♯data	;(Rn)← data	,78～7F data
MOV	Rn,direct	;(Rn)←(direct)	,A8～AF direct
MOV	Rn,A	;(Rn)←(A)	,F8～FF

［例 3-2］ 试将数 10H 传送到寄存器 R7 中。

解 1：MOV R7，♯10H

解 2：MOV 30H，♯10H

　　　MOV R7，30H

解 3：MOV A，♯10H

MOV　R7，A

③ 直接地址 direct 作为目的操作数的指令（5 条指令）

MOV　direct，♯data　　;(direct)← data　　　　　,75　direct　data

MOV　direct2，direct1　;(direct2)←(direct1)　　,85　direct1　direct2

MOV　direct，A　　　　;(direct)←(A)　　　　　,F5　direct

MOV　direct，Rn　　　 ;(direct)←(Rn)　　　　　,88～8F　direct

MOV　direct，@Ri　　　;(direct)←((Ri))　　　　,86、87　direct

[例 3-3]　试将数 10H 传送到内部 RAM 的 30H 单元中。

解 1：MOV　30H，♯10H

解 2：MOV　31H，♯10H

　　　MOV　30H，31H

解 3：MOV　A，♯10H

　　　MOV　30H，A

解 4：MOV　R6，♯10H

　　　MOV　30H，R6

解 5：MOV　40H，♯10H

　　　MOV　R1，♯40H

　　　MOV　30H，@R1

④ 间接地址@Ri 作为目的操作数的指令（3 条指令）

MOV　@Ri，♯data　　　;((Ri))← data　　　　,76、77 data

MOV　@Ri，direct　　　;((Ri))←(direct)　　　,A6、A7　direct

MOV　@Ri，A　　　　　;((Ri))← (A)　　　　　,F6、F7

[例 3-4]　试将内部数据存储器 10H 单元的内容传送到 30H 单元中。

解 1：MOV　R0，♯30H

　　　MOV　@R0，10H

解 2：MOV　A，10H

　　　MOV　R1，♯30H

　　　MOV　@R1，A

⑤ 数据指针 DPTR 作为目的操作数的指令（1 条指令）

MOV DPTR，♯data16　　;(DPTR)← data16　　,90　data15～8　data7～0

[例 3-5]　试将数 1000H 传送到数据指针 DPTR 中。

解：MOV　DPTR，♯1000H

（2）内部数据存储器数据交换指令

这类型指令用于实现累加器 A 与内部数据存储器单元或寄存器之间的字节（8 位）或半字节（4 位）数据的双向交换。该类型指令共 5 条，全部是以累加器 A 为目的操作数的指令。

① 字节交换指令（3 条指令）

XCH　A，direct　　;(A)↔(direct)　　　,C5　direct

XCH　A，Rn　　　　;(A)↔(Rn)　　　　 ,C8～CF

XCH A，@Ri　　　；(A)↔((Ri))　　　　　，C6、C7

② 半字节交换指令（2 条指令）

XCHD A，@Ri　　　；(A$_{3\sim0}$)↔((Ri)$_{3\sim0}$)　，D6～D7

SWAP A　　　　　；(A$_{3\sim0}$)↔(A$_{7\sim4}$)　　，C4

[例 3-6]　设 (A)＝2CH，(R0)＝10H，(R2)＝0E8H，(10H)＝75H，则：

指令 XCH　　A，10H　　执行后(A)＝75H,(10H)＝2CH；

指令 XCH　　A，R2　　执行后(A)＝0E8H,(R2)＝2CH；

指令 XCH　　A，@R0　　执行后(A)＝75H,(10H)＝2CH；

指令 XCHD　A，@R0　　执行后(A)＝25H,(10H)＝7CH；

指令 SWAP　A　　　　　执行后(A)＝0C2H。

(3) 堆栈操作指令

堆栈操作指令有 2 条，分别用于数据进栈和数据出栈操作。

PUSH　direct；首先(SP)←(SP)＋1 然后((SP))←(direct)　　　，C0　direct

POP　　direct；首先(direct)←((SP))然后(SP)←(SP)－1　　　，D0　direct

[例 3-7]　设初始 (SP)＝07H，(DPTR)＝1234H，问：执行以下程序段后 (DPTR)＝？

　PUSH　DPH

　POP　DPL

答：程序执行后 (DPTR)＝1212H。

(4) 外部数据存储器数据传送指令

外部数据存储器数据传送指令用于实现累加器 A 与外部扩展的 RAM 单元或 I/O 端口之间的数据传送。这类型指令共有 4 条，均以 MOVX 为指令助记符，且其中一个操作数是累加器 A，而另一操作数必须采用寄存器间接寻址方式。

MOVX　A，@DPTR　　　；(A) ← ((DPTR))　　　　，E0

MOVX　@DPTR，A　　　；((DPTR))← (A)　　　　，F0

MOVX　A，@Ri　　　　；(A) ← ((P2)(Ri))　　，E2～E3

MOVX　@Ri，A　　　　；((P2)(Ri))← (A)　　，F2～F3

利用前 2 条指令，外部扩展的 RAM 单元或 I/O 口的 16 位地址可直接送入 16 位的 DPTR 寄存器中，从而实现它们与累加器 A 之间的数据传送。

当外部扩展 RAM 单元或 I/O 口的数量不超过 256 时，它们的地址可用 8 位二进制编码。将其 8 位地址存放于 R0（或 R1）中，采用后 2 条指令可以实现它与累加器 A 之间的数据传送。此时，系统地址线上送出的低 8 位地址由 R0（或 R1）的内容确定，高 8 位地址则取决于 P2 口的原有输出内容。

[例 3-8]　试将外部数据存储器 0030H 单元的内容读入到累加器 A。

解 1：MOV　DPTR，#0030H

　　　MOVX　A，@DPTR

解 2：MOV　R0，#30H

　　　MOV　P2，#00H

　　　MOVX　A，@R0

（5）程序存储器数据传送指令

程序存储器不仅可以存放指令代码还可以存放数据表格，程序存储器数据传送指令的功能是将这些表格中的数据信息传送到累加器 A 中。这类型指令有如下 2 条，它们均以 MOVC 为指令助记符、以 A 为目的操作数，且源操作数采用变址寻址方式。

MOVC　A,@A+DPTR　　;(A)←((A)＋(DPTR))　　,93
MOVC　A,@A+PC　　　;(A)←((A)＋(当前 PC))　,83

[例 3-9]　设已知一数据表格内容为 0～9 的平方值 0～81，依次存放于程序存储器 2000H 单元开始的连续 10 个单元中，如图 3-2；已知累加器 A 取值为 0～9 范围的任一整数。试编写程序利用 MOVC 指令实现根据累加器 A 的取值查上述表格求得所对应的平方值。

　　解 1：MOV　DPTR，♯2000H
　　　　　MOVC　A，@A+DPTR
　　解 2：ADD　A,♯偏移量　;(A)←(A)＋ 偏移量
　　　　　MOVC　A,@A+PC　;偏移量按下式计算：
　　偏移量＝表首地址－(MOVC 指令的当前 PC 值)
　　　　　＝表首地址－(MOVC 指令源地址＋指令字节数)
　　　　　＝表首地址－(MOVC 指令源地址＋1)

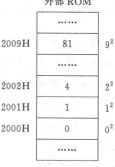

图 3-2　数据表格示意图

3.2.2　算术运算类指令

算术运算类指令用于实现 8 位数据的加减乘除等基本算术运算，共有 24 条指令。这类指令按运算类型不同，又可分为 6 组：加法指令（助记符 ADD 和 ADDC）、减法指令（助记符 SUBB）、加 1 和减 1 指令（助记符 INC 和 DEC）、十进制调整指令（助记符 DA）、乘法指令（助记符 MUL）及除法指令（助记符 DIV）。除加 1 和减 1 指令外，算术运算类指令执行后将影响 PSW 寄存器中 CY、AC、OV 及 P 这几位的数值。

（1）加法指令

加法指令有不带进位的加法指令和带进位的加法指令两种。参与加法运算的两个 8 位数既可以是无符号的数，也可以是带符号的数。

① 不带进位的加法指令（4 条指令）

ADD　A,♯data　　　;(A)← (A) ＋ data　　　,24　data
ADD　A,direct　　　;(A)← (A) ＋(direct)　　,25　direct
ADD　A,Rn　　　　;(A)← (A) ＋(Rn)　　　,28～2F
ADD　A,@Ri　　　　;(A)← (A) ＋((Ri))　　,26～27

以上指令使得累加器 A 的内容可以与一个 8 位的立即数或内部 RAM 任一单元的内容相加，其结果存放于 A 中。

② 带进位的加法指令（4 条指令）

ADDC　A,♯data　　　　;(A)←(A)＋data＋(CY)　　,34　data
ADDC　A,direct　　　　;(A)←(A)＋(direct)＋(CY)　,35　direct
ADDC　A,Rn　　　　　;(A)←(A)＋(Rn)＋(CY)　　,38～3F
ADDC　A,@Ri　　　　　;(A)←(A)＋((Ri))＋(CY)　,36～37

带进位的加法指令用于实现多字节的加法运算。它们与不带进位的加法指令一一对应，区别仅是操作码中多了个字母"C"，这代表参与加法运算的除了目的操作数和源操作数外还有指令执行前进位标志 CY 的数值。

确定加法执行后进位标志 CY 的值时，计算机总是把参与运算的两个 8 位数当作为无符号数相加从而得出 CY 的值。如果 CY 被置 1，说明相加结果大于 255，即有溢出。

确定加法执行后溢出标志 OV 的值时，总是把两个 8 位数当作带符号数看待，相加后根据双高位判别法来确定，如果 OV 被置 1，说明结果有溢出（大于＋127 或小于－128）。

[例 3-10] 设 (A)＝1BH，(R0)＝20H，(P2)＝03H，(20H)＝10H，(CY)＝1 则：

指令 ADD　A，♯10H　　　　执行后(A)＝2BH；

指令 ADDC　A，P2　　　　执行后(A)＝1FH；

指令 ADDC　A，@R0　　　　执行后(A)＝2CH。

(2) 减法指令

减法指令共 4 条，均为带借位相减的指令。减法指令的功能是将目的操作对象（累加器 A 的内容）减去源操作对象，再减去进位标志 CY 的值，所得结果存放于累加器 A 中。

```
SUBB   A,♯data    ;(A)←(A)-data-(CY)         ,94  data
SUBB   A,direct   ;(A)←(A)-(direct)-(CY)     ,95  direct
SUBB   A,Rn       ;(A)←(A)-(Rn)-(CY)         ,98~9F
SUBB   A,@Ri      ;(A)←(A)-((Ri))-(CY)       ,96~97
```

减法指令执行后进位标志 CY 值的确定：将两个操作数看作无符号数，带借位相减后如果最高位有借位产生则 (CY)＝1；否则 (CY)＝0。

减法指令执行后溢出标志 OV 值的确定：将两个操作数看作带符号数，带借位相减后根据双高位判别法来确定是否有溢出错误产生，如果 OV 被置 1，说明结果有溢出（大于＋127 或小于－128）。

[例 3-11] 设 (A)＝7AH，(30H)＝0A5H，(PSW)＝81H 则：

指令　SUBB　A，♯30H　　　　执行后(A)＝49H,(PSW)＝01H；

指令　SUBB　A，30H　　　　　执行后(A)＝D4H,(PSW)＝84H。

(3) 加 1 和减 1 指令

加 1（或减 1）指令均为单操作数的指令，指令的功能是将操作数所指单元或寄存器的内容加 1（或减 1）。加 1 和减 1 指令执行后不会对标志位 CY、AC 及 OV 产生影响。

① 加 1 指令（5 条指令）

```
INC   A           ;(A)←(A)+1            ,04
INC   direct      ;(direct)←(direct)+1  ,05  direct
INC   Rn          ;(Rn)←(Rn)+1          ,08~0F
INC   @Ri         ;((Ri))←((Ri))+1      ,06~07
INC   DPTR        ;(DPTR)←(DPTR)+1      ,A3
```

② 减 1 指令（4 条指令）

```
DEC   A           ;(A)←(A)-1            ,14
DEC   direct      ;(direct)←(direct)-1  ,15  direct
DEC   Rn          ;(Rn)←(Rn)-1          ,18~1F
```

DEC　@Ri　　　;((Ri))←((Ri))−1　　　,16～17

对于指令 INC　direct 和 DEC　direct，当直接地址 direct 被端口 P0～P3 其中一个替代时，指令的执行过程包含了对该端口的"读—修改—写"操作。这时，首先从端口的锁存器（而不是引脚）读入原数据，该数据在 CPU 中完成运算后，再将结果写入端口寄存器输出。

[例 3-12]　设 (R0)＝30H，(30H)＝22H，则：

指令　DEC　@R0　　执行后(30H)＝21H；

（4）十进制调整指令

十进制数在计算机中一般用其 BCD 码存放，两个压缩 BCD 码如要相加只能按二进制加法进行，其运算结果不一定是正确的 BCD 码。为了获得正确的 BCD 码（即十进制数），需对该加法运算的结果采用十进制调整指令进行调整。十进制调整指令如下：

DA　A　;将 A 中按二进制相加的结果调整成按 BCD 码相加的结果，D4

十进制调整的原理：①当累加器 A 值的低 4 位大于 9 或半进位标志 AC＝1，则加 06H 修正；②当 A 值的高 4 位大于 9 或进位标志 CY＝1，则对高 4 位也加 06H 修正；③当 AC＝1，CY＝1 同时发生，或高 4 位虽等于 9 但低 4 位修正后有进位，则 A 应加 66H 修正。

该指令在应用时需注意：确认运算的两数为 BCD 码，先对其按二进制加法相加，然后紧跟着执行一条十进制调整指令即可把结果调整成人们常用的十进制数。

[例 3-13]　设有两个四位十进制数以双字节压缩 BCD 码形式分别存放于内部 RAM 的 31H（高两位）、30H（低两位）和 41H（高两位）、40H（低两位）单元中，试编写程序求两数之和，结果存放于 52H（万位）、51H（千位及百位）、50H（十位及个位）单元。

解：MOV　A,30H
　　ADD　A,40H　　　　;两数的十位及个位相加
　　DA　　A
　　MOV　50H,A　　　　;和的十位及个位调整后送入目的单元存放
　　MOV　A,31H
　　ADDC　A,41H　　　;两数的千位及百位相加,再加上前述低位相加的进位
　　DA　　A
　　MOV　51H,A　　　　;和的千位及百位调整后送入目的单元存放
　　MOV　A,#00H
　　ADDC　A,#00H
　　MOV　52H,A　　　　;求得和的万位并将其送入目的单元存放

该指令应用时需注意以下两点。

① DA 指令可直接用于对两位以内 BCD 码相加结果进行十进制调整。只需确认参与加法运算的两数为 BCD 码，先用二进制加法指令求得两数相加的结果，紧接着再执行一条 DA 指令即可将结果调整成 BCD 码形式的十进制数。

② DA 指令不能直接用于对减法作十进制调整。完成十进制减法运算只能用加减数的补数（两位十进制数是对 100 取补，十进制数 100 用二进制数 9AH 代替）来进行。不带符号的十进制减法运算步骤：首先，用 9AH 减去减数求得减数的补数；然后进行加法，将被减

数与减数的补数相加；最后，对相加结果用 DA 指令调整即可得十进制减法运算结果。

（5）乘法和除法指令

① 乘法指令：用于将分别存放于累加器 A 和寄存器 B 中的两个 8 位无符号数相乘。

MUL　AB；(B)←((A)×(B))$_{15\sim8}$ 且(A)←((A)×(B))$_{7\sim0}$，A4

指令执行后，16 位乘积结果的低 8 位存放于 A 中，高 8 位存放于 B 中，且 CY 位清零。当乘积结果大于 FFH 时则 OV 位置 1，否则 OV 位置 0。

[例 3-14] 已知(A)=30H(48)，(B)=60H(96)，问：执行指令 MUL　AB 后的结果。

解：乘积为 1200H(4608)，(A)=00H，(B)=12H，(OV)=1，(CY)=0。

② 除法指令：用于两个 8 位的无符号数相除，将 A 中存放的被除数除以 B 中存放的除数。

DIV　AB；(A)←(A)÷(B)之商，(B)←(A)÷(B)之余数，84

除法指令执行后，所得的商存放在 A 中，余数存放在 B 中，且 CY 位清零。如果参与运算的除数为 0，则除法没有意义此时 OV 位被置 1，否则 OV 位置 0。

[例 3-15] 已知(A)=30H(48)，(B)=07H(7)，问：执行指令 DIV　AB 后的结果。

解：商为 6，即(A)=06H；余数为 6，即(B)=06H，(OV)=0，(CY)=0。

3.2.3　逻辑运算及循环移位类指令

8 位二进制数（字节）逻辑运算指令有 20 条，包括"与"、"或"、"异或"、累加器 A 清零和取反。其中与、或、异或三种逻辑运算都是按位对应进行的，且不影响标志位 CY、OV、AC。

循环移位类指令有 4 条，分为循环左移位和循环右移位两类，其操作对象均为累加器 A。

（1）逻辑"与"指令

字节操作的逻辑"与"指令有 6 条，功能是将 8 位目的操作数与源操作数按位相"与"，并将其结果存放于目的地址单元中。"与"指令常用于屏蔽字节数据中的某些位。

```
ANL　A,#data        ;(A)←(A)∧data           ,54   data
ANL　A,Rn           ;(A)←(A)∧(Rn)           ,58~5F
ANL　A,direct       ;(A)←(A)∧(direct)       ,55   direct
ANL　A,@Ri          ;(A)←(A)∧((Ri))         ,56、57
ANL　direct,A       ;(direct)←(direct)∧(A)  ,52   direct
ANL　direct,#data   ;(direct)←(direct)∧data ,53   direct data
```

[例 3-16] 设(30H)=7AH(01111010B)，(A)=0FH(00001111B)则：

指令　ANL　30H，A 执行后(30H)=0AH(00001010B)；

指令　ANL　30H，#0F0H 执行后(30H)=70H(01110000B)。

（2）逻辑"或"指令

字节操作的逻辑"或"指令有 6 条，功能是将 8 位目的操作数与源操作数按位相"或"，并将其结果存放于目的地址单元中。"或"指令常用于对字节数据中的某些位置"1"。

```
ORL　A,#data        ;(A)←(A)∨data           ,44   data
```

```
ORL    A ,Rn            ;(A)← (A)∨(Rn)              ,48~4F
ORL    A ,direct        ;(A)← (A)∨(direct)         ,45    direct
ORL    A ,@Ri           ;(A)← (A)∨((Ri))           ,46、47
ORL    direct,A         ;(direct)← (direct)∨(A)    ,42    direct
ORL    direct,♯data     ;(direct)← (direct)∨data   ,43    direct   data
```

[例 3-17] 设(P1)=66H(01100110B)，(A)=55H(01010101B)，试编程实现将 A 内容的低 3 位传送到 P1 口的低 3 位，而不影响 P1 口原有的高 5 位。

解：参考程序如下，该程序执行后(P1)=65H(01100101B)。

```
MOV P1，♯66H
MOV A，♯55H
ANL A，♯00000111B
ANL P1，♯11111000B
ORL P1，A
```

(3) 逻辑"异或"指令

字节操作的逻辑"或"指令有 6 条，功能是将 8 位的目的操作数与源操作数按位进行"异或"，并将其结果存放于目的地址单元中。"异或"指令常用于对字节数据中的某些位进行取反操作（与"1"相异或该位内容取反；"0"相异或该位内容保持不变）。

```
XRL    A ,♯data         ;(A)←(A)⊕data              ,64    data
XRL    A ,Rn            ;(A)←(A)⊕(Rn)              ,68~6F
XRL    A ,direct        ;(A)←(A)⊕(direct)          ,65    direct
XRL    A ,@Ri           ;(A)←(A)⊕((Ri))            ,66、67
XRL    direct,A         ;(direct)←(direct)⊕(A)     ,62    direct
XRL    direct,♯data     ;(direct)←(direct)⊕data    ,63    direct   data
```

[例 3-18] 设 (P1)=00110110B，执行以下程序段后 (P1)=00H，即 P1 被清零：

```
MOV  P1，♯00110110B
MOV  A，P1
XRL  A，P1
```

(4) 累加器 A 清零、取反指令

累加器 A 内容清零、取反操作指令各有 1 条，均为单字节指令。

```
CLR  A   ;(A)←00H              ,E4
CPL  A   ;(A)←将(A)取反        ,F4
```

(5) 循环移位指令

循环移位指令的操作对象均为累加器 A，有循环左移、带 CY 位循环左移、循环右移和带 CY 位循环右移指令各 1 条。

```
RL  A   ;(A_0)←(A_7),(A_{i+1})←(A_i)其中 i=0,1,…,6                        ,23
RLC A   ;(CY)←(A_7),(A_0)←(CY),(A_{i+1})←(A_i)其中 i=0,1,…,6              ,33
RR  A   ;(A_7)←(A_0),(A_i)←(A_{i+1})其中 i=0,1,…,6                        ,03
RRC A   ;(CY)←(A_0),(A_7)←(CY),(A_i)←(A_{i+1})其中 i=0,1,…,6              ,13
```

指令注释中。循环移位指令的操作如图 3-3 所示。

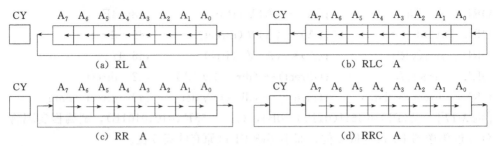

图 3-3　循环移位指令操作示意图

A 的内容循环左移位一次相当于乘以 2；A 的内容循环右移位一次则相当于除以 2。

[例 3-19]　设(A)＝22H(00100010B)，则：

① 指令 RL A 执行后，(A)＝44H(01000100B)。

② 指令 RR A 执行后，(A)＝11H(00010001B)。

3.2.4　转移控制类指令

一般情况下 PC 的内容以 1 为步长自动增量，因而程序的执行通常是按指令存放顺序依次进行。但是也可以根据需要改变程序的执行顺序，即程序转移。控制程序的转移要利用控制转移类指令，该类指令可用于实现程序向前或向后跳转、根据不同条件分支运行、循环运行部分程序段、调用子程序等。本节介绍 17 条控制转移类指令，可分为无条件转移指令、条件转移指令、子程序调用和返回指令以及空操作指令，但是不包括位条件转移指令。

(1) 无条件转移指令

该类型指令执行后程序将无条件跳转到指定的目标地址去继续执行。该类指令共 4 条：长转移、绝对转移、短转移和间接长转移指令。无条件转移指令执行后不影响状态标志位。

① 长转移指令

LJMP　addr16；(PC) ←addr16，02 addr$_{15\sim8}$ addr$_{7\sim0}$

LJMP 指令为 3 字节指令，以指定的 16 位目标地址全面替换 PC 值，使程序可以转移到 64KB 程序存储器空间任一指令去执行，因而被称为"长转移指令"。

[例 3-20]　设 ROM 的(0000H)～(0002H)中存放有指令 LJMP　1000H，则：单片机上电复位后先执行上述 LJMP 指令，然后程序无条件转至 1000H 单元去执行某指令段。

② 绝对转移指令

AJMP　addr11；首先(PC)←(PC)＋2 然后(PC)$_{10\sim0}$←addr11，addr$_{10\sim8}$ 00001　addr$_{7\sim0}$

AJMP 指令为双字节指令，执行后程序转移的目的地址为：以指令当前 PC 值的高 5 位作为高位，以指令中给出的 11 位地址作为低位，组成的一个新的 16 位直接地址。其中，当前 PC 值＝AJMP 指令的源地址＋AJMP 指令的字节数。

执行该指令，程序将无条件向前或者向后转移，但是转移目的地址必须是和当前 PC 值在同一个 2KB 范围之内。

[例 3-21]　设指令 AJMP　0FFH 的源地址为 2000H，问该指令执行后的转移目的地址。

解：当前 PC 值＝2000H＋2＝2002H，则当前 PC 值的高 5 位为 00100B。指令中给出的 11 位地址为 000111111111B。指令执行后转移目的地址为 0010000011111111B，即 20FFH。

③ 短转移指令

SJMP　rel　　;(PC)←(PC)+2+ rel　　　,80　rel

SJMP 指令为双字节相对转移指令，操作数采用相对寻址方式，转移目的地址＝指令当前 PC 值+rel。其中，当前 PC 值＝SJMP 指令的源地址+SJMP 指令的字节数。执行该指令程序可以无条件向前转移（rel 值大于 80H，程序向地址减小的方向转移）或向后转移（rel 值小于 80H，程序向地址增大的方向转移）。转移的范围仅为以当前 PC 值为基础，向前 128 个单元、向后 127 个单元的范围，因而被称为"短转移指令"。

执行以下 3 条指令中的任一条，将使程序停留在该条指令上反复执行，造成单指令的无限循环，程序进入等待状态不再向后执行。

　　　　STOP：SJMP　STOP
　　　　HERE：SJMP　$
　　　　　　　SJMP　0FEH

④ 间接长转移指令

JMP　@A+DPTR　　　;(PC)←(A)+DPTR　　　,73

JMP 指令为单字节指令，多用于实现程序的多分支选择。该指令采用变址寻址方式，以 DPTR 的内容为基本地址（基址），以 A 的内容为可变地址（变址），基址加变址获得转移的目的地址，在 64KB 程序存储器空间内可无条件转移。

[例 3-22]　设(DPTR)＝1000H，当 A 的内容分别取为 80H、FFH 时，执行同一条指令 JMP　@A+DPTR 后程序将分别跳转到地址为 1080H 、10FFH 的单元去执行不同的指令段。

(2) 条件转移指令

条件转移类指令执行后程序是否发生转移，取决于特定的转移条件是否满足：条件满足时程序转移；条件不满足时程序按原顺序继续执行。条件转移类指令均采用相对寻址方式给出转移的目的地址，转移范围仅为当前 PC 值基础上偏移-128～+127 个单元的范围。根据转移条件不同，该类指令可分为：累加器判零转移指令、比较转移指令和减 1 条件转移指令。

① 累加器判零转移指令　该组指令以累加器内容是否为零作为判断转移的条件，包括 2 条双字节指令。

JZ　　rel　;若(A)＝0 则:程序转移(PC)←(PC)+2+ rel　　　,60　rel
　　　　　　　若(A)≠0 则:程序顺序执行(PC)←(PC)+2
JNZ　　rel　;若（A)≠0 则:程序转移(PC)←(PC)+2+ rel　　　,70　rel
　　　　　　　若(A)＝0 则:程序顺序执行(PC)←(PC)+2

[例 3-23]　设有一数据块存放在外部 RAM 首地址为 0100H 的连续地址区域，试编程将此数据块传送到内部 RAM 中以 30H 为首地址的连续区域，遇到数据等于零时停止传送。

解：　　MOV　DPTR，#0100H
　　　　MOV　R0，#30H
LOOP：MOVX　A，@DPTR　　;间接寻址方式取外部数据传送到 A
ZERO：JZ　ZERO　;若数据为零停止传送，否则将数据进一步传送到内部 RAM
　　　　MOV　@R0，A

```
        INC   R0
        INC   DPTR
        SJMP  LOOP
```

② 比较转移指令　该组指令首先通过减法比较目的操作数与源操作数（充当减数）的大小，根据比较的结果决定程序是否转移：若两数不相等，则程序转移；若两数相等，则程序顺序执行。CJNE 指令执行后对 CY 位的影响同减法指令：当目的操作数大于源操作数时，CY＝0；反之，则 CY＝1。根据上述特点可设计三分支程序：先执行 CJNE 指令对程序二分支，然后对于"目的操作数不等于源操作数"的这一分支，可以以 CY 是否为零为判据将其再次进行二分支。

比较转移指令均为 3 字节指令，共有 4 条：

CJNE A,♯data,rel ;若(A)≠data 则:转移 (PC)←(PC)＋3＋ rel ,B4 data rel
                  若(A)=data 则:顺序执行 (PC)←(PC)＋3
CJNE A,direct,rel;若(A)≠(direct)则:转移 (PC)←(PC)＋3＋ rel ,B5 direct rel
                  若(A)=(direct)则:顺序执行 (PC)←(PC)＋3
CJNE Rn,♯data,rel;若(Rn)≠data 则:转移 (PC)←(PC)＋3＋ rel ,B8～BF data rel
                  若(Rn)=data 则:顺序执行 (PC)←(PC)＋3
CJNE @Ri,♯data,rel;若((Ri))≠data 则:转移 (PC)←(PC)＋3＋ rel ,B6、B7 data rel
                  若((Ri))=data 则:顺序执行 (PC)←(PC)＋3
```

[例 3-24]　设有一数据块存放在外部 RAM 首地址为 ADR1 的连续地址区域，试编程将此数据块传送到内部 RAM 中以 ADR2 为首地址的连续区域，遇到数据等于零时停止传送。

```
解:     MOV  DPTR, ♯ ADR1
        MOV R0, ♯ ADR1
LOOP:   MOVX  A, @DPTR   ;间接寻址方式取外部数据传送到 A
        CJNE  A, ♯00H, NOTZ  ;若数据不为零则继续传送,否则停止传送
        SJMP  STOP
NOTZ:   MOV  @R0, A
        INC  R0
        INC  DPTR
        SJMP  LOOP
STOP:   END
```

③ 减 1 条件转移指令　该组指令首先对目的操作数作减 1 运算并将运算结果送回到目的操作数，然后根据目的操作数是否为零判断程序是否转移：若不为零，则程序转移；若为零，则程序顺序执行。该组指令共有 2 条，它们的执行时长均为 2 个机器周期，但它们的指令字节数不相同。

减 1 条件转移指令常用于构成已知循环次数的循环结构，因而也被称为"循环转移指令"。

```
DJNZ  Rn, rel   ;首先(Rn)←(Rn)－1 然后进行判断    ,D8～DF  rel
                 若(Rn)≠0 则:程序转移(PC)←(PC)＋2＋rel
                 若(Rn)=0 则:程序顺序执行(PC)←(PC)＋2
DJNZ  direct,rel ;首先(direct)←(direct)－1 然后进行判断    ,D5  direct  rel
```
```

若 (direct)≠0 则:程序转移(PC)←(PC)+3+rel

若 (direct)=0 则:程序顺序执行(PC)←(PC)+3

[例 3-25] 设单片机时钟频率为 12MHz，执行下面程序段可以产生约 $100\mu s$ 的延时。

```
        MOV   R7,♯32H     ;给循环计数器置入初值 50
DLY100：DJNZ  R7,DLY100   ;执行本行指令一次需 2μs,共执行 50 次
```

(3) 子程序调用及返回指令

为了优化程序总体结构，通常将需要反复执行的某段程序设计成子程序，而主程序则可以在需要时调用它。这样的程序结构就要利用到子程序调用及返回指令。

在主程序中执行一条子程序调用指令后，程序转移到指定的子程序入口地址去执行子程序。任何子程序都必须以一条返回指令为其结束标志，执行到返回指令后子程序自动返回到主程序，接着原来中断的位置（子程序调用指令的下一条指令）继续往下执行。为了子程序能够顺利返回，必须事先将原程序中断的位置（称为"断点地址"）保存起来，断点地址是利用堆栈来保存的。

① 子程序调用指令 有长调用指令 LCALL 和绝对调用指令 ACALL 两条，它们在实现程序转移的功能上分别完全等同于长转移指令 LJMP 和绝对转移指令 AJMP，区别是子程序调用指令在完成程序转移之前必须利用堆栈保存断点地址。

```
LCALL  addr16   ;(PC)←(PC)+3              ,12  addr₁₅~₈ addr₇~₀
                (SP)←(SP)+1,((SP))←(PC)₇~₀
                (SP)←(SP)+1,((SP))←(PC)₁₅~₈
                (PC)←addr16
ACALL  addr11   ;(PC)←(PC)+2              ,addr₁₀~₈10001 addr₇~₀
                (SP)←(SP)+1,((SP))←(PC)₇~₀
                (SP)←(SP)+1,((SP))←(PC)₁₅~₈
                (PC)₁₀~₀←addr11
```

② 返回指令 用于子程序结尾处，其功能主要是从堆栈中弹出断点地址交给 PC，使子程序返回到上一级程序中断的位置继续执行。该类指令有 RET 和 RETI 两条，其中：RET指令是与前面两条子程序调用指令相对应的一般的子程序返回指令；RRTI 指令则是专门的中断服务子程序返回指令，执行该指令还将清除中断响应时所置位的优先级状态触发器，使得已申请的同级或低级中断请求有机会得到响应。

```
RET      ;(PC)₁₅~₈←((SP)),(SP)←(SP)-1          ,22
         (PC)₇~₀←((SP)),(SP)←(SP)-1
RETI     ;(PC)₁₅~₈←((SP)),(SP)←(SP)-1          ,32
         (PC)₇~₀←((SP)),(SP)←(SP)-1
```

[例 3-26] 子程序调用及返回指令应用举例

```
        ORG   0000H
        LJMP  START
        ORG   0080H
START： MOV   SP,♯30H
        MOV   A，♯00H
```

```
LOOP：   MOV P1，A
         ACALL   DLAY
         INC   A
         SJMP   LOOP
DLAY：   ……
         RET
```

（4）空操作指令

执行空操作指令，CPU 不做任何操作，只是空耗一个机器周期的时间。该指令常用于拼凑精确延时时间，或用于程序等待。

NOP   ;(PC)←(PC)＋1   ,00

3.2.5 位操作类指令

位操作类指令与前述指令不同，其操作数是 1 位二进制数（0 或 1）。位操作的对象是内部 RAM 中的位寻址区（即 20H～2FH 单元的连续 128 位及 SFR 区中的 93 位可寻址位），以 CY 为累加器。指令表中位操作类指令采用符号 bit 代表可寻址位的位地址；指令应用时，bit 应具体化为 4 种形式之一：直接位地址、含点符 "." 的位地址、位名称及用户定义名。

位操作类指令共 17 条，又可以分为位数据传送指令、位置位指令、位逻辑运算指令和位条件转移指令四小类。

（1）位数据传送指令

位数据传送指令用于实现累加器 CY 与可寻址位 bit 之间内容的传送，有以下 2 条传送方向相反的指令。

MOV   C,bit   ;(CY)←(bit)   ,A2   bit
MOV   bit,C   ;(bit)←(CY)   ,92   bit

（2）位置位指令

位置位指令用于对累加器 CY 或可寻址位 bit 进行置 1 或清零操作，有以下 4 条指令。

CLR   C   ;(CY)←0   ,C3
CLR   bit   ;(bit)←0   ,C2   bit
SETB   C   ;(CY)←1   ,D3
SETB   bit   ;(bit)←1   ,D2   bit

（3）位逻辑运算指令

位逻辑运算指令共有 6 条，用于实现对可寻址位的逻辑 "与"、"或"、"非" 运算。其中 2 条指令源操作数为 "/bit"，它表示对 bit 位的内容取反然后再参与逻辑运算，但指令的执行并不影响 bit 位的原内容。利用位逻辑运算指令，可以方便地模拟硬件逻辑电路的功能。

ANL   C,bit   ;(CY)←(CY)∧(bit)   ,82   bit
ANL   C,/bit   ;(CY)←(CY)∧$\overline{(bit)}$,B0   bit
ORL   C,bit   ;(CY)←(CY)∨(bit)   ,72   bit
ORL   C,/bit   ;(CY)←(CY)∨$\overline{(bit)}$,A0   bit
CPL   C   ;(CY)←$\overline{(CY)}$,B3

CPL bit   ;(bit)←($\overline{bit}$)   ,B2 bit

[例 3-27] 试编程实现图 3-4 所示的逻辑功能。

MOV C，P2.2
ORL C，TF0
ANL C，P1.1
MOV F0，C
MOV C，IE1
ORL C，/20H.0
ANL C，F0
ANL C，/08H
MOV P3.3，C

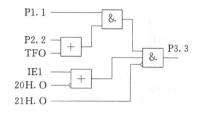

图 3-4 位逻辑运算操作示意图

(4) 位条件转移指令

该类指令以累加器 CY 或可寻址位 bit 的内容作为程序是否转移的条件，共 5 条指令。

① 判累加器 CY 内容的条件转移指令 该组指令有 2 条，均为双字节条件转移指令。它们可以和比较转移指令 CJNE 一起使用，从而形成三分支的程序结构。

JC rel   ;若(CY)=1 则:程序转移 (PC)←(PC)+2+ rel   ,40 rel
              ;若(CY)=0 则:程序顺序执行 (PC)←(PC)+2

JNC rel   ;若(CY)=0 则:程序转移 (PC)←(PC)+2+ rel   ,50 rel
              ;若(CY)=1 则:程序顺序执行 (PC)←(PC)+2

② 判 bit 内容的条件转移指令 该组指令有 3 条，均为 3 字节条件转移指令。

JB bit rel ;若(bit)=1 则:程序转移 (PC)←(PC)+3+ rel   ,20 bit rel
              ;若(bit)=0 则:程序顺序执行(PC)←(PC)+3

JNB bit rel ;若(bit)=0 则:程序转移 (PC)←(PC)+3+ rel   ,30 bit rel
              ;若(bit)=1 则:程序顺序执行 (PC)←(PC)+3

JBC bit rel ;若(bit)=1 则:程序转移 (PC)←(PC)+3+ rel 且(bit)←0 ,10 bit rel
              ;若(bit)=0 则程序顺序执行:(PC)←(PC)+3

3.2.6 伪指令

伪指令的作用是帮助机器汇编过程的进行，它们没有对应的机器代码因而不产生目标程序，也不会影响程序的执行过程。下面介绍 51 系列单片机汇编语言的 7 条常用伪指令。

(1) 设置目标程序起始地址的伪指令

ORG 16 位地址 ;以指令给出的 16 位地址作为的目标程序或数据块的起始地址

该指令放在一段源程序或数据块的前面，规定紧跟其后的程序目标代码或数据块在 ROM 中存放的起始地址。一个源程序可以多次采用该指令以规定不同程序段的起始位置，但所规定地址应从小到大，不允许重复。若一个源程序没有用到该指令，则默认从 ROM 的 0000H 单元开始存放其目标代码。

[例 3-28] ORG 指令应用举例。图 3-5 为与左边程序段对应的 ORG 指令功能示意图。

        ORG 2000H
START:MOV A，♯7FH;机器码为 74H 7FH

(2) 规定汇编过程结束的伪指令

ROM
2000H
74H
2001H
7FH
2002H
⋮
200AH

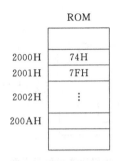

图 3-5　ORG 指令功能示意图

END　　；汇编过程结束

该指令表示汇编过程结束，在 END 以后所写的指令汇编程序对其都不予处理。END 指令是源程序的结束标志，一个源程序（同时包含有主程序和子程序的源程序）只能有一条 END 指令，并应该将它放到所有指令的最后。

(3) 在 ROM 中定义数据字节的伪指令

DB　项或项表　　；在 ROM 中定义以字节为单位的数据项或项表

DB 指令将项或项表的字节数据存入某起始地址开始的 ROM 的连续区域。“项”指的是一个字节的数据或字符（字符在计算机中用其 ASCII 码存储，占用一个字节单元）；“项表”指的是两个以上的多个项构成的数据表或字符串，各项之间一般用逗号分开。存放的起始地址可由 ORG 指令指定，或由 DB 指令之前的上一条指令当前 PC 值（上一条指令的源地址加上其指令字节数）来确定。

[例 3-29] DB 指令应用举例。图 3-6 为与左边程序段对应的 DB 指令功能示意图。

```
        ORG   2000H
TAB1:   DB   30H,8AH,7FH,49H
        DB '5', ' A', 'BCD'
```

(4) 在 ROM 中定义数据字的伪指令

DW　项或项表　　；在 ROM 中定义以字为单位的数据项或项表

DW 指令将项或项表的字数据存入某起始地址开始的 ROM 的连续区域。该指令与 DB 指令功能相似，不同的是 DW 后的每一“项”是以一个字（即 16 位二进制，两个字节长度）为单位的数据，机器汇编时将自动按先存高 8 位、后存低 8 位的次序存放每个项的内容。

[例 3-30] DW 指令应用举例。图 3-7 为与左边程序段对应的 DW 指令功能示意图。

```
        ORG   1500H
TAB2:   DW   1234H, 80H
```

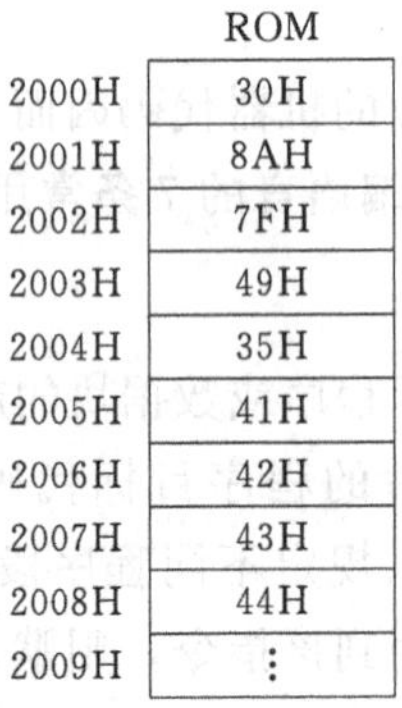

ROM
2000H
30H
2001H
8AH
2002H
7FH
2003H
49H
2004H
35H
2005H
41H
2006H
42H
2007H
43H
2008H
44H
2009H
⋮

图 3-6　DB 指令功能示意图

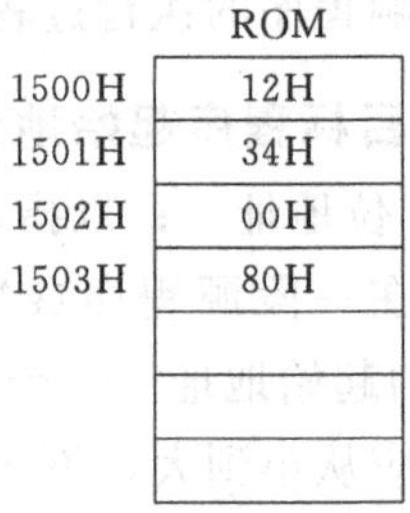

ROM
1500H
12H
1501H
34H
1502H
00H
1503H
80H

图 3-7　DW 指令功能示意图

(5) 在 ROM 中预留存储空间的伪指令

DS　表达式　；在 ROM 中预留若干字节的空间

DS 指令将 ROM 中某起始地址开始的若干字节的区域预留起来，该区域暂时空置以备他用（如存放运算中间结果等）。与 DB 和 DW 指令一样，该指令预留 ROM 空间的起始地址可由 ORG 指令指定，或由该指令之前的上一条指令当前 PC 值来确定。预留空间内的存储单元的数量由该指令给出的表达式的值来决定。

［例 3-31］ DS 指令应用举例。图 3-8 为与本例程序段对应的 DB 指令功能示意图。

```
        ORG    1500H
        DS     20H
TAB2：DW    1234H
```

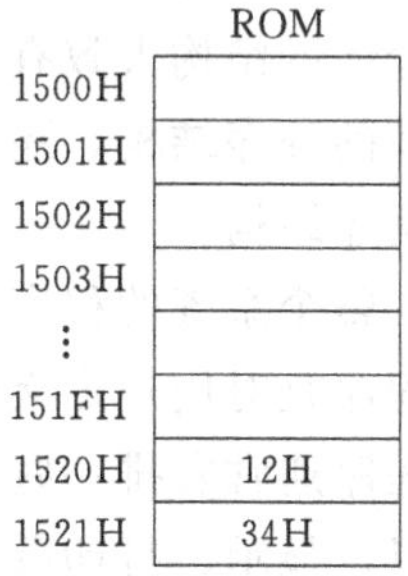

（6）赋值伪指令

标号：　　EQU　　项　　；将 EQU 右边的值赋予 EQU 左边的标号

该指令将 EQU 右边项的值赋予指令标号，其中"项"可以是常数、地址标号或表达式。注意：同一程序中，若某个标号用 EQU 指令对其赋值后，该标号的值不能再次改变。

［例 3-32］ EQU 指令应用举例。

```
        TAB1：EQU    1500H
        TAB2：EQU    TAB1
```

ROM	
1500H	
1501H	
1502H	
1503H	
⋮	
151FH	
1520H	12H
1521H	34H

图 3-8　DS 指令功能示意图

（7）位地址赋值伪指令

标号：　　BIT　　位地址　　；将 BIT 右边的位地址赋予 BIT 左边的标号

BIT 指令与 EQU 指令均为赋值类伪指令，但 BIT 指令的功能是将位地址赋值给特定标号，因此指令中 BIT 右边一定是位地址。

［例 3-33］ BIT 指令应用举例。

```
        AI：BIT    P1.0
        DI：BIT    P1.1
```

3.3　汇编语言程序设计

相比高级语言，汇编语言程序设计的过程要相对繁琐，但却更能充分发挥指令系统的功效，获得最简练的机器代码。因此在要求实时性好的场合，例如智能仪表和工业测控装置开发等单片机常用领域，采用汇编语言编写程序更具优势。

3.3.1　汇编语言程序设计步骤

汇编语言程序设计一般要经历任务分析及程序规划、确定算法并规划数据、绘制程序流程图、分配系统资源、源程序编制及调试五个基本步骤。

（1）任务分析及程序规划

按功能不同，程序可分为执行程序和监控程序两大类。两类程序在设计方法上有所不同：执行程序设计偏重算法效率，与硬件密切联系；监控程序设计则重在全局，要求有严密的逻辑性。分析任务即根据任务要求对程序设计作总体规划。如果任务是要求完成某种具体功能，如运算、检测、输出控制、显示和通信等，则可按执行程序进行设计；如果任务是对系统整体运行进行管理，起到组织、协调各执行程序（执行模块）之间关系的作用，那么应该按监控程序进行设计。

任务分析清楚后接着要进行各程序规划。由于执行模块任务明确，而监控程序设计则需考虑较多问题，所以程序规划的工作一般是先从各执行模块开始，最后到监控程序。执行模块规划指的是为每个执行模块进行功能和输入/输出接口定义，并初步规划数据结构。所有执行模块规划好之后就要对监控程序进行规划，根据系统功能选择一种合适的监控程序结构。监控程序的结构大致有 3 种：无外部操作介入自主运行的程序结构、键盘或遥控通信设备操控管理的程序结构，还有用于复杂实时监控领域的基于实时多任务操作系统（RTOS）的嵌入式程序结构。

另外，整个系统的程序应合理地分为前台和后台程序。前台程序是交给用户使用的程序；后台程序是对用户提交的数据进行处理的程序，一般不直接显示给用户以保护它们的安全。前台程序通常安排一些实时性要求较高的内容，如外部中断和定时系统等。对于主（监控）程序以及显示、打印等与操作者打交道的程序，它们即使延误几十至几百毫秒也没影响，这类程序通常安排在后台。也可以将全部程序安排在前台，后台则为等待循环状态。

（2）确定算法并规划数据

对于较复杂的任务，需确定解决它的方法和步骤，即确定算法。算法可分为两类：一类是针对数值计算的算法；另一类是针对非数值计算问题，如解决信息查询、管理任务的算法。采用合理、优化的算法是编制正确、优质程序的基础。

算法处理的对象是有关数据，合理进行数据规划是解决问题的关键。必须严格规定各接口参数的数据结构和数据类型，以避免程序模块之间的脱节。首先列出每个程序模块用到的参数及输出的结果，对于与多个模块有关的参数只取一个名称保证其只有一种格式；然后为每个参数规划其数据类型和数据结构。

数据类型可分为逻辑型和数值型，其中数值型数据又可分为定点数和浮点数。逻辑型数据可考虑设置相应的软件标志位。对于数值型数据，常见的温度、水位等变化范围有限的参数可用定点数来表示以简化程序和提高运行速度，例如某温度参数取其分辨率为 0.02℃，一个 8 位的定点数 00H～FFH 可以表示 5.12℃ 的温度范围。当参数变化范围太宽，例如某被测电容值其变化范围达十几个数量级时，则只能用浮点数来表示。

数据结构是指数据的组织及存放形式，有数组、堆栈、队列、链表、树、记录及数据库等。单片机应用系统的数据结构比较简单，多采用线性队列结构，数据顺序存放。规划数据结构时，应确定队首（或队尾）指针及队列区域大小，计算出总共需要的 RAM 字节数。

（3）绘制程序流程图

流程图以二维图形的形式描述程序的逻辑功能结构，相比起一维的指令流源程序要更加直观，更利于编程人员查错和修改。流程图绘制时一般集中精力考虑程序的逻辑结构和算法，尽可能确保程序的合理性和可靠性。

（4）分配系统资源

运用汇编语言设计程序时需要对系统硬件资源进行合理分配，这与运用高级语言进行程序设计不同。系统资源包括 RAM、ROM、I/O 接口、中断源、定时/计数器等。对于定时控制进行的任务或是计数到某一数值执行的任务一般要为它们分配定时/计数器；中断源通常分配给需要及时处理和响应的内、外部事件；I/O 接口可根据与单片机有通信要求的外设种类和数量来分配；ROM 用于存放程序和表格；外部 RAM 常用于存放大批量的数据信息。内部 RAM 的分配则相对复杂，因为它包含工作寄存器区（00H～1FH）、位寻址区（20H～2FH）及数据缓冲区（30H～7FH）共 3 个不同的功能区域。工作寄存器区分为 4 个工作寄存器组，每组由 8 个地址连续的单元组成。系统上电时自动将第 0 组（00H～07H）作为当前工作寄存器组（R0～R7），可通过对 PSW 赋值来更改当前工作寄存器组的设置。位寻址区的 128 位均具有位寻址功能，可用来存放各种逻辑变量、软件标志等位信息。位地址分配完成后该区域剩余的单元也可用于存储字节信息。数据缓冲区只能用于存储字节信息，常用于存放各种参数、指针、中间结果等。另外，堆栈也常安排在此区域内。

运用汇编语言进行程序设计，需要编制系统资源分配表，将该表与程序流程图对照则可以开始具体指令设计了。

（5）源程序编制及调试

当明确了各模块的算法、流程图、入口和出口参数及其数据结构、使用的资源及各子程序间关系之后，就可以编写源程序。源程序编制完成后，利用 PC 机和单片机开发工具软件，可将源程序自动汇编成机器代码并对它进行调试。

3.3.2 程序基本结构及设计方法

汇编语言程序设计采用的基本结构有顺序结构、分支结构、循环结构和子程序结构。

（1）顺序结构

如果某问题的解决可由若干基本操作按一定先后次序顺序执行来完成，那么其程序可采用顺序结构来设计。顺序结构如图 3-9 所示，各基本操作 A、B、C 等对应的指令按箭头所指方向由上至下逐条依次顺序执行直至最后一条指令。

在 4 种程序基本结构中，顺序结构最为简单，常用作构建复杂程序的基础。本章例 3-1～例 3-9 的程序都属于顺序结构。

[**例 3-34**] 一个 16 位二进制数存放在 R3（高 8 位）、R2（低 8 位）中，试编程求该数的补码，结果的高位和低位分别存放于 R7、R6 中。

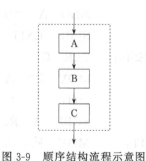

图 3-9　顺序结构流程示意图

解：
```
    MOV   A，R2
    CPL   A
    ADD   A，#01H
    MOV   R6，A        ；原数低 8 位取反、加 1 得到补码的低 8 位
    MOV   A，R3
    CPL   A
    ADDC  A，#00H
    MOV   R7，A        ；原数高 8 位取反、加低 8 位的进位得到补码的高 8 位
```

（2）分支（或选择）结构

分支结构包含一个条件判断框，根据给定条件是否成立而选择判断框下面的不同操作路径中的一条支路来执行（即分支转移），但无论执行的是哪一条分支路径，最终都会经由一个共同的出口脱离该分支结构。分支结构流程示意图如图 3-10 所示，有 3 种基本形式。

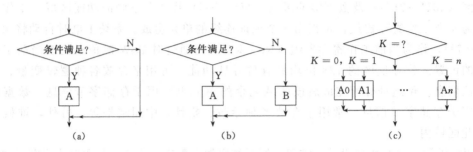

图 3-10 分支结构流程示意图

分支结构程序设计的要点：首先，根据题目要求建立可供条件转移指令测试的条件；其次，选用合适的条件转移指令完成条件判断；最后，在各分支的起始指令行左边设定标号。

[例 3-35] 试编程按下式求 X 的值，其中 a 为 $1\sim100$ 之间的整数。

$$X=\begin{cases} 10+a, & a>10 \\ 10-a, & a<10 \\ a, & a=10 \end{cases}$$

解：设 a 值存放于 R2 中，求得的 X 值存放于 R3 中（即设定程序的入口地址为 R2，出口地址为 R3）。参考程序如下：

```
START：  MOV  A，R2
         CJNE A，#0AH，NE10
         SJMP EXIT           ；a=10，则 X=a
NE10：    JC   LESS10
         ADD  A，#0AH         ；a>10，则 X=10+a
         SJMP EXIT
LESS10： CLR  C              ；a<10，则 X=10-a
         MOV  R0，A
         MOV  A，#0AH
         SUBB A，R0
EXIT：    MOV  R3，A
         END
```

（3）循环结构

循环结构一般包含四个部分：初始化、循环体、修改循环参数、循环控制及结束部分。其中，循环控制部分又包括修改循环参数和判断循环是否结束两个部分。循环结构可分为当型循环结构和直到型循环结构两种，流程示意图如图 3-11 所示。对于两重及两重以上的多重循环结构，需注意各重循环只可嵌套不可交叉，如图 3-12 所示。

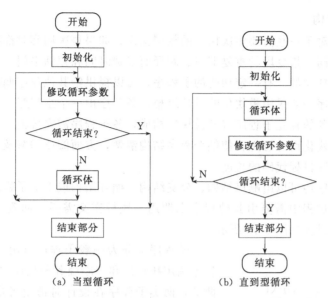

图 3-11　循环结构流程示意图

图 3-12　多重循环示意图

循环结构在判断循环是否结束时也采用了条件转移指令，应注意它与分支结构的区别。

[例 3-36]　设内部 RAM 中存有一个无符号单字节数的数据块，数据块首地址为 DSTAR，长度为 20H。编程求数据块中全部数据之和，将其存放到 R3（高 8 位）、R2（低 8 位）中。

解：参考程序如下

```
        MOV  R2，#0          ；R2 及 R3 清零
        MOV  R3，#0
        MOV  R7，#20H        ；循环计数器 R7 置初值
        MOV  R0，#DSTAR      ；数据块首地址送 R0
LOOP：  MOV A，R2            ；将数据块中数据相加
        ADD  A，@R0
        MOV  R2，A
        CLR  A
        ADDC A，R3
        MOV  R3，A
        INC  R0
        DJNZ R7，LOOP        ；判断循环是否结束
        END
```

(4) 子程序结构

程序编制中，对于一些需要多次执行的相同操作，如果每次用到时都编写一段相同的程序段，将会因为对同一指令段的重复书写、翻译而浪费时间和存储空间。为此，常常将这些程序段单独定义为独立的、有一定功能的子程序，可以提供给其他程序调用。

汇编语言源程序一般采用模块化的设计思想，源程序由一个主程序（主模块）和若干用于完成某种特定任务的独立子程序（子模块）构成，各子程序需安排输入口和输出口与主程序相联系。运用模块化设计思想，使整个程序结构清楚，方便阅读理解及系统功能扩展；另外还可缩短源程序和目标代码的长度。

子程序与主程序均可以由顺序结构、分支结构、循环结构或下级子程序结构构成。不同的是子程序在操作过程中需要由其他程序来调用，执行完又需要返回到调用它的上级程序中。子程序的执行过程如图 3-13 所示。

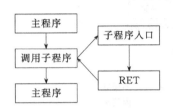

图 3-13 子程序流程示意图

子程序可分为一般子程序（由主程序或上一级子程序调用执行）和中断服务子程序（以中断方式执行）两类，两类子程序在设计时都要考虑现场保护和参数传递的问题。

现场保护是指当从上一级程序进入子程序时，需要将一些不希望因调用子程序而改变的数据（如内存单元、寄存器及可寻址位的内容）压入堆栈保护起来；待子程序任务完成返回上级程序之前，从堆栈中弹出被保护的数据到原地址。

子程序执行过程有时要用到一些由主程序提供的数据；子程序运行后，也会产生的要被主程序使用数据，这两类数据被称为参数。参数传递是指参数在主程序和子程序之间的传递问题，具体来说就是如何安排子程序入口及出口参数的存放单元或寄存器的问题。常用的参数传递方法有以下 3 种。

① 利用通用寄存器传递。常将需要传递的参数存放于累加器 A 或当前工作寄存器 R0～R7。

② 利用指针传递。常用指针 R0、R1 及 DPTR，以间接寻址方式指出需要传递的参数存放于 RAM 中的位置。

③ 利用堆栈传递参数。

[例 3-37] 试编写子程序结构的程序实现将内部 RAM 中某数据块清零。已知数据块起始地址为 DFIR、长度为 DLON。

解：参考程序如下

```
        ORG   30H
        MOV   R1, #DFIR      ;R1 用作指针，初始值为数据块首地址
        MOV   R2, #DLON      ;初始化 R2 指向数据块起始单元
        ACALL  DCLAR
        ……
        ORG   100H
DCLAR:  MOV   A, #00H        ;数据块清零子程序
ROUND:  MOV   @R1, A
```

```
        INC   R1
        DJNZ  R2，ROUND
        RET
```

3.3.3　数码转换程序设计

日常生活中，人们采用十进制数来表述各种问题；而在计算机中，能够进行存储、运算和处理的只是二进制数码。十进制数、常用字符在计算机中采用具有二进制形式的 BCD 码、ASCII 码表示。另外，例如打印机、LED 显示器等一些外设，需要将二进制数码转换为 ASCII 码或 BCD 码才能输出。因此，单片机应用程序设计过程中经常要用到数码转换的子程序。

（1）一位十六进制数码与 ASCII 码之间的转换

一位十六进制数码（0～9、A～F）在计算机中用 4 位二进制数（0000B～1111B）表示，它与 ASCII 码（30H～39H、41H～46H）的对应关系为：0～9 之间的十六进制数，其 ASCII 码值等于该数加上 30H；A～F 之间的十六进制数，其 ASCII 码值等于该数加上 37H。

[例 3-38]　将"0～9、A～F"范围内字符的 ASCII 码转换为十六进制数。

解："0～9"的 ASCII 码减去 30H，可得对应的十六进制数码；"A～F"的 ASCII 码则应减去 37H 得到对应的十六进制数码。

本例以 R7 作为程序入口和出口地址，参考程序如下：

```
ATOH：  MOV   A，R7
        CLR   C
        SUBB  A，♯30H   ；ASCII 码减去 30H，得到初步结果
        MOV   R7，A
        SUBB  A，♯0AH   ；初步结果是否在"0～9"的范围内？
        JC    BACK      ；是，则此结果就是所求的十六进制数码，程序返回
        XCH   A，R7      ；否，则此结果还需减去 7H 才得到对应的十六进制数码
        SUBB  A，♯7H
        MOV   R7，A
BACK：  RET
```

如果需要将一位十六进制数码转换为 ASCII 码，可以根据两者之间的前述关系用加法来实现。读者可以参考例 3-38，完成一位十六进制数码到相应 ASCII 码的转换子程序设计。

（2）二进制数与十进制数（BCD 码）之间的转换

十进制数在计算机中常用 BCD 码表示，BCD 码又分为压缩和非压缩两种形式。压缩 BCD 码指的是将每两位 BCD 码压缩存放在一个字节中，它是 BCD 码在运算及存储时的常用形式，常用的有单字节压缩 BCD 码、双字节压缩 BCD 码以及三字节压缩 BCD 码等。非压缩 BCD 码指的是每一位 BCD 码占用一个字节存储空间（BCD 码实际只用到字节的低 4 位，高 4 位为 0H）的存放形式，它适用于 BCD 码的显示或输出。

[例 3-39]　将 8 位无符号二进制整数转换为压缩 BCD 码。

解：首先将原数除以 100，所得商即十进制数百位上的 BCD 码；然后将第一次除得到的余数作为被除数再除以 10，所得商即十进制数十位上的 BCD 码，同时本次除所得余数即

十进制数个位上的 BCD 码。

8 位二进制整数对应的数值在 0～255 之间，3 位 BCD 码压缩存放需要两个单元。设定：程序入口地址为 A；出口地址为 UNITL（存放十进制数的十位及个位）、UNITH（存放十进制数的百位）。参考程序如下：

```
BTOD8:   MOV  B，#100
         DIV  AB
         MOV  UNITL，A     ;获得十进制数百位上的 BCD 码，存入 UNITL 单元
         MOV  A，B
         MOV  A，#10
         DIV  AB           ;获得十进制数十位及个位上的 BCD 码
         SWAP  A
         ORL  A，B
         MOV  UNITH，A     ;将十位及个位上的 BCD 码压缩存放到 UNITH 单元
         RET
```

[例 3-40] 将 16 位无符号二进制整数转换为压缩 BCD 码。

解：设 N 为与二进制整数 $K_{15}K_{14}K_{13}\cdots K_2K_1K_0$ 对应的十进制数值。采用 16 次循环将二进制数从最高位逐次向左移入 BCD 码的最低位，逐次求得：$0\times2+K_{15}=K_{15}$，$(K_{15})\times2+K_{14}=K_{15}\times2^1+K_{14}$，$(K_{15}\times2^1+K_{14})\times2+K_{13}=K_{15}\times2^2+K_{14}\times2^1+K_{13}$，…，直到获得 $N=K_{15}\times2^{15}+K_{14}\times2^{14}+\cdots+K_1\times2^1+K_0\times2^0$。

16 位二进制整数对应的数值在 0～65535 之间，5 位 BCD 码压缩存放需要三个单元。设定：程序入口为 (R3)(R2)；程序出口为 (R6)(R5)(R4)。参考程序如下：

```
BTOD16:  MOV  R7，#10H   ;置循环计数器初值为 16
         MOV  R4，#00H
         MOV  R5，#00H
         MOV  R6，#00H
AGAIN:   CLR  C
         MOV  A，R2
         RLC  A
         MOV  R2，A      ;(R2) 带上进位左移一位，然后送回 (R2)
         MOV  A，R3
         RLC  A          ;此时 (CY) 即 Ki，i 为 15～0 之间的整数
         MOV  R3，A      ;(R2) 带上进位左移一位，然后送回 (R2)
         MOV  A，R4
         ADDC  A，R4
         DA   A
         MOV  R4，A      ;(R4) 乘以 2，再经过十进制调整后的结果送回 (R4)
         MOV  A，R5
         ADDC  A，R5
         DA   A
         MOV  R5，A
```

```
        MOV   A，R6
        ADDC  A，R6
        DA    A
        MOV   R6，A        ；对（R5）、（R6）进行与（R4）相同的处理
        DJNZ  R7，AGAIN
        RET
```

[**例 3-41**] 单字节压缩 BCD 码转换为二进制整数。

解：单字节压缩 BCD 码对应的数值在 0～99 之间，转换为二进制整数只需要一个单元。设定：程序入口为（R2）；程序出口也为（R2）。参考程序如下：

```
DTOB2：  MOV   A，R2
        ANL   A，#0F0H     ；屏蔽低位 BCD 码
        SWAP  A
        MOV   B，#0AH
        MUL   AB           ；高位 BCD 码乘以 10
        MOV   R3，A
        MOV   A，R2
        ANL   A，#0FH      ；取出低位 BCD 码
        ADD   A，R3
        MOV   R2，A
        RET
```

[**例 3-42**] 双字节压缩 BCD 码转换为二进制整数。

解：采用先由高位到低位逐位检查 BCD 码数值，然后累加各十进制位对应的二进制数的方法，将双字节压缩 BCD 码（即压缩存放的四位十进制数）转换成二进制整数。

设定：程序入口为（R3）（R2）；程序出口为（R7）（R6）。参考程序如下：

```
DTOB4：  MOV R7，#00H
        MOV   R6，#00H      ；将存放二进制数的寄存器清零
        MOV   R5，#03H      ；千位的二进制数码（1000＝03E8H）送（R5 R4）
        MOV   R4，#0E8H
        MOV   A，R3
        ANL   A，#0F0H      ；取千位数
        SWAP  A
        JZ SUB1            ；千位数如果为零，转到子程序 SUB1 去
LOOP1：  DEC   A
        ACALL ADD1000      ；千位数不为零，则加上千位的二进制数码
        JNZ   LOOP1
SUB1：   MOV   R5，#00H      ；百位的二进制数码（100＝0064H）送 R5、R4
        MOV   R4，#64H      ；
        MOV   A，R3
        ANL   A，#0FH       ；取百位数
        JZ SUB2            ；百位数如果为零，转到子程序 SUB2 去
```

```
LOOP2：    DEC  A
           ACALL  ADD1000        ；百位数不为零，则加上百位的二进制数码
           JNZ  LOOP2
SUB2：     MOV  R4，#0AH          ；十位的二进制数码（10＝000AH）送 R5、R4
           MOV  A，R2
           ANL  A，#0F0H          ；取十位数
           SWAP  A
           JZ  SUB3               ；十位数如果为零，转到子程序 SUB3 去
LOOP3：    DEC  A
           ACALL  ADD1000        ；十位数不为零，则加上十位的二进制数码
           JNZ  LOOP3
SUB3：     MOV  A，R2
           ANL  A，#0FH           ；取个位数
           MOV  R4，A             ；个位的二进制数码（与个位的BCD码相同）送 R4
           ACALL  ADD1000        ；加上个位的二进制数码
           RET
ADD1000：  PUSH  PSW
           CLR  C
           MOV  A，R6             ；在 20H、21H 单元中累计转换结果
           ADD  A，R4
           MOV  R6，A
           MOV  A，R7
           ADDC  A，R5
           MOV  R7，A
           POP  PSW
           RET
```

3.3.4 运算程序设计

本节列举一些常用二进制运算子程序的设计。

[例3-43] 16 位二进制负整数求补码子程序。

解：程序入口为(R3)(R2)；程序出口为(R7)(R6)。参考程序如下：

```
COMP16：   MOV  A，R2    ；原数低8位取反、加1，得到补码的低8位
           CPL  A
           ADD  A，#1H
           MOV  R6，A
           MOV  A，R3    ；原数高8位取反、加上进位位，得到补码的高8位
           CPL  A
           ADDC  A，#0
           MOV  R7，A
           RET
```

设有一 16 位二进制负数，其原码 $[X]_原 = 1A_{14}A_{13}A_{12}\ A_{11}A_{10}A_9\ A_8A_7A_6A_5A_4$ $A_3A_2A_1A_0$，补码 $[X]_补 = 1B_{14}B_{13}B_{12}\ B_{11}B_{10}B_9\ B_8\ B_7\ B_6B_5B_4\ B_3B_2B_1\ B_0$。若上述程序执行前，入口 $(R3)(R2) = [X]_原$，则程序执行后，出口 $(R7)(R6) = 0B_{14}B_{13}B_{12}\ B_{11}B_{10}B_9\ B_8$ $B_7\ B_6B_5B_4\ B_3B_2B_1\ B_0$。

[例 3-44]　两个双字节无符号数乘法子程序。

解：设两个双字节无符号数分别存放在 (R3)(R2)、(R5)(R4)，两数乘积存放在内部 RAM 中起始地址为 MADDR 的连续 4 个单元。

算法：两乘数的数值可表示为 $(R3)(R2) = (R3)\cdot 2^8 + (R2)$、$(R5)(R4) = (R5)\cdot 2^8 + (R4)$，则两数乘积可用下式表示：

$$[(R3)(R2)\cdot(R5)(R4)] = [(R3)\cdot 2^8 + (R2)]\cdot[(R5)\cdot 2^8 + (R4)]$$
$$= (R3)\cdot(R5)\cdot 2^{16} + [(R3)\cdot(R4) + (R2)\cdot(R5)]\cdot 2^8 + (R4)\cdot(R2)$$
$$= (MADDR+3)(MADDR+2)(MADDR+1)(MADDR)$$

参考程序如下：

```
MUL16:  MOV   R0,#MADDR   ;将首地址为 MADDR 的连续 4 个单元(程序出口)清零
        MOV   R1,#4
        MOV   A,#0
CLR4:   MOV   @R0,A
        INC   R0
        DJNZ  R1,CLR4
        MOV   R0,#MADDR
        MOV   A,R4
        MOV   B,R2
        MUL   AB           ;(R4)·(R2)
        MOV   @R0,A         ;将(R4)·(R2)的低 8 位,即两数乘积的 D7～D0 送(MADDR)
        MOV   R7,B         ;利用 R7 暂存(R4)·(R2)的高 8 位
        MOV   A,R5
        MOV   B,R2
        MUL   AB           ;(R5)·(R2)
        ADD   A,R7
        MOV   R7,A         ;(R5)·(R2)的低 8 位加(R4)·(R2)的高 8 位,暂存于 R7
        MOV   A,B
        ADDC  A,#0
        MOV   R6,A         ;(R5)·(R2)的高 8 位加(CY),暂存于 R6
        MOV   A,R4
        MOV   B,R3
        MUL   AB           ;(R4)·(R3)
        ADD   A,R7         ;(R4)·(R3)的低 8 位与(R7)相加,结果暂存于 A
        INC   R0
        MOV   @R0,A         ;(A)即两数乘积的 D15～D8,将它送(MADDR+1)
        MOV   R1,#0
```

```
          MOV   A,R6
          ADDC  A,B
          MOV   R6,A       ;(R4)·(R3)高 8 位与(R6)及(CY)相加,结果暂存于 R6
          JNC   GOON       ;如(R4)·(R3)高 8 位与(R6)及(CY)相加无进位,转到
                            GOON 处
          INC   R1         ;如(R4)·(R3)高 8 位与(R6)及(CY)相加有进位,则 R1
                            置 1
GOON：    MOV   A,R5
          MOV   B,R3
          MUL   AB         ;(R5)·(R3)
          ADD   A,R6       ;(R5)·(R3)的低 8 位与(R6)相加,结果暂存于 A
          INC   R0
          MOV   @R0,A      ;(A)即两数乘积的 D23～D16,将它送(MADDR+2)
          MOV   A,B
          ADDC  A,R1       ;(R5)·(R3)高 8 位与(R1)相加,结果暂存于 A
          INC   R0
          MOV   @R0,A      ;(A)即两数乘积的 D31～D24,将它送(MADDR+3)
          RET
```

[例 3-45]　四字节无符号整数除以两字节无符号整数的除法子程序。

解：设被除数及除数分别存放在(R7)(R6)(R5)(R4)、(R3)(R2)中,两数相除所得结果需要 4 个单元存放,其中商存放于(R5)(R4)、余数存放于(R7)(R6)中。

除法运算采用重复减法来实现,其步骤如下：

① 判断除数是否为零。如果为零,转到程序段 DERR,除法运算不进行下去,此时被除数及除数保持不变,同时置 PSW 的 OV 为 1 作为标志;如果不为零,则判断商是否超过 16 位,若 (R7)(R6)≥(R3)(R2),即商将超过 16 位,转到程序段 ENDF0,此时结束本次除法,同时将 PSW 的 F0 位置 1 作为标志,并且置 OV 为 0。

② 在 (R7)(R6)＜(R3)(R2) 的前提下,采用重复减法求取两数相除的商。由于除数有 16 位,故需要重复比较 16 次,即循环控制次数为 16 次。

③ 被除数 (R7)(R6)(R5)(R4) 整体左移一位,即原数乘以 2,此时 R4 的最低位空出。

④ 被除数高 16 位减去除数,如果不够减,在 R4 的最低位上商 0;如果够减,则在 R4 最低位上商 1。那么除法完成后,(R5)(R4) 的内容即是商,(R7)(R6) 的内容即是余数。

⑤ 判断除法是否完成（即循环比较次数是否达到 16 次）。如果尚未完成,则重复上述第④步的过程;如果已经完成则结束比较,置 OV 为 0,并且将 F0 置 0 作为标志。

参考程序如下：

```
DIV16：  MOV   A,R2
          JNZ   NEXT
          MOV   A,R3
          JZ    DERR       ;如果除数为 0,转到 DERR 处
NEXT：   MOV   A,R6
          CLR   C
```

```
        SUBB  A,R2          ;(R3)-(R2)
        MOV   A,R7
        SUBB  A,R3          ;(R7)-(R3)
        JNC   ENDF0         ;如果(R7)(R6)≥(R3)(R2),转到 ENDF0 处
        MOV   R0,#16
LOOP1： CLR   C             ;将(R7)(R6)(R5)(R4)整体左移一位
        MOV   A,R4
        RLC   A
        MOV   R4,A
        MOV   A,R5
        RLC   A
        MOV   R5,A
        MOV   A,R6
        RLC   A
        MOV   R6,A
        XCH   A,R7
        RLC   A
        XCH   A,R7
        MOV   F0,C          ;将(R7)原来的最高位传送到 F0
        CLR   C
        SUBB  A,R2
        MOV   R1,A          ;(R6)-(R2)的结果暂存在 R1
        MOV   A,R7
        SUBB  A,R3          ;(R7)-(R3)-(CY)
        JB    F0,LOOP2      ;如果够减,转到 LOOP2 处
        JC    LOOP3         ;如果不够减,则转到 LOOP3 处
LOOP2： MOV   R7,A          ;余数高字节送入 R7
        MOV   A,R1
        MOV   R6,A          ;余数低字节送入 R6
        INC   R4           ;商"1",将其置于 R4 的最低位
LOOP3： DJNZ  R0,LOOP1      ;除法未完成,继续比较
        CLR   OV            ;除法完成,置 OV 为 0,并将 F0 置 0 作为标志
        CLR   F0
BACK：  RET
ENDF0： SETB  F0            ;如果商超过 16 位,则将 OV 置为 0、F0 置为 1,结束本次
                             除法
        CLR   OV
        SJMP  BACK
DERR：  SETB  OV            ;如果除数为 0,则除法不再进行,同时置 OV 为 1 作为
                             标志
```

SJMP　BACK

3.3.5　查表程序设计

查表程序用于根据自变量 x 的取值 x_i，在 ROM 数据表格中查找满足函数关系式 $y=f(x)$ 的与 x_i 对应的值 y_i。查表程序是单片机应用系统中一类典型程序，被广泛应用于实现非线性函数求解、数据补偿和转换、键盘扫描、显示和打印输出等功能。

该类程序以查表指令 MOVC　A，@A+DPTR（或 MOVC　A，@A+PC）为核心指令，每执行 MOVC 指令一次，可将地址为 [(A)+(DPTR)] 或者 [(A)+当前 PC 值] 的一个 ROM 单元的数据读取到累加器 A 中。

[例 3-46]　设有一函数 $y=f(x)$，对应于自变量 x 取值为 0～16 之内的某一整数 x_i，应变量有与其一一对应的 16 位二进制数值 y_i，其中 $i=0$，1，2，…，16。试编写一程序实现依据 x 的取值 x_i 查表获得对应的 y_i 值。

解：将所有 y_i 值按其对应 x_i 值由小到大的顺序存放在 ROM 中，建立一个首地址为 TAB、长度为 32 个单元的数据表格，如图 3-14 所示。

分析 MOVC 指令执行过程可知，想利用 MOVC 指令由 x_i 求得 y_i，需要先建立"（y_i 值所在单元的地址）与（x_i 值）之间的线性关系式"。根据图 3-14，由归纳法可得以下线性关系式：y_i 高 8 位所在单元地址 = TAB + $2x_i$；y_i 低 8 位所在单元地址 = TAB + $2x_i$ + 1。

y_i 值所在单元的地址		x_i 值
TAB	Y0 高	0
TAB+1	Y0 低	
TAB+2	Y1 高	1
TAB+3	Y1 低	
TAB+4	Y2 高	2
TAB+5	Y2 低	
⋮	⋮	⋮
TAB+30	Y15 高	15
TAB+31	Y15 低	

图 3-14　自变量与数据表格对应关系示意图

设定：程序入口为 (R7)=x_i；程序出口为 (R6)(R5)=y_i。下面分别以两条 MOVC 指令为核心，采用两种方法完成程序。

（1）以 MOVC　A，@A+DPTR 为核心指令的方法

由前述，求 y_i 高 8 位为时可列出等式：(A)+(DPTR)=TAB+$2x_i$；求 y_i 低 8 位为时可列出等式：(A)+(DPTR)=TAB+$2x_i$+1。其求解思路可分为 3 步：①将表首地址 TAB 送 DPTR；②将查表项数 $2x_i$（或 $2x_i$+1）送 A；③执行 MOVC　A，@A+DPTR 指令，则 y_i 高 8 位（或 y_i 低 8 位）就被读取到了累加器 A 中。参考程序如下：

```
MOV  DPTR, #TAB        ;表首地址送 DPTR
MOV  A, R7
ADD A, R7             ;2xi 送 A
MOV  R6, A
MOVC  A, @A+DPTR      ;查表获得 yi 高 8 位
XCH  A, R6
INC  A               ;(A)=2xi+1
MOVC  A, @A+DPTR      ;查表获得 yi 低 8 位
MOV  R5, A
```

```
        RET
TAB:    DW  25A0H，038CH，…    ；建立由 yᵢ 值组成的数据表，表首地址为 TAB
```

（2）以 MOVC　A，@A＋PC 为核心指令的方法

此时，求 y_i 高 8 位可列出等式：(A)＋当前 PC 值＝TAB＋$2x_i$；求 y_i 低 8 位可列出等式：(A)＋当前 PC 值＝TAB＋$2x_i$＋1。两式中：当前 PC 值＝MOVC 指令源地址＋1，可见当前 PC 值是不随 x 取值的变化而变化的常数。其求解思路可分为 4 步：①将查表项数 $2x_i$（或 $2x_i$＋1）送 A；②A 的内容加上偏移量（偏移量＝表首地址 TAB－当前 PC 值），所得结果送回 A 中；③执行 MOVC　A，@A＋PC 指令，则 y_i 高 8 位（或 y_i 低 8 位）就被读取到了累加器 A 中。参考程序如下：

```
        MOV   A,R7
        ADD   A,R7
        MOV   R6,A          ；(A)=2xᵢ
        ADD   A,♯07H        ；偏移量=TAB-PC1-1=7,(A)=2xᵢ+7
PC1:    MOVC  A,@A+PC       ；查表获得 yᵢ 高 8 位
        XCH   A,R6
        INC   A             ；(A)=2xᵢ+1
        ADD   A,♯02H        ；偏移量=TAB-PC2-1=2,(A)=2xᵢ+3
PC2:    MOVC  A,@A+PC       ；查表获得 yᵢ 低 8 位
        MOV   R5,A
        RET
TAB:    DW  25A0H,038CH,…   ；建立由 yᵢ 值组成的数据表,表首地址为 TAB
```

3.3.6　散转程序设计

散转程序适用于处理需要三个以上分支流向的问题，根据某参数（或运算结果）取值的不同使得程序转向各分支程序段。散转程序以指令 JMP @A＋DPTR 为核心进行设计，执行该指令，将 (A) 与 (DPTR) 相加形成目的地址，并将此地直送到 PC，从而实现程序转移。

［例 3-47］ 设有一无符号整数型变量 x，取值范围为 0～255。编写程序根据 x 的取值转而执行与该值对应的处理子程序（即：当 $x＝0$，转到子程序 OPR0；当 $x＝1$，转到子程序 OPR1；当 $x＝n$，转到子程序 OPRn；……），实现多达 256 路分支的散转。

解：在 ROM 中建立一个由 256 条无条件转移指令组成的转移指令表，设表格首地址为 JTAB，如图 3-15 所示。

转移指令源地址			x 的取值
JTAB	AJMP	OPR0	0
JTAB+2	AJMP	OPR1	1
⋮		⋮	⋮
JTAB+254	AJMP	OPR127	127
JTAB+256	AJMP	OPR128	128
⋮		⋮	⋮
JTAB+510	AJMP	OPR255	255

图 3-15　自变量与指令表格对应关系示意图

按题意，结合图 3-15 对指令 JMP　@A＋DPTR 执行过程进行分析，可得线性关系式：(A)＋(DPTR)＝指令 AJMP　OPRx 的源地址＝JTAB＋2x。此线性关系式为本题的解题依据。

程序入口：(R7)＝x；程序出口：转去执行相应的分支程序 OPRx。参考程序如下：

```
        MOV   DPTR,#TAB      ;表首地址送 DPTR
        MOV   A,R7
        ADD   A,R7           ;2x_i 送 A
        MOV   R6,A
        MOV   DPTR,#JTAB     ;置 DPTR 初值为表首地址 JTAB
        MOV   A,R7           ;求 2x
        ADD   A,R7
        JNC   NAD            ;如 2x<256,则转到 NAD 处
        INC   DPH            ;如 2x≥256,则使得:(DPH)←(DPH)+1
NAD:    JMP   @A+DPTR        ;(PC)←(A)+(DPH)
JTAB:   AJMP  OPR0           ;转移指令表
        AJMP  OPR1
        ......
        AJMP  OPR255
```

3.3.7　延时程序设计

工业测控、智能仪器仪表和家电等单片机应用领域中，经常要用到定时控制的功能。延时程序是通过执行程序指令，使 CPU 消耗特定时间从而达到定时要求的一类程序。

延时程序采用循环结构，通常由以下 3 种指令组成：①MOV　Rn，#data；②DJNZ Rn，rel；③NOP。其中，指令①用作循环结构的初始化语句，执行该指令 1 次耗费 1 个机器周期的时间；指令②用作循环结构循环体的主要语句，同时也是循环控制语句，执行该指令 1 次耗费 2 个机器周期的时间；指令③常用于拼凑精确延时时间，执行该指令 1 次耗费 1 个机器周期的时间。延时程序每重循环的延时时间主要由指令②决定，设机器周期为 T_P，以 T_1、T_2 和 T_3 分别代表 1 重、2 重和 3 重循环结构延时程序的最大延时时间，则：$T_1 \approx 255T_P$；$T_2 \approx 255(T_1+2)$；$T_3 \approx 255(T_2+2)$，多重循环的最大延时时间以此类推。设计延时程序首先应合理确定循环结构的嵌套次数。

[例 3-48] 设单片机晶振频率为 12MHz，编写延时 1ms 的程序。

解：在此，分别采用 1 重和 2 重循环结构编写延时 1ms 的程序。

① 用 1 重循环结构编程，参考程序如下：

```
DEL1:   MOV   R2,#0C8H    ;设置循环次数为 200 次
LP:     NOP
        NOP
        NOP
        DJNZ  R2, LP      ;延时时间 T=200(2μs+1μs+1μs+1μs)+1μs=1.001ms
        RET
```

② 用 2 重循环结构编程，参考程序如下：

```
DEL2:   MOV  R2,#02H      ;设置外循环的循环次数为 2 次
LP1:    MOV  R1,#0F8H     ;设置内循环的循环次数为 248 次
        NOP
LP2:    DJNZ R1,LP2       ;内循环延时时间 T内=248×2μs+1μs+1μs=498μs
        DJNZ R2,LP1       ;外循环延时时间 T外=(T内+2μs)×2+1μs=1.001ms
        RET
```

思考题

3-1　汇编语言与机器语言、高级语言相比有何优缺点?

3-2　51 单片机有哪几种寻址方式? 各种寻址方式分别对应的寻址空间是什么?

3-3　51 单片机可以采用哪几种寻址方式访问片内 RAM 区? 访问特殊功能寄存器区呢?

3-4　指令表中相对转移指令所含符号 "rel" 在实际编程时可以代之以什么具体内容?

3-5　解释指令 "JNZ 0F4H" 的功能。设该指令源地址为 2500H,问:当满足转移条件时程序转移到的目的地址是多少?

3-6　试说明指令 LJMP addr16、ALMP addr11 以及 LCALL addr16 三者的区别。

3-7　指令 RET 与 RETI 的区别是什么? 分别在什么情况下使用?

3-8　伪指令的功能是什么? 伪指令语句与基本指令语句的本质区别是什么?

3-9　在横线上写出下列指令中源操作数和目的操作数的寻址方式。

(1) MOV B,#60H; _____

(2) MOV C,60H; _____

(3) MOV DPTR,#1000H; _____

(4) MOVX A,@R0; _____

(5) MOVC A,@A+DPTR; _____

(6) SJMP 20H; _____

(7) JBC 30H,07H; _____

(8) ACALL DELAY; _____

3-10　设初始时 (PSW)=81H,(A)=7AH,(40H)=A5H,写出以下指令单独执行后 (A) 和 (PSW) 的内容分别是多少。

(1) ADD A,40H;

(2) ADDC A,40H;

(3) SUBB A,#30H;

(4) SUBB A,40H;

3-11　采用 51 单片机汇编语言编写实现以下数据传送操作的指令程序。

(1) 将寄存器 R0 的内容传送到寄存器 R7 及内部 RAM 的 30H 单元。

(2) 将内部 RAM 的 30H 单元的内容传送到外部 RAM 的 30H 单元。

(3) 将外部 RAM 的 1FFFH 单元的内容传送到 R1 和内部 RAM 的 1FH 单元。

(4) 将外部 RAM 的 1000H 单元的内容传送到外部 RAM 的 1001H 单元。

(5) 将 ROM 的 1000H 单元的内容传送到内部 RAM 的 60H 单元。

(6) 将 ROM 的 2000H 单元的内容传送到外部 RAM 的 2020H 单元。

3-12 设 (A)＝20H, (B)＝7FH, (SP)＝60H, (R0)＝30H, (35H)＝60H, (40H)＝08H, 问: 以下程序段执行完后, 上述寄存器及 RAM 单元的内容各是什么?

PUSH A

PUSH B

MOV A, @R0

MOV @R0, 40H

MOV 40H, A

MOV R0, #7FH

POP B

POP A

3-13 在横线上写出以下程序段中各条指令依次执行后 (A) 和 (CY) 的内容分别是多少?

MOV A, #0BBH; _____

CPL A; _____

RR A; _____

RLC A; _____

CPL A; _____

RL A; _____

RRC A; _____

3-14 设初始时 (CY)＝1, (A)＝10100011B, (20H)＝01101100B, 试写出执行完下列程序段后寄存器 (CY)、(A) 以及 (20H) 的内容分别是多少?

MOV A.3, C

MOV A.4, C

MOV C, A.6

MOV 20H.6, C

MOV C, A.0

MOV 20H.4, C

3-15 采用位操作指令编程完成下列逻辑操作。

(1) 20H.0＝((21H.1)∧(/21H.2))∨((/21H.1)∧(21H.2))

(2) 2FH.6＝PSW.0∧(A.2∨P1.3)∨$\overline{F0}$

3-16 设有两个长度均为 10 的数组, 分别存放在内部 RAM 以 30H 和 40H 为首的存储区中, 试编程求其对应项之和, 将其存放到以 50H 为首的存储区中 (设所有的和均不超出 8 位字长表示数的范围)。

3-17 将片外 RAM 中以 0200H 为首地址的一个连续数据块依次传送到片外 RAM 以 0300H 为首地址的存储区, 原数据块的长度存放于片内 RAM 的 20H 单元。

3-18 编程统计一个带符号数的数据块中正数、负数和零的个数, 已知数据块首地址为 RAM 的 1000H, 数据块长度为 64H。

3-19 设 80C51 所接晶振频率为 12MHz, 试编写一个延时 10ms 的子程序。

3-20 编程将 R2 中存放的 8 位无符号数转换成 3 位 BCD 码, 存放于片内 RAM 的 32H 单元 (存放数的百位) 和 31H 单元 (存放数的十位、个位)。

4.1 中断系统

4.1.1 中断系统概述

(1) 中断的基本概念

日常生活中，人们常遇到正在做的事被突发事件打断的情况：比如同学们正在教室上课，突然因为停电或者他人有急事找某位同学而打断了上课的进程，于是老师只能暂停讲课转而去处理这类突发事件，待事件解决后再接着原来断开的地方继续讲课。

计算机工作过程中也有类似情况：程序执行过程中，如果有外部或内部事件以硬件方式打断此程序，使得CPU转去执行为处理突发事件编写的中断服务程序；待中断服务程序执行完后，CPU自动返回原程序，接着被断开的地方继续执行。这种情况称为"中断"。

"中断"对于计算机而言是一项重要技术，有时采用"中断"是客观需要（例如，当系统出现故障或发生一些特殊问题，计算机就必须停止正在进行的工作，转去处理这些非常事件，处理完毕后再继续原来的工作）；有时则是主观上利用"中断"来提高效率（例如，计算机以中断方式同时控制多台外设，当某外设提出数据输入/输出的请求时，CPU停下正在执行的任务去处理对该外设的数据输入/输出操作，然后再返回到原任务继续执行）。

"中断"的优点主要有：强化了计算机系统的故障处理能力，从而提高了系统可靠性；有效解决CPU与外设之间在速度上的矛盾，从而提高了工作效率；可以及时将从现场采集到的数据传送给CPU，经计算后立即做出反应，从而实现实时控制。

(2) 80C51的中断系统

80C51单片机中断系统包括中断源、中断请求的发生、中断判优、中断响应、中断查询、中断处理及中断请求的撤除等环节，是实现以上过程的硬件和软件结合的功能体系。80C51中断系统结构如图4-1所示，系统提供5个中断源，每个中断均可由软件设定为允许中断或禁止中断，并且所有中断源均可根据需要设置高、低两个中断优先级，可实现两级中断服务程序嵌套。

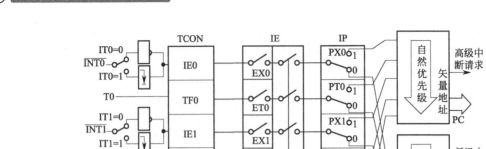

图 4-1　80C51 的中断系统结构

4.1.2　中断源及中断申请的建立

（1）中断源

中断源：引起中断的原因或发出中断请求的来源，即能产生中断的计算机内部和外部的事件。80C51 单片机有 5 个中断源：

① 外部中断 0（从 P3.2 引脚引入）；

② 外部中断 1（从 P3.3 引脚引入）；

③ 定时/计数器 T0 溢出中断（外部计数脉冲从 P3.4 引脚引入）；

④ 定时/计数器 T1 溢出中断（外部计数脉冲从 P3.5 引脚引入）；

⑤ 串行口中断。

（2）中断请求标志

中断源可以发出特定的请求信号向 CPU 申请中断。80C51 单片机 5 个中断源的中断请求信号包括：2 个外部中断请求信号 $\overline{INT0}$ 和 $\overline{INT1}$，2 个定时器/计数器的溢出中断请求 TF0 和 TF1，串行口发送中断请求 TI 和串行口接收中断请求 RI。

CPU 会在每个机器周期内对每个中断源进行检测，找到所有有效的中断请求信号并由硬件建立相应的中断请求标志，这些中断请求标志将以位信号形式锁存在 SFR 区的 TCON（定时/计数器控制寄存器）和 SCON（串行口控制寄存器）两个寄存器中。

① TCON 锁存的中断请求标志位　TCON 是单元地址为 88H 的一个 8 位的 SFR，其中与中断有关的各位见表 4-1。TCON 锁存了外部中断请求标志位 IE0、IE1，以及定时/计数器溢出中断请求标志位 TF0、TF1。

表 4-1　TCON 与中断有关的位定义

位	D7	D6	D5	D4	D3	D2	D1	D0
TCON	TF1		TF0		IE1	IT1	IE0	IT0

TFx（TF0 或 TF1）：定时/计数器 Tx（T0 或 T1）溢出中断请求标志。当 Tx 启动后，其计数核心从初值开始加 1 计数，直到计数满后从最高位产生溢出，此时由硬件置位 TFx 以此向 CPU 申请中断。

IEx（IE0 或 IE1）：外部中断 0（或 1）的中断请求标志。当 IEx＝1，表示相应的外部中断向 CPU 请求中断。

除了上述 4 个中断请求标志位外，在 TCON 中还有两个与中断有关的控制位 ITx（IT0 或 IT1），称为外部中断请求 0（或 1）触发方式控制位。当 ITx＝0 时，表示外部中断选择为电平触发方式，此时 $\overline{INTx}$ 引脚信号为低电平有效；当 ITx＝1 时，则表示外部中断选择为边沿触发方式，此时 $\overline{INTx}$ 引脚信号为负跳变有效。注意 ITx 的内容设置与外部中断申请的建立有密切关系：当 ITx＝0 时，CPU 在每个机器周期的 S5P2 采样 $\overline{INTx}$，若 $\overline{INTx}$ 为低电平，将直接触发外部中断；当 ITx＝1 时，如果第一个机器周期采样到 $\overline{INTx}$ 为高电平，还要在第二个机器周期采样到 $\overline{INTx}$ 为低电平，此时将由硬件置位 IE0，并以此来向 CPU 请求中断。

TCON 的 D4、D6 两位与中断无关，将在本章 4.2 节进行介绍。

② SCON 锁存的中断请求标志位　SCON 是单元地址为 98H 的一个 8 位的 SFR，其格式定义见表 4-2。SCON 中锁存了串行口的中断请求标志位 TI、RI。

表 4-2　SCON 与中断有关的位定义

位	D7	D6	D5	D4	D3	D2	D1	D0
SCON	SM0	SM1	SM2	REN	TB8	RB8	TI	RI

TI：串行口发送中断标志，TI＝1 表示串行口发送器。80C51 串行口有 4 种工作方式：串行口以方式 0 发送时，每当发送完 8 位数据后由硬件置位 T1；若以方式 1、2、3 发送时，在发送停止位的开始时置位 TI。

RI：串行口接收中断标志，RI＝1 表示串行口接收器正在向 CPU 申请中断。若串行接收以方式 0 工作，每当接收到第 8 位数据时置位 RI；若以方式 1、2、3 接收，且 SM2＝0 时，则每当接收到停止位的中间时置位 RI；若串行口以方式 2 或方式 3 工作，且 SM2＝1 时，仅当接收到 RB8＝1，且还要接收到停止位的中间时置位 RI。

SCON 其他各位的定义将在本章 4.3 节进行介绍。

4.1.3　中断响应的条件

(1) 中断优先级

80C51 单片机有 5 个中断源，由于中断请求是随机产生的，往往会出现几个中断源同时请求中断的情况，或者当 CPU 正在响应某一个中断的过程（即正在执行一个中断服务子程序）中又有其他中断源向 CPU 申请中断的情况。当这些情况发生时，CPU 必须区分哪个中断更重要，从而确定优先处理谁，这就是中断优先级问题。

80C51 单片机设有高、低两个中断优先级。各个中断源的优先级由中断优先级寄存器 IP 设定，IP 位于 SFR 区，字节地址为 B8H，其格式定义见表 4-3。

表 4-3　IP 寄存器的格式定义

位	D7	D6	D5	D4	D3	D2	D1	D0
IP	—	—	—	PS	PT1	PX1	PT0	PX0

PS：串行口的中断优先级设定位。PS＝1 时设为高优先级，否则设为低优先级。

PTx（PT0 或 PT1）：定时/计数器 T0（或定时/计数器 T1）的中断优先级设定位。

PTx＝1 时设为高优先级，否则设为低优先级。

PXx（PX0 或 PX1）：外部中断 0（或外部中断 1）的优先级设定位。PX1＝1 时设为高优先级，否则设为低优先级。

系统复位后，IP 寄存器各位均为 0，即所有中断源都被设定为低优先级。

中断优先级控制的原则如下。

① 如果多个中断源同时申请中断，则 CPU 响应的顺序为先高优先级的中断，然后再轮到低优先级的中断。

② 高优先级的中断请求可以打断正在执行的低优先级的中断服务程序，待处理完高级中断服务之后再继续执行原来的低级中断服务程序，这种情况称为中断嵌套。

③ 同一优先级的中断不能相互打断。

④ 当两个及以上同一优先级的中断源同时向 CPU 申请中断时，将按硬件默认次序排定优先权：优先次序从高到低依次为外部中断 0、定时/计数器 T0 溢出中断、外部中断 1、定时/计数器 T1 溢出中断、串行口中断。

（2）中断允许与禁止

80C51 单片机 5 个中断源均可由软件设定为允许中断或禁止中断。中断允许和禁止由 IE（中断允许寄存器）控制，IE 位于 SFR 区，字节地址为 8AH，其格式定义见表 4-4。

表 4-4 IE 寄存器的格式定义

位	D7	D6	D5	D4	D3	D2	D1	D0
IE	EA	—	—	ES	ET1	EX1	ET0	EX0

EA：中断允许总控制位。当 EA＝1 时 CPU 对所有中断开放；当 EA＝0 时 CPU 屏蔽所有中断源的中断。

ES：串行口的中断允许控制位。ES＝1 时为允许中断，否则为禁止中断。

ETx（ET0 或 ET1）：定时/计数器 T0（或定时/计数器 T1）的中断允许控制位。ETx＝1 时为允许中断，否则为禁止中断。

EXx（EX0 或 EX1）：外部中断 0（或外部中断 1）的中断允许控制位。EX1＝1 时为允许中断，否则为禁止中断。

系统复位后，IE 寄存器各位均为 0，即禁止所有中断源的中断。

（3）中断响应的条件

至此，可以总结中断响应的条件如下。

某中断源的中断请求要得到 CPU 响应，首先中断允许总控制位 EA 必须置 1，并且该中断源对应的中断允许控制位等于 1。这样 CPU 将会在每个机器周期对该中断源进行检测，如果检测到它提出了中断申请，则还要满足下列条件才可以得到立即响应。

① 没有同级或高优先级的中断正在服务。

② CPU 检测到有该中断源的中断请求到来的机器周期是当前正在执行指令的最后 1 个机器周期且已结束，这是为了可保证当前正在执行的指令的完整性。

③ 如果 CPU 检测到该中断源的中断请求到来时，正在执行的指令是 RETI 指令或者是访问 IE、IP 寄存器的指令时，则需要待该指令及其后的一条指令都执行完毕才能去响应中断。

4.1.4 中断响应的过程

（1）中断响应的过程

80C51 单片机中断响应的过程如下。

① 在每个机器周期的 S5P2 时刻 CPU 采样各中断源，建立相应的中断请求标志。

② 在紧接的下一机器周期的 S6 期间，CPU 按优先级的顺序查询各中断标志。若查询到某些中断标志为 1，则按优先级的高低对它们进行处理，找出应该优先得到响应的中断请求。如果这个中断满足前述中断响应需要的所有条件，则 CPU 将会在下一个机器周期的 S1 状态予以响应。

③ 响应中断后，主要操作是执行硬件自动生成的长调用指令 LCALL。先将程序计数器 PC 的内容压入堆栈（先低位地址，后高位地址）保护起来；再将对应中断源的中断矢量地址（以此代替软件 LCALL 指令中的转移目的地址 addr16）装入 PC，使程序转向执行以该中断矢量地址为起始地址的中断服务程序。

80C51 单片机中断服务程序的入口地址（中断矢量地址）见表 4-5。

表 4-5 中断源的中断矢量地址表

中断源	中断矢量地址
外部中断 0	0003H
定时/计数器 T0 溢出中断	000BH
外部中断 1	0013H
定时/计数器 T1 溢出中断	001BH
串行口中断	0023H

④ 执行中断服务程序直至遇到 RETI 指令为止。执行 RETI 指令撤销中断申请，从堆栈中弹出断点地址进入 PC，恢复原程序的执行。

（2）中断响应的时间

从检测到中断到转去执行中断服务程序所需的时间称为中断响应时间。80C51 单片机中断响应所需时间随情况不同而有所不同，一般为 3~8 个机器周期：

① 最理想的情况是检测到中断到来的机器周期是当前正在执行指令的最后一个机器周期，那么接着用 2 个机器周期的时间执行自动生成的 LCALL 指令，所以这种情况下中断响应共需要 3 个机器周期的时间。

② 最不理想的情况是检测到中断到来的机器周期是正在执行 RETI 或者访问 IE 或 IP 的指令（这些指令均为 2 周期指令）的第 1 个机器周期，连查询在内需要 2 个机器周期。并且如果该指令执行完后，紧接着执行的指令正好是时间的 MUL 或 DIV 指令，则需再等 4 个机器周期后才能进入中断响应周期。再加上需要 2 个机器周期去执行长调用指令 LCALL 从而条转入中断服务程序。因此，这种情况下中断响应总共需要 8 个机器周期的时间。

③ 其他情况下中断的响应时间介于上述两种情况之间，在 3~8 个机器周期的范围内。

（3）中断请求的撤除

中断请求得到 CPU 响应后即转去执行中断服务程序，直到遇到 RETI 指令才返回之前被打断的原程序。必须注意的是，在 RETI 指令执行之前中断请求信号必须撤除，否则将会再一次引起中断导致出错。撤除中断请求有 3 种方式。

① 单片机内部硬件自动复位中断请求标志。对于采用边沿触发方式的外部中断请求、定时器/计数器的溢出中断，CPU 在响应中断后由硬件自动复位标志 IEx 和 TFx（x＝0 或 1），自动撤除中断请求。

② 用户在中断服务程序中通过指令清除中断请求标志。串行接收/发送中断请求和 52 子系列定时器/计数器 T2 的溢出中断请求，在得到 CPU 响应后其中断请求标志 RI、TI、TF2 不会硬件自动复位，必须由用户在中断服务程序中用指令清除这些中断标志（如用指令 CLR TI 清除串行发送中断标志），才能撤除中断。

③ 采取硬件和软件结合的措施清除电平触发方式的外部中断请求。由于 CPU 对电平触发方式的外部中断引脚 $\overline{INTx}$ 上的请求信号既无控制能力，也无应答信号，为保证中断请求能及时撤除，必须有其他措施。

下面介绍一种可行的方案：如图 4-2，通过 D 触发器连接外部中断申请信号与单片机引脚 $\overline{INTx}$，并利用单片机的 1 根口线（图中为 P1.7）作应答线。

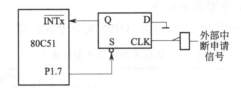

图 4-2　电平触发方式下外部中断请求的撤除

当外部信号（低电平）使 D 触发器 CLK 端发生正跳变时，由于 D 端接地，Q 端输出为 0，以此向单片机申请中断。CPU 响应中断后在中断服务程序中先、后执行两条指令：ANL P1，♯7FH（先执行）、ORL P1，♯80H（后执行），用于撤除中断请求。首先，指令 ANL 使 P1.7 为 0，由于 P1.7 接至 D 触发器的 S 端（置"1"端），所以 D 触发器输出 Q＝1，从而清除了引脚 $\overline{INTx}$ 上的中断请求信号；然后，指令 ORL 使得 P1.7 为 1，即 S＝1，使后来的外部中断请求信号又能向 CPU 申请中断。

4.1.5　中断的应用

(1) 中断初始化

由于硬件部分已集成制造在芯片上，所以 80C51 中断应用的主要工作在于编程，即编写相关的主程序部分以及中断服务子程序。

中断应用的首要编程工作就是对中断系统进行初始化。

80C51 单片机是通过 TCON、SCON、IE 和 IP 这 4 个 SFR 统一管理其中断系统的，因此所谓中断系统初始化，就是通过编程对这 4 个 SFR 与中断有关的各控制位进行赋值。中断系统初始化的具体内容如下。

① 开总中断和允许中断源中断

SETB　EA；开总中断

SETB　EX0；源中断允许，其中 EX0 可以由 EX1、ET0、ET1 或 ES 取代

② 设定所需中断源的中断优先级

SETB PX0；设为高优先级，其中 PX0 可以由 PX1、PT0、PT1 或 PS 取代

CLR　　PX0；设为低优先级，其中 PX0 可以由 PX1、PT0、PT1 或 PS 取代

③ 如果为外部中断，还应该规定其中断触发方式。

SETB IT0；规定外部中断为边沿触发方式，其中 IT0 可以由 IT1 取代

CLR IT0；规定外部中断为边沿触发方式，其中 IT0 可以由 IT1 取代

（2）中断编程的几点说明

① 实际单片机应用系统的主程序通常在开始阶段进行系统的各项初始化编程，其中就包括对中断系统的初始化编程；在初始化完成了之后，一般进入到主程序的工作循环，例如巡回检测及显示某些特定参数，同时等待中断的到来。当中断请求到来时，若满足中断响应的条件，CPU 暂停执行主程序并记录断点地址，然后转去执行中断服务程序；当中断服务程序执行完之后，又返回到主程序断开处接下去继续执行。

② 中断服务子程序是服务于中断源的特定要求而编写的独立子程序段，它与一般子程序（可以通过 LCALL 或 ACALL 调用）的区别在于从主程序转向子程序的方式根本不同。但在子程序具体编程时，除了结束指令是 RETI 而不是 RET 外，中断服务子程序与一般子程序（可以通过 LCALL 或 ACALL 调用）的编程没有什么区别。

③ 80C51 为每个中断源设定了唯一固定的中断矢量（中断入口地址），CPU 响应某中断即转去执行相应中断入口地址中存放的指令。由于 5 个中断入口地址集中于 0003H 到 0023H 之间，任意两个入口地址之间只有几个字节的间距，因此真实的中断服务子程序不可能存放在其中断矢量为起始地址的地方，而是要安排在 ROM 的其他区域。为了在响应中断时主程序能正确跳转到中断服务子程序存放的真正地址，则需要在相应的中断入口地址中安排一条无条件转移指令（如 LJMP、AJMP），通过它的转接最终转到真正的中断服务子程序去执行。

④ 响应中断时，CPU 只自动保护断点而不保护其他现场（如各通用寄存器 A、B、R0、R1、PSW 等的状态），如果需要进行现场的保护和恢复操作必须由用户在中断服务子程序中安排。但是否需要进行这类操作，应视具体情况而定。

⑤ 在有多级中断的中断服务子程序中，恢复现场和保护现场之前需要用指令（常用指令 CLR EA）关中断，目的是为保证在恢复和保护现场时 CPU 不响应新的中断请求，从而使现场数据不受到破坏或造成混乱；而在保护现场之后需要用指令（常用 SETB EA）开中断，目的是为了允许有更高级中断可以打断此中断服务子程序。

[**例 4-1**] 设规定外部中断 1 为边沿触发方式，低优先级，试编写中断初始化程序。

解：参考程序如下

```
SETB    EA      ;开总中断
SETB    EX1     ;允许外部中断1中断
CLR     PX1     ;设置外部中断1为低优先级
SETB    T1      ;设置外部中断1为边沿触发方式
```

此例是采用位操作指令来编程的，位操作指令可以简化初始化编程。当然也可以用字节型指令编程（比如，开总中断和外部中断 1 中断可以用指令 MOV IE,♯84H 来实现）。

[**例 4-2**] 设 80C51 单片机要求在外部中断 0 的中断服务中将累加器 A 的内容传送到 P1 口输出。规定外部中断 0 为边沿触发方式，高优先级，试编写主程序及中断服务子程序。

解：参考程序如下

```
ORG    0000H
```

```
        LJMP  START          ; 转至真正的主程序起始的处 START
        ORG   0003H
        LJMP  INT0           ; 转至真正的中断服务子程序起始的处 INT0
        ORG   0030H          ; 真正的主程序安排在 0030H 起始处
START：SETB  EA              ; 开总中断
        SETB  EX0            ; 允许外部中断 0 中断
        SETB  PX0            ; 设置外部中断 0 为高优先级
  SETB  IT0                  ; 设置外部中断 0 为边沿触发方式
HEAR：SJMP  HEAR            ; 单指令无限循环，等待中断
INT0：MOV   P1，A           ; 将累加器 A 的内容传送到 P1 口输出
RETI                        ; 中断服务子程序返回
```

4.2 定时/计数器

生产和生活实际中用到的控制系统，常要求提供用以实现定时（或延时）控制的实时时钟，以及可以实现对外界事件计数的计数器，即要求配置定时/计数器。80C51 单片机内部就具有两个可编程的加法定时/计数器 T0、T1。Tx（x＝0 或 1）可根据具体要求设为计数器或者定时器使用：当 Tx 用作计数器时，将对从单片机引脚 P3.4（对于 T0）或 P3.5（对于 T1）输入的外部脉冲个数进行计数，直到计数满溢出为止；当 Tx 用作定时器时，则是对单片机内部产生的脉冲（采用振荡器 12 分频的信号作为计数脉冲，频率为振荡频率的1/12）进行计数，每次计数加 1 代表延时了一个机器周期，计数满溢出时即表示定时时间达到。

4.2.1 定时/计数器结构及原理

80C51 单片机定时/计数器 Tx（x＝0 或 1）的结构如图 4-3 所示。可见，Tx 的核心结构为 1 个 16 位的加 1 计数器，Tx 启动后此计数器对两个输入脉冲源之一进行计数，从设定的初值开始，每输入 1 个脉冲则计数值加 1。计数满后计数器数值回零，表示设定的计数值或定时时间达到；同时从计数器最高位溢出 1 个脉冲，使 TFx（x＝0 或 1）置 1 向 CPU 申请中断，从而转到中断服务程序完成相应的工作。

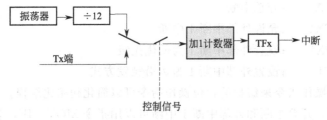

图 4-3　80C51 内部定时/计数器结构简图

① 计数工作方式下，计数脉冲的计算公式为：

$$S = 2^n - \text{计数器的初值} \tag{4-1}$$

式中，S 为要求的计数脉冲个数；n 为加 1 计数器的位数（由定时/计数器工作方式

决定)。

② 定时工作方式下,定时时间的计算公式为:

$$T = (2^n - 计数器的初值) \times 机器周期值 \tag{4-2}$$

式中,S 为要求的定时时间;n 同式(4-1)定义。

与中断系统相似,80C51 单片机对定时/计数器的管理也是通过设置相关 SFR 的控制位来实现。与定时/计数器有关的 SFR 有 3 类:构成加 1 计数器的寄存器、定时器控制寄存器以及工作方式设置寄存器。

(1) 加 1 计数器 Tx

定时/计数器 Tx(x=0,1)的核心装置是一个 16 位的加 1 计数器,加 1 计数器通常也用 Tx(x=0,1)来代表。

Tx 由两个 8 位的特殊功能寄存器组成:T0 由 TH0(字节地址 8CH,作为 T0 的高 8 位)、TL0(字节地址 8AH,作为 T0 的低 8 位)组成;T1 则由 TH1(字节地址 8DH,作为 T1 的高 8 位)、TL1(字节地址 8BH,作为 T1 的低 8 位)组成。THx 和 TLx(x=0,1)可以被设置为 13 位、16 位、可自动重装载的 8 位以及两个分开的 8 位结构,共 4 种不同的组合状态,从而使得 T0 具有 4 种可供选择的工作方式(但 T1 只有前 3 种方式)。

Tx 的基本功能为:对脉冲进行计数,每数一个脉冲计数值加 1,直至计数满溢出后 Tx 归零,同时由硬件自动置位中断请求标志 TFx。

(2) 定时器控制寄存器 TCON

TCON 字节地址为 88H,是一个可位寻址的 SFR,其各位的定义见表 4-6。

表 4-6　TCON 寄存器的格式定义

位	D7	D6	D5	D4	D3	D2	D1	D0
TCON	TF1	TR1	TF0	TR0	IE1	IT1	IE0	IT0

在前面中断部分已经就 TCON 的 6 位作了介绍,现在介绍 D4、D6 位的定义:

TRx(x=0,1):定时/计数器 Tx(x=0,1)的启停控制位。TRx=1,允许启动定时器/计数器 Tx;如果 TRx=0,则停止定时器/计数器 Tx 工作。

(3) 工作方式设置寄存器 TMOD

定时/计数器 Tx 最多有 4 种工作方式,具体应用时必须确定一种合适的方式。80C51 是通过设置 TMOD 寄存器的内容来完成这项任务。

TMOD 寄存器字节地址为 89H,是不可以位寻址的 SFR,其格式定义见表 4-7。其中,TMOD 的高 4 位用于设置 T1 的工作方式,低 4 位用于设置 T0 的工作方式。

表 4-7　TMOD 寄存器的格式定义

位	D7	D6	D5	D4	D3	D2	D1	D0
TMOD	GATE	$C/\overline{T}$	M1	M0	GATE	$C/\overline{T}$	M1	M0

GATE:门控位,控制定时/计数器 Tx 的启动是否受外部中断源信号 $\overline{INTx}$ 的影响。GATE=0 时,Tx 的启动取决于其启停控制位 TFx 的内容,与外部中断 $\overline{INTx}$ 无关;GATE=1 时,则 Tx 的启动不仅与 TFx 的内容有关,还与外部中断 $\overline{INTx}$ 有关,只有在外部中断引脚 $\overline{INTx}$=1 时才允许定时器启动。

$C/\overline{T}$：计数或定时模式的功能选择位。$C/\overline{T}=1$ 时为计数模式；$C/\overline{T}=0$ 时为定时模式。

M1M0：工作方式选择位。具体定义如下：

① 当 M1M0＝00 时，表示 Tx 设置为方式 0，为一个 13 位的定时/计数器；

② 当 M1M0＝01 时，表示 Tx 设置为方式 1，为一个 16 位的定时/计数器；

③ 当 M1M0＝10 时，表示 Tx 设置为方式 2，为一个可自动重装初值的 8 位定时/计数器；

④ 当 M1M0＝11 时，表示 T0 设置为方式 2，分为 2 个 8 位定时器；T1 无此工作方式。

4.2.2 定时/计数器的工作方式

(1) 方式 0

方式 0 时 Tx 用作一个 13 位的定时/计数器，逻辑电路如图 4-4 所示。寄存器 TLx 的高 3 位不参与计数，13 位的计数核心由 THx 的 8 位和 TLx 的低 5 位构成，满计数值为 $2^{13}-1$。

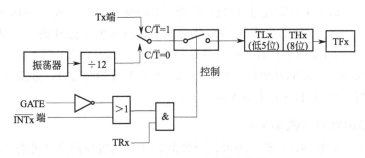

图 4-4　方式 0 时 Tx 逻辑电路图

① Tx 用于定时还是计数模式由 TMOD 的 $C/\overline{T}$ 位内容决定。

② 用于定时或计数的脉冲能否进入到 13 位的计数器，要由启动信号控制。如果 GATE＝0，只要 TRx＝1，则 Tx 可以启动；如果 GATE＝1，Tx 启动的充分必要条件为 TRx＝1 同时 $\overline{INTx}$＝1。所以一般情况下应设置 GATE＝0，使 Tx 的运行控制仅由 TRx 决定；只有在启动计数要由外部输入信号进行控制时，才设置 GATE＝1。

③ Tx 启动后，13 位的计数器立即从初值开始加 1 计数，当 TLx 的低 5 位计数满时向 THx 进位，待 THx 计数满溢出清零后由硬件置位 TFx，以此向 CPU 申请中断。TFx 将在单片机进入中断服务程序时由硬件自动清零。

④ 将 $n=13$ 代入式(4-1) 和式(4-2)，得方式 0 下计数脉冲和定时时间的计算公式分别为：

$$S=2^{13}-计数器\ Tx\ 的初值 \tag{4-3}$$

$$T=(2^{13}-计数器\ Tx\ 的初值)\times机器周期值 \tag{4-4}$$

(2) 方式 1

方式 1 时 Tx 用作一个 16 位的定时/计数器，寄存器 TLx、THx 的全部 8 位都参与计数，满计数值为 $2^{16}-1$。方式 1 与方式 0 唯一的区别是计数器位数 16 位与 13 位的不同，其逻辑电路如图 4-5 所示。方式 1 下计数脉冲和定时时间的计算公式分别为：

$$S=2^{16}-计数器\ Tx\ 的初值 \tag{4-5}$$

$$T=(2^{16}-计数器\ Tx\ 的初值)\times机器周期值 \tag{4-6}$$

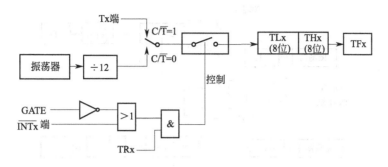

图 4-5　方式 1 时 Tx 逻辑电路图

(3) 方式 2

方式 2 下，Tx 用作一个可自动重装载初值的 8 位定时/计数器，其逻辑电路如图 4-6 所示。此时，寄存器 TLx 作为该 8 位定时/计数器的计数核心，THx 则作为常数缓冲器用。当 TLx 溢出时，由硬件置位溢出标志 TF0，同时将 THx 中存放的 8 位数据复制重新装入到 TLx 中。Tx 设置为方式 2 时，还可用作串行口的波特率发生器。

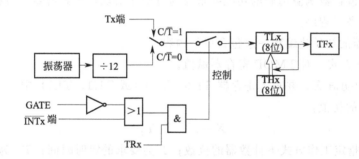

图 4-6　方式 2 时 Tx 逻辑电路图

方式 2 下计数脉冲和定时时间的计算公式分别为：

$$S = 2^8 - 计数器 \ Tx \ 的初值 \tag{4-7}$$

$$T = (2^8 - 计数器 \ Tx \ 的初值) \times 机器周期值 \tag{4-8}$$

(4) 方式 3

定时/计数器 T1 没有工作方式 3，如果设置 T1 方式控制位 M1M0＝11，则相当于 TR1＝0，T1 停止工作（计数）。只有定时/计数器 T0 才有工作方式 3，此时 T0 被拆成了 2 个分别以 TH0 和 TL0 为计数器的 8 位独立结构。

T0 工作于方式 3 下的逻辑电路如图 4-7 所示。其中，以 TL0 为计数器的结构既可用作 8 位的定时器，也可用作 8 位的计数器，它占用了原本 T0 的控制位 C/T、GATE、TR0 和 TF0，其操作与方式 0、1 相似，不可以自动重装初值。而以 TH0 为计数器的结构只能作 8 位的定时器使用，它占用了原本 T1 的控制位 TR1 和 TF1。

当 T0 工作于方式 3 时，T1 仍可设置为方式 0、1、2，但此时 T1 不能使用中断来处理问题。这时，可将 T1 用作串行口的波特率发生器，把计数溢出直接送给串行口（由于此时不能用到溢出标志 TF1）。当 T1 作为波特率发生器用时，只需设置好工作方式便可自行运行；如果要停止工作，则给一个控制字将它设为方式 3 就行了。

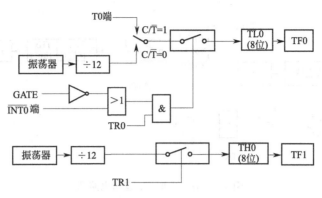

图 4-7 方式 3 时 T0 的逻辑电路图

4.2.3 定时/计数器的应用

80C51 定时/计数器的硬件部分已集成在单片机芯片上，所以应用定时/计数器时的主要工作是编程。定时/计数器编程应注意两点：第一，必须先进行初始化编程然后才能使用；第二，通常定时或计数满溢出后的功能要求要通过中断实现，因此需要编写相应的中断初始化程序及中断服务子程序。

定时/计数器的初始化编程一般包含以下内容：

① 确定工作方式，对 TMOD 寄存器赋值。

② 确定计数初值 X，并写入寄存器 TH0、TL0（或 TH1、TL1）中。

定时方式下的初值：

$$X = 2^n - T/T_P \tag{4-9}$$

式中，n 为指定工作方式下计数器的位数；T 为要求的定时时间；T_P 为机器周期值。

计数方式下的初值：

$$X = 2^n - S \tag{4-10}$$

式中，n 为指定工作方式下计数器的位数；S 为要求的计数脉冲个数。

③ 开总中断允许及相应定时/计数器中断允许，设置 IE 寄存器中对应位的内容。

④ 启动定时/计数器 T0（或 T1）。

[例 4-3] 设 80C51 晶振频率为 6MHz，利用定时/计数器 T0 定时中断使 P1.7 引脚发出周期为 1ms 的方波。试编程实现上述功能。

解：分析题意，可将 T0 设置为重复定时 $500\mu s$（方波周期的一半）的定时器，每次定时时间到硬件将自动使得 TF0＝1。本题可以有两种解法：第一种方法是不断查询 TF0 的状态，当 TF0＝1 时对 P1.7 取反；第二种方法是利用 TF0＝1 向 CPU 申请中断，在中断服务子程序内对 P1.7 取反。这两种方法都可以实现上述功能。

(1) 查询方式的解法

① 确定 T1 工作方式及寄存器 TMOD 的值。设置 T1 为定时模式的工作方式 2，其启动与外部中断 1 无关；T0 不用，其控制字取为全零。故应设置 TMOD＝00100000B＝20H。

② 确定 T1 的计数初值及寄存器 TH1、TL1 的值。根据已知，有：T1 工作于方式 2 时 $n＝8$；晶振频率＝6MHz，则机器周期 $T_P＝2\mu s$；定时时间 $T＝500\mu s$。将以上 n、T_P 和 T

值代入式(4-9)，得计数初值 $X = 2^8 - 500/2 = 6$。则应设置 TH1=TL1=06H。

③ 参考程序

```
START:MOV   TMOD,#20H    ;设置 T1 为定时模式的方式 2
      MOV   TH1,#06H     ;设置 T1 的计数初值
      MOV   TL1,#06H
      MOV   IE,#00H      ;关中断
      SETB  TR1          ;启动 T1 开始计数
LOOP1:JBC   TF1 LOOP2    ;查询 TF1,为 1 则转到 LOOP2,否则反复查询 TF1
      SJMP  LOOP1
LOOP2:CPL   P1.7         ;每隔 500μs 对 P1.7 取反,从而输出周期为 1ms 的方波
      SJMP  LOOP1
```

(2) 中断方式的解法

① 确定 T1 工作方式及寄存器 TMOD 的值。设置 T1 为定时模式的工作方式 0，其启动与外部中断 1 无关；T0 不用，其控制字取为全零。则应设置 TMOD=00000000B=00H。

② 确定 T1 的计数初值及寄存器 TH1、TL1 的值。根据已知可得：T1 工作于方式 0 时 $n=13$；晶振频率=6MHz，则机器周期 $T_P=2μs$；定时时间 $T=500μs$。将以上 n、T_P 和 T 值代入式(4-9)，得计数初值 $X=2^{13}-500/2=7942$。则应设置 TH1=0F8H，TL1=06H。

③ 参考程序

```
      ORG   0000H
      LJMP  START
      ORG   001BH
      LJMP  INTT1
      ORG   0050H        ;安排主程序存放的起始地址
START:MOV   TMOD,#00H    ;设置 T1 为定时模式的方式 0
      MOV   TH1,#0F8H    ;装入计数初值
      MOV   TL1,#06H
      SETB  EA           ;开总中断
      SETB  ET1          ;允许 T1 溢出中断
      SETB  TR1          ;启动 T1
      SJMP  $            ;主程序暂停,等待中断
INTT1:CPL   P1.7         ;每隔 500μs 对 P1.7 取反,从而输出周期为 1ms 的方波
      MOV   TH1,#0F8H    ;为定时/计数器 T1 重装计数初值
      MOV   TL1,#06H
      RETI               ;中断服务子程序结束,返回主程序
```

[例 4-4] 设 80C51 晶振频率为 12MHz，试编程使 T0 工作于计数模式，每当 T0 计满 24 个外部脉冲后产生中断，从 P1.2 引脚输出一个正脉冲信号。

解：① 确定 T0 工作方式及寄存器 TMOD 的值。设 T0 工作于计数模式的方式 2，其启动与外部中断 0 无关；T1 不用，其控制字取为全零。则设置 TMOD=00000110B=06H。

② 确定 T0 的计数初值及寄存器 TH1、TL1 的值。根据已知可得：T1 工作于方式 2 时

$n=8$；计数值 $S=24$。将以上 n、S 值代入式(4-10)，得计数初值 $X=2^8-24=232$。则应设置 TH1=0E8H，TL1=0E8H。

③ 参考程序

```
        ORG   0000H
        LJMP  START
        ORG   000BH
        LJMP  INTT0
        ORG   0030H        ;安排主程序存放的起始地址
START:  MOV   TMOD,#06H    ;设置 T0 为计数模式的方式 2
        MOV   TH0,#0E8H    ;装入计数初值
        MOV   TL0,#0E8H
        SETB  EA           ;开总中断
        SETB  ET0          ;允许 T0 溢出中断
        SETB  TR0          ;启动 T0
SJMP    $                  ;主程序暂停,等待中断
INTT1:  CLR   P1.2         ;每次对外计数达 24 时,从 P1.2 引脚输出一个正脉冲
SETB    P1.2
RETI                       ;中断服务子程序结束,返回主程序
```

4.3 串行通信及串行接口

计算机与外设，以及计算机与计算机之间进行的信息交换称为"通信"。

并行通信和串行通信是两种基本的通信方式。并行通信是在一次传送过程中将构成 1 组数据的各位（8 位、16 位或 32 位）同时进行传送的通信方式；串行通信则是在一次传送过程中只传输一位二进制数，构成 1 组数据的各位需要一位接一位顺序地传送。并行通信的特点是传送速度快，但对于距离较远的通信则由于线路复杂、成本高而不适宜。串行通信的特点是线路简单，只要一对传输线就可以实现通信，因而特别适用于远距离通信，其缺点是传送速度较并行而言要慢一些。

4.3.1 串行通信概述

(1) 异步传送和同步传送方式

串行通信的数据传送速率称为波特率（Baud rate），指每秒钟传送的二进制数码的位数，单位是 bps（bit per second），即位/秒。波特率是串行通信的重要指标，用于衡量串行通信的速度，要求发送端与接收端的波特率必须一致。

串行通信又可以分为异步传送和同步传送两种传送方式。

① 异步传送方式　特点是数据以一个字符为单位进行传送，因而数据在线路上的传送是不连续的。一个字符一般由起始位、数据位、奇偶校验位和停止位 4 个部分组成，格式如图 4-8 所示。其中，起始位为低电平 0 占用 1 位，表示字符的开始；起始位后接着就是数据位，可以是 5 位～8 位，传送时低位在先、高位在后；再接着的 1 位为奇偶校验位，根据需

要可要也可不要；最后是表示字符结束的停止位，用高电平 1 表示，它可以是 1 位、1 位半或 2 位。异步传送中字符之间的间隔不固定，字符之间可以加空闲位（用高电平 1 表示），用于等待传送。因此，异步传送中接收和发送可以间断进行，不受时间的限制。

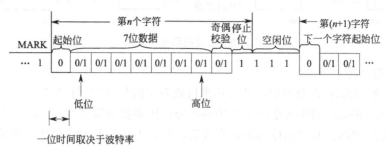

图 4-8　串行异步通信的字符格式

当不传送数据时发送端应保持为高电平 1；接收端则不断检测线路的状态，若在连续个高电平 1 以后测到一个低电平 0，则表示发送端传来了一个新字符，应该准备接收。其中字符起始位还用作同步接收端的时钟，保证它后面的字符内容能正确接收。如果若字符传送连续进行，则在停止位后接着传送下 1 个字符；如果字符传送是间断的，则在停止位以后加入数个空闲位直至下一个字符的起始位到来为止。

异步通信的波特率一般在 50～9600bps 之间。异步传送时，发送端与接收端之间事先必须约定相同的字符格式和传送的波特率。

② 同步传送方式　一次传送 1 组数据，数据在开始处要用 1～2 个同步（SYN）字符来指示，并由时钟来实现发送端和接收端同步，一旦检测到与规定的同步字符符合接下来就连续按顺序传送这组数据。同步传送方式的格式如图 4-9 所示。

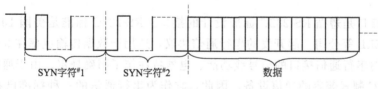

图 4-9　同步传送方式的格式

与异步传送不同，同步传送不以字符为传送单位，去掉了字符开始和结束的标志，所以其速度高于异步传送，同步传送的速度通常为几十到几百千波特率。但这种方式要求收/发双方时钟的频率必须严格地一致，并对同步时钟信号的相位一致性要求非常严格，要用锁相等技术来加以保证，所以同步传送的硬件设备较为复杂。

发送时钟是指发送端使用的用于决定数据位宽度的时钟；接收时钟则是指接收端使用的用于测定每一位输入数据位宽度的时钟。接收/发送时钟频率通常取为传送波特率的 n 倍，其中 $n=1$，16，32，64。

（2）信号的调制和解调

数字信号的通信要求传送线的频带很宽，但是如果数字信号经过电话线进行长距离直接通讯时，信号将会产生畸变，这是因为电话线这样的传输线不可能有很宽的频带。因此，需要在发送端采用调制器（Modulator）把数字信号转换为模拟信号，然后在接收端用解调器（Demodulator）将接收到的模拟信号再转换为数字信号，如图 4-10 所示。

图 4-10　信号的调制和解调

调制方式有 3 种：

① 振幅调制 ASK：以两种振幅的大小来区别数字信号"0"与"1"；

② 频率调制 FSK：利用两个固定的频率来分别代表数字信号"0"与"1"；

③ 相位调制 PSK：利用相位的差异来区别信号，当相位差 180°时代表位值的变化。

（3）RS-232C 串行通信接口

调制后的信号与数据终端连接时，经常使用 RS-232C 串行通信接口。计算机与当地终端交换信息可直接通过 RS-232C 接口连接；与远方终端交换信息则要将信号经过调制后通过电话线传送，然后在数据终端与调制器之间采用 RS-232C 接口连接。计算机与终端交换信息的连接线路如图 4-11 所示。

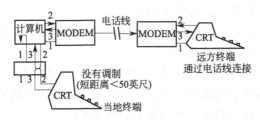

图 4-11　计算机与终端交换信息的连接线路

RS-232C 接口是遵循 RS-232C 标准设计的接口。RS-232C 标准是美国 EIA（电子工业联合会）与 BELL 等公司一起开发的串行通信协议，适用于数据传输速率在 0～20000b/s 的通信。该标准对串行通信接口的信号线功能、电器特性作了明确规定。由于通行设备厂商都生产与 RS-232C 制式兼容的通信设备，因此，它作为串行通信的一种标准已在微机通信接口中广泛采用。凡是遵照 RS-232C 标准的设备，它们的各种信号线都按规定的标准连接。RS-232C 接口常用有 25 个管脚的连接器，其引脚信号定义如图 4-12 所示。

计算机或外设可以将发送的数据线连至 RS-232C 连接器的 2 号管脚，接收的数据线则连至 3 号管脚。设备相互连接时，一方的接收数据线应连至对方的发送数据线，反之亦然。为保证信息的可靠传送，RS-232C 连接器还定义了若干条联络控制信号线，主要有：

① 保护地：作为设备的接地端。

② 信号地：作为所有信号的公用地。

③ 请求发送 RST：当 1 个通信站的发送器已经做好了发送的准备，为了解接收方是否做好了接收的准备，是否可以开始发送，就向对方输出一个 RST 信号等待对方的回答。

④ 准许发送 CTS：当接收方作好了接收准备，在接收到发送有效的 RST 信号以后，就以有效的 CTS 信号作为回答。

⑤ 数据终端准备好 DTR：当一方的接收器已做好了接收的准备，为了通知对方发送器可以发送了，就向发送器送出一个有效的 DTR 信号。

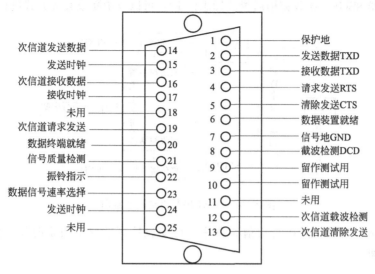

次信道发送数据 ———— 14
发送时钟 ———— 15
次信道接收数据 ———— 16
接收时钟 ———— 17
未用 ———— 18
次信道请求发送 ———— 19
数据终端就绪 ———— 20
信号质量检测 ———— 21
振铃指示 ———— 22
数据信号速率选择 ———— 23
发送时钟 ———— 24
未用 ———— 25

1 ———— 保护地
2 ———— 发送数据TXD
3 ———— 接收数据TXD
4 ———— 请求发送RTS
5 ———— 清除发送CTS
6 ———— 数据装置就绪
7 ———— 信号地GND
8 ———— 截波检测DCD
9 ———— 留作测试用
10 ———— 留作测试用
11 ———— 未用
12 ———— 次信道载波检测
13 ———— 次信道清除发送

图 4-12　RS-232C 连接器引脚信号定义

⑥ 数据装置准备好 DSB：当发送方接收到接收方送来的 DTR 信号，在发送方做好发送准备后，就向接收方送出一个有效的 DSB 信号作为回答。

⑦ 载波检测 CD：指出接收方的调制解调器正在接收发送端送来的信号。

RS-232C 标准对上述这些信号的电气性能也作出了明确的规定。

① TXD 和 RXD 线上：高电平 1 的电压范围为 $-3 \sim -25V$；低电平 0 的电压范围为 $+3 \sim +25V$。

② RTS、CTS、DSR、DTR、CD 等线上：$ON = +3 \sim +25V$；$OFF = -3 \sim -25V$。

可见，RS-232C 标准规定的信号电平及极性与计算机采用的 TTL 电平不同，两者之间需要经过特定的转换，即使用 RS-232C 标准进行串行通信时，需要有一套转换的接口电路。RS-232C 与 TTL 的电平转换的常用芯片有传输线驱动器 MC1488、传输线接收器 MC1489以及可以实现 RS-232C 与 TTL/CMOS 电平之间双向转换的 MAX232 芯片。

4.3.2　80C51 串行口结构及工作原理

80C51 单片机内部有一个串行异步通信接口，它可以同时发送、接收数据，并且可以有4 种工作方式选择，可以方便地与其他计算机或串行传送信息的设备实现双机、多机通信，使用灵活。该串行接口的数据发送或接收过程可以通过查询或中断方式进行处理。

(1) 串行口基本组成

如图 4-13 所示，串行口主要由发送控制、接收控制、波特率输入管理和发送/接收缓冲器 SBUF 组成。

单片机 CPU 与串行口之间的数据通信必须经由累加器 A 实现：当对串行口完成初始化操作后要发送数据时，待发送的数据必须由 A 送入发送缓冲器 SBUF 中；当串行口从外部接收到数据时，接收缓冲器 SBUF 的内容必须先传送到 A，然后才能交给 CPU 处理。

发送缓冲器 SBUF 中的数据在发送控制器的控制下组成一帧结构，并自动以串行方式从 TXD 引脚对外发送。发送完毕后置位标志位 TI，可以以中断或查询方式进行后继处理。

启动接收后，外部数据从 RXD 引脚串行输入，在接收控制器控制下通过移位寄存器数据送入接收缓冲器 SBUF。接收完毕后置位标志位 RI，可以以中断或查询方式进行后继处理。

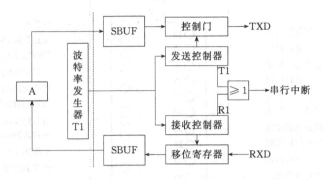

图 4-13 80C51 串行口结构示意图

波特率输入管理器设置串行通信波特率，可变波特率情况下由定时器/计数器 T1 作为其波特率发生器。

（2）串行口有关的特殊功能寄存器（SFR）

80C51 单片机串行口有关的 SFR 共有 3 个：发送/接收缓冲器 SBUF、串行口控制寄存 SCON 和电源及波特率选择寄存器 PCON。

① 发送/接收缓冲器 SBUF　逻辑上是两个寄存器：一个是发送 SBUF，一个是接收 SBUF，二者共用一个物理地址。发送 SBUF 只能写不读，接收 SBUF 只能读不能写。SBUF 的字节地址为 99H，是不可以位寻址的 SFR。注意 SBUF 只能与 A 实现数据传送。

② 串行口控制寄存 SCON　SCON 用于串行口的方式设定和数据传送控制，其字节地址为 98H，可以位寻址。SCON 功能位规定如表 4-8 所示。

表 4-8　SCON 寄存器的格式定义

位	D7	D6	D5	D4	D3	D2	D1	D0
SCON	SM0	SM1	SM2	REN	TB8	RB8	TI	RI

SM0、SM1：这两位为串行口方式选择位，其功能定义如表 4-9 所示。

表 4-9　串行口方式选择

SM0	SM1	工作方式	方式简单描述	波特率
0	0	0	移位寄存器 I/O	主振频率 1/2
0	1	1	8 位 UART	可变
1	0	2	9 位 UART	主振频率/32 或主振频率/64
1	1	3	9 位 UART	可变

SM2：多机通信控制位。当串行口工作于方式 2、方式 3 时可用于多机通信的控制，此时，在接收状态中：若 SM2＝1，当接收到的第 9 位 RB8 为 0 时舍弃接收到的数据，RI 清零；只有当 RB8 为 1 时，将接收到的数据送 SBUF 中，并将 RI 置 1。

REN：允许串行接收位。当设置 REN＝1 时允许串行接收，REN 由指令置位或清零。

TB8：该位为第 9 位发送数据。在方式 2、方式 3 的多机通信中 TB8 标明主机发送的是地址还是数据，TB8＝0 为数据，TB8＝1 为地址。

RB8：该位为多机通信（方式 2、方式 3）中用来存放接收到的第 9 位数据，用以表明所接收的信息是地址还是数据。

TI：串行发送中断请求标志位。方式 0 时，发送完 8 位数据后由硬件置位；其他方式下发送停止位时由硬件置位。TI＝1 表示帧发送结束，可供查询也可申请中断。

RI：串行接收中断请求标志位。方式 0 时，接收完 8 位数据后由硬件置位；其他方式下接收到停止位时由硬件置位，可申请中断。RI＝1 表示帧接收终了，可供查询也可申请中断。

③ 电源及波特率选择寄存器 PCON 串行口借用了 PCON 的最高位 SMOD 用作串行口波特率的倍增位。PCON 为不可位寻址的 SFR，其字节地址为 87H。PCON 与串行相关的功能位规定如表 4-10 所示。

表 4-10 PCON 与串行相关的功能位定义

位	D7	D6	D5	D4	D3	D2	D1	D0
PCON	SMOD							

SMOD：波特率倍增位。当 SMOD＝1 时波特率乘以 2；当 SMOD＝0 时波特率不倍增。

(3) 串行口的工作方式

80C51 串行口有 4 种工作方式，由 SCON 的 SM0、SM1 两位联合决定，如表 4-9 所示。

① 方式 0 为移位寄存器同步输入/输出方式，波特率固定为 $f_{osc}/12$，常用于外接移位寄存器以扩展 I/O 口，也可用于接同步输入/输出设备。方式 0 下无论输入还是输出，移位同步脉冲均由 TXD（P3.1）引脚输出，RXD（P3.0）引脚则用作数据 I/O 通道。发送/接收 8 位二进制数，低位在前，高位在后。

发送过程：执行"MOV SBUF，A"指令启动发送操作，TXD 引脚输出移位脉冲，由 RXD 引脚串行发送 SBUF 中的数据，发送完 8 位数据后硬件自动置 TI＝1，据此可以中断或查询方式通知 CPU 该组 8 位数据已发送完成可以准备发送下一组数据。如果要继续发送数据，则 TI 必须由指令清零。

接收过程：在 RI＝0 的前提下，设置 REN＝1 即启动数据的接收过程，TXD 引脚输出移位脉冲，由 RXD 引脚接收串行数据到 SBUF 中，接收完 8 位数据后硬件自动置位 RI，据此可以以中断或查询方式通知 CPU 从 SBUF 中取走接收的数据。想继续接收时要用指令清除 RI。

② 方式 1 为 8 位异步通信方式，一帧信息为 10 位结构（1 位起始位、按低位在前排列的 8 位数据、1 位停止位）。由 TXD 引脚发送数据，RXD 引脚接收数据。方式 1 下传送波特率是可变的，由定时/计数器 T1 充当其波特率发生器，因此需对 T1 进行初始化设置。

发送过程：执行"MOV SBUF，A"指令启动发送操作，由 TXD 引脚以异步方式发送信息，一帧发送完后硬件自动置 TI＝1，据此可以中断或查询方式通知 CPU 这一帧信息已发送完成可以准备发送下一帧信息。如果要继续发送数据，则 TI 必须由指令清零。

接收过程：在 RI＝0 的前提下，设置 REN＝1 则开始接收一帧数据，直到停止位到来时，把停止位送入 RB8 中，硬件自动置位 RI，据此可以查询或中断方式通知 CPU 从 SBUF 中取走接收的数据。如果要继续接收数据，则 RI 必须由指令清零。

③ 方式 2 和方式 3 方式 2 和方式 3 唯一的不同在于通信的波特率：方式 2 下波特率固定，为 $f_{osc}/32$（当 SMOD＝1 时）或 $f_{osc}/64$（当 SMOD＝0 时）；而方式 3 下波特率可变，主要决定于定时/计数器 T1 的溢出率，当然还是与 SMOD 有关（SMOD＝1 时的波特率为 SMOD＝0 时的两倍）。除此之外，方式 2 和方式 3 在其余方面完全相同，它们共同的特点

有：都是 9 位串行异步通信（UART）方式，一帧信息为 11 位结构，包括起始位、8 位数据位、1 位可编程位 TB8/RB8 和停止位。两种方式均具有多机通信功能。

a. 方式 2 或方式 3 下的发送过程。发送操作前，根据具体情况（如用作为奇偶校验位或地址/数据标志位）由指令设置 TB8 的内容，需要发送的数据经由累加器 A 写入 SBUF 中后启动发送操作。将 TB8 装入发送移位寄存器第 9 位，然后发送一帧完整的 11 位信息，发送完毕置位 TI。

多机通信的发送操作中，用 TB8 作地址/数据标识，TB8＝－1 表示信息为地址帧，TB8＝0 表示信息为数据帧。

b. 方式 2 或方式 3 下的接收过程。在 RI＝0 的前提下，设置 REN＝1 则启动接收操作，接收到帧结构上的第 9 位送入 RB8 中。对所接收的数据应视 SM2 和 RB8 的状态决定是否会使 RI 置 1 并通知 CPU 接收数据。

当置 SM2＝0 时，RB8 不论任何状态 RI 都置 1，串行口接收发送来的数据。

当置 SM2＝1 时，为多机通信方式，接收到的 RB8 为地址/数据标识位。若 RB8＝1 表示接收的信息为地址帧，此时置位 RI，串行口接收发进来的数据。若 RB8＝0 则表示接收的信息为数据帧，此时：如果 SM2＝1，不会置位 RI，丢弃此数据帧；如果 SM2＝0，则置位 RI 并通知 CPU 从接收 SBUF 取走数据。

4.3.3　80C51 串行口的应用

（1）设定串行口波特率

方式 0 和方式 2 的波特率是固定不变的。方式 0 的波特率为 $f_{osc}/12$，方式 2 的波特率为 $f_{osc}/32$（当 SMOD＝1 时）或 $f_{osc}/64$（当 SMOD＝0 时）。

方式 1 和方式 3 中的波特率是可变的，其数值由 T1 的溢出率和 SMOD 位的内容确定：

$$波特率＝\frac{2^{SMOD}}{32}×T1 \text{ 的溢出率} \tag{4-11}$$

定时/计数器 T1 用作波特率发生器时，通常选择定时模式下的方式 2（计数初值自动重装的 8 位工作方式）。设计数初值为 X，每过 $256－X$ 个机器周期 T1 就产生一次溢出，T1 溢出周期 $T_{溢出}$ 为：

$$T_{溢出}＝\frac{12}{f_{osc}}(256－X) \tag{4-12}$$

T1 溢出率为 $T_{溢出}$ 的倒数，将其代入式(4-11)，可得波特率计算公式：

$$波特率＝\frac{2^{SMOD}}{32}×\frac{f_{osc}}{12(256－X)} \tag{4-13}$$

为方便实际应用，串行通信的常用波特率列于表 4-11。

表 4-11　串行通信常用波特率表

波特率/(b/s)	f_{osc}/MHz	SMOD	定时器 1		
			$C/\overline{T}$	模式	初始值
方式 0；1M	12	×	×	×	×
方式 2；375K	12	1	×	×	×
方式 1、3；62.5K	12	1	0	2	FFH
19.2K	11.059	1	0	2	FDH

波特率/(b/s)	f_{osc}/MHz	SMOD	C/$\overline{T}$	模式	初始值
9.6K	11.059	0	0	2	FDH
4.8K	11.059	0	0	2	FAH
2.4K	11.059	0	0	2	F4H

续表

波特率/(b/s)	f_{osc}/MHz	SMOD	定时器 1		
			C/$\overline{T}$	模式	初始值
1.2K	11.059	0	0	2	E8H
137.5K	11.986	0	0	2	1DH
110	6	0	0	2	72H
110	12	0	0	1	FEEBH

（2）串行口常见应用情况

80C51 串行口常见的应用有以下 4 种情况：用方式 0 扩展并行 I/O 口；用方式 1 实现双机通信；用方式 2 或方式 3 实现多个 51 单片机之间的通信。

① 用方式 0 扩展并行 I/O 口。图 4-14 为用串行口扩展 I/O 的逻辑图，其中芯片 74LS165、74LS164 分别为 8 位的并入串出移位寄存器和串入并出移位寄存器。这种情况的实际应用中，无论是输入还是输出方式均可根据情况与多个移位寄存器芯片串接以充分发挥用串行口扩展并行 I/O 口的功能。

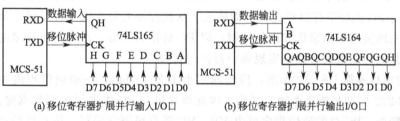

(a) 移位寄存器扩展并行输入I/O口　　　(b) 移位寄存器扩展并行输出I/O口

图 4-14　80C51 串行口结构示意图

② 用方式 1 实现双机通信。图 4-15 为两单片机之间点对点的全双工串行通信的逻辑图，两机都选择方式 1，即 8 位异步通信方式。由于方式 1 下波特率由定时/计数器 T1 的溢出率及寄存器 PCON 的 SMOD 位决定，必须按要求对 T1 进行初始化。

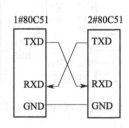

图 4-15　双机串行通信连线逻辑图

③ 用方式 2/方式 3 实现多机通信。串行口方式 2 及方式 3 常用于多机通信，即可实现一台主单片机和若干个从单片机构成总线式的多机分布式系统，其连接方式如图 4-16 所示。图中，主机与从机之间可以双向通信，从机之间只有通过主机才能通信。

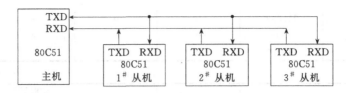

图 4-16　多机串行通信连接方式

多机通信充分利用了 SCON 寄存器的多机通信控制位 SM2。当从机 SM2＝1 时，只接收主机发出的地址帧（第 9 位为 1），对数据帧（第 9 位为 0）不予理睬；而当从机 SM2＝0 时，可以接收主机发送的所有信息。多机通信原理如下。

a. 所有从机的 SM2 置为 1，都处于只接收地址帧的状态。

b. 主机发送一帧地址信息（第 9 位为 1），其中 8 位为某被寻址的从机地址。

c. 所有从机接收到主机发送的地址帧后进行中断处理，把接收到的 8 位地址与自身地址相比较，地址相符的从机置其 SM2＝0，地址不相符的其他从机则维持其 SM2＝1。

d. 由于被寻址的从机其 SM2＝0，可以接收主机随后发送的数据信息，实现主机与被寻址从机的双机通信。

e. 被寻址的从机通信完毕后，置其 SM2＝1，恢复多机系统原有状态。

④ 单片机与 PC 机串行通信。图 4-17 所示为单片机与 PC 机串行通信连接示意图。如果多个单片机与 PC 机经串行口相连，可构成主、从机控制的分布式测控系统，系统以单片机作为从机，完成实时数据采集和现场控制；以 PC 机作为主机，对各从机送来的数据进行分析、处理，并向各从机发布命令实现集中监控与管理。

PC 机的串口遵循 RS-232 标准，传输速率小于 20000bps，一般通信距离小于 15m。如前所述，RS-232 标准是按负逻辑定义的，因此单片机与 PC 机之间进行数据输入/输出时必须进行电平转换。PC 机的通信程序可由 VB、VC 等高级语言编写，单片机的通信程序可用 C51、汇编语言编写。

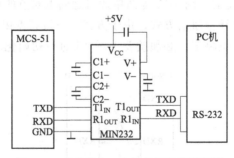

图 4-17　单片机与 PC 机串行通信连接图

(3) 串行口应用举例

80C51 的串行口在使用之前必须先对它进行初始化编程。初始化编程是指设定串口的工作方式、波特率，启动它发送和接收数据。初始化编程过程如下：

[例 4-5]　利用 51 的串行口 UART 实现一个数据块的发送。设发送数据缓冲区首地址为 30H，发送数据长度（字节数）为 12H；串行口为方式 1 工作状态，选定波特率为 1200bps，时钟频率为 f_{osc}＝11.0529MHz。

解题设计思路：UART 方式 1 工作状态下波特率需编程设定。通常用定时器/计数器 1

方式 2 工作状态下作波特率发生器。当选定波特率为 1200，时钟频率为 11.0529MHz 时，计数器中的计数初值为 E8H（SMOD＝0 时）。本例的发送程序中，在数据发送前要将定时器/计数器 1 进行波特率发生器的初始化。

发送程序 TXD1 清单：

```
TXD1: MOV   TMOD, ♯20H
      MOV   TL1, ♯0E8H
      MOV   TH1, ♯0E8H
      CLR   ET1
      SETB  TR1
      MOV   SCON, ♯40H
      MOV   PCON, ♯00H
      MOV   R0, ♯30H
      MOV   R7, ♯12H
TRS:  MOV   A, @R0
      MOV   SBUF, A
WAIT: JBC   TI, CONT
      SJMP  WAIT
CONT: INC R0
      DJNZ  R7, TRS
      RET
```

[例 4-6]　利用 80C51 的串行口 UART 实现一个数据块的接收。设接送数据缓冲区的首地址为 50H，接收数据长度为 18H；串行口方式 2 工作状态。

解题设计思路：利用 51 的串行口 UART 实现数据块接收时，其波特率要与发送的波特率相一致。不考虑发送的工作方式及波特率时，接收时的工作方式也有方式 1～方式 3。选择方式 2 时，波特率固定为 $f_{osc}/32$（SMOD＝1）或 $f_{osc}/64$（SMOD＝0）。

方式 2 下接收子程序 RXD2 清单：

```
RXD2: MOV   SCON, ♯80H
      MOV   PCON, ♯80H
      MOV   R0, ♯50H
      MOV   R7, ♯18H
RDS:  SETBREN
WAIT: JBC RI, REND
      SJMP WAIT
REND: MOV   A, SBUF
      MOV   @R0, A
      INC R0
      DJNZ  R7, RDS
      RET
```

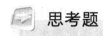

思考题

4-1　简述中断的基本概念。

4-2　51单片机有哪几个中断源？有几级中断优先级？

4-3　51单片机中断响应的条件是什么？中断响应的最短与最长时间各是多少？

4-4　51单片机各中断源对应的中断服务程序入口地址是多少？

4-5　51单片机各中断源的中断请求是如何撤除的？

4-6　中断服务子程序返回指令RETI和普通子程序返回指令RET有何区别？

4-7　51单片机的定时/计数器用作定时、计数两种工作方式时，其计数脉冲分别来自何处？

4-8　若定时器/计数器T0工作于方式3，则如何控制定时器/计数器T1的开启和关闭？

4-9　设51单片机晶振频率为12MHz时，定时器/计数器T0在4种工作方式下的最大定时时间各是多少？

4-10　设80C51晶振频率为12MHz，要求采用定时计数器T0产生50ms的定时，试确定寄存器TMOD、TL0以及TH0的内容。

4-11　80C51的定时器/计数器T0、T1分别用作计数器和定时器，每当T0计数满500个脉冲便启动T1开始定时，每当T1定时达到2ms则启动T0开始计数，如此不断反复循环下去。设所接晶振频率为12MHz，试编写程序实现上述功能。

4-12　设80C51的晶振频率为6MHz，要求每隔1s的时间将寄存器B的内容左环移位一次。试用软硬件结合定时的方式编程实现上述功能。

4-13　试述并行通信与串行通信的定义及各自的应用特点。

4-14　同步串行通信与异步串行通信方式各有何优缺点？

4-15　若串行发送的字符格式为1个起始位，8个数据位，1个奇校验位，1个停止位，试写出传送字符"A"的帧格式。

4-16　51单片机片内串行接口有哪几种工作方式？各工作方式的波特率是如何确定的？

4-17　设51单片机片内串行接口按方式3传送数据，已知其每分钟传送3600个字符，其波特率是多少？

4-18　简述利用51单片机内部串行接口实现多机通信的原理。

4-19　51单片机串行接口初始化包括哪些步骤？

4-20　设80C51单片机的时钟频率为12MHz，采用串行口接收ASCII字符，要求波特率为2400bps。已知接收缓冲区首址为30H，约定使用奇校验，试编程实现上述功能。

第5章 单片机系统扩展的原理及方法

5.1 单片机系统扩展概述

5.1.1 系统扩展的内容及方法

51（系列）单片机结构紧凑、功能较强，简单的检测控制任务采用单片机最小（应用）系统就能满足其功能要求。51单片机最小系统有两种：一种是3片最小系统，由一片内部不含ROM的单片机、一片锁存器芯片及一片ROM芯片组成；一种是1片最小系统，它仅由一片内部含有ROM的单片机组成。以80C51单片机为例，其最小应用系统如图5-1所示。51单片机最小系统功能有限，如果用于较复杂的场合必须对其进行系统扩展。系统扩展指的是当51单片机最小系统不能满足应用要求时，在其外部连接一些相应的外围电路或芯片从而构成功能更强或规模更大的系统以满足应用要求。

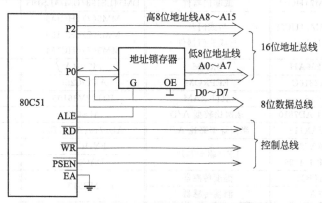

图 5-1　80C51单片机最小应用系统框图

51单片机最小应用系统的对外引脚组成三总线结构，包括地址总线、数据总线和控制总线，如图5-1所示。其中：地址总线的高8位由P2口提供，地址总线的低8位由P0口接地址锁存器后的输出构成；数据总线由P0口的8位分时复用提供；控制总线由单片机特定引脚构成，主要有 ALE、$\overline{\text{PSEN}}$、$\overline{\text{RD}}$、$\overline{\text{WR}}$ 等。51单片机最小系统的三总线结构是其进行系统扩展的基础，各种外围扩展电路的芯片都通过上述三总线与单片机最小系统相连。系统扩展时外围电路与三总线相连应符合"输出锁存、输入三态"的基本原则，即以锁存器作为输出口、三态门作为输入口。

51 单片机系统扩展的主要内容有以下 3 方面。

① 存储器扩展，包括程序存储器 ROM 和数据存储器 RAM 的扩展。

② 输入/输出（I/O）接口扩展。

③ 管理功能器件（如定时器、中断等）扩展。

51 单片机系统扩展的方法有两种。

① 并行总线扩展方法，即利用上述三总线进行扩展。其优点是方法简单、速度快；缺点是控制器资源开销较大，连线较为复杂。

② 串行总线扩展方法，即利用单片机 SPI 三线总线和 I^2C 双总线进行系统扩展。其优点有：串行接口器件体积小，所以扩展后系统占用电路板空间小，约为并行扩展情况的 10%；串行接口器件与单片机相连一般仅需 3、4 根 I/O 口线，即系统扩展需要的口线少因而极大地简化了硬件联接。其缺点是串行接口器件的传输速度较慢，且编程较为复杂。

因此，以并行总线扩展法在大多数应用场合占主导地位。本书仅介绍并行总线扩展法。

5.1.2　常用扩展器件简介

Intel、TI、AD、Maxim 等众多半导体公司生产了各种类型的单片机外围扩展器件，表 5-1 列出了部分 51 单片机常用外围扩展器件。

表 5-1　51 单片机常用的扩展器件

类型	型号名称	功能说明	型号名称	功能说明
74 系列常用器件	MM54HC08/MM74HC08 MM54HC11/MM74HC11 MM54HC00/MM74HC00	与门及 与非门器件	54LS244/DM74LS244 DM54LS235/DM74LS245 74HC595	总线驱动及 收发器件
	MM54HC32/MM74HC32 M54HC02/MM74HC02	或门及 或非门器件	DM74LS90/DM74LS93 DM54LS193/DM74LS193	计数器
	MM54HC58/MM74HC58 MM5(7)4HC51	与或门及 与或非门器件	MM5(7)4HC148 MM5(7)4HC138 MM5(7)4HC154	编码译码器件
存储器件	6264、IS61C256AH	SRAM	M2764A	EPROM
	24LC256、X2816C	EEPROM	AT29C256	FLASH 存储器
	IDT70V05S	双口 RAM	IDT72V36100	FIFO 存储器
A/D	ADC0809/0804 AD7810	逐次比较型 A/D	AD9048	并行比较型 A/D
	TLC5510、MAX113	半闪烁型高速 A/D	AD7710、ADS1100	Σ-△型高精度 A/D
输出及显示	ICM7218、MAX7219、 MCI14489、MCI14499	LED 驱动芯片	FYD12864	LCD 器件
			DAC0832	D/A 芯片
传感器	LM35、DS18B20	温度传感器	MR513	热线型半导体 气敏元件
	MQ-303A	酒精传感器		
	MAX471/472	电流传感器	M007	可燃性气体 传感器
	ISD2500	语音芯片		
可编程器件	8255A	并行接口芯片	82C59A	中断控制器
	MSM82C53-2 MSM82C54-2	计数器	TMP82C79	键盘显示控制器
通信器件	MAX232	RS-232 总线接口	MAX491	RS-422 总线接口
	MAX485	RS-485 总线接口	ISP1518	USB 控制器件
	RTL8019AS	以太网接口器件	PCF8574	I^2C 接口芯片
	SJA1000	CAN 总线控制器	PTR2000	无线传输模块

类型	型号名称	功能说明	型号名称	功能说明
其他器件	MAX1676、MAX682	DC-DC 电压变换器	MAX791、MAX705	电源监控器件
	4N25、4N30、4N33、4N35、6N135、6N136、6N137、T1L113、T1L117	光耦器件	MAX690、MAX691、MAX692、MAX693、MAX694、MAX695	看门狗器件

下面详细介绍本章后续要用到的两种常用扩展芯片：74LS373 和 74LS138。

(1) 锁存器芯片 74LS373

74LS373 是 8 位带输出三态门的锁存器芯片，常用作地址锁存器。74LS373 芯片引脚图如图 5-2 所示，其中各引脚定义如下。

D0～D7 为 8 位的信号输入端。

Q0～Q7 为 8 位的信号输出端。

G 为数据锁存控制端。G＝1 时锁存器的输出（Q0～Q7）等同于输入（D0～D7）；当 G 端信号由 1 变为 0（即下降沿）时锁存输入的数据。

$\overline{OE}$ 为输出允许控制端。$\overline{OE}$＝0 时输出三态门打开，Q0～Q7 引脚送出有效的高/低电平；$\overline{OE}$＝1 时输出三态门关闭，Q0～Q7 引脚呈现高阻状态。

图 5-3 为 74LS373 用作地址锁存器时与单片机的连线图。其中：输入端 D0～D7 接至单片机 P0 口；G 端接至单片机地址锁存信号 ALE 端；$\overline{OE}$ 端接地，表示输出三态门保持打开状态；此时，输出端 Q0～Q7 提供系统地址总线的低 8 位。

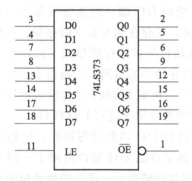

图 5-2 74LS373 引脚图

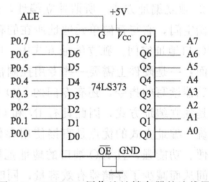

图 5-3 74LS373 用作地址锁存器的连线图

(2) 译码器芯片 74LS138

74LS138 是常用的 3-8 译码器芯片，可以将 3 位输入地址译码为对应的 8 位输出地址。图 5-4 为 74LS138 的引脚图，其中：C、B、A 为输入地址引脚；$\overline{Y7}$～$\overline{Y0}$ 为输出地址引脚；G1、$\overline{G2A}$、$\overline{G2B}$ 是芯片的片选控制引脚，三者必须全部接为常有效状态 74LS138 才能进行译码，否则输出端 $\overline{Y7}$～$\overline{Y0}$ 均呈现出高阻状态。74LS138 的逻辑译码关系见表 5-2。

5.1.3 存储单元及 I/O 端口的编址

计算机中凡需进行读写操作的设备都存在着要为其分配地址的问题，即编址。具体有两种器件需要编址：一种是存储器的存储单元，另一种是 I/O 接口中的 I/O 端口。对 51 单片机内部存储单元及 I/O 端口的编址情况在本书第 2 章中做了详细说明，本节则重点阐述 51 单片机外部扩展的存储单元及 I/O 端口的编址问题。

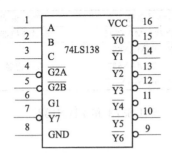

图 5-4 译码器 74LS138 引脚图

表 5-2 74LS138 的逻辑译码关系

输入信号			输出信号
C	B	A	$\overline{Y7} \sim \overline{Y0}$
0	0	0	$\overline{Y0}$ 为低电平,其余引脚均为高电平
0	0	1	$\overline{Y1}$ 为低电平,其余引脚均为高电平
0	1	0	$\overline{Y2}$ 为低电平,其余引脚均为高电平
0	1	1	$\overline{Y3}$ 为低电平,其余引脚均为高电平
1	0	0	$\overline{Y4}$ 为低电平,其余引脚均为高电平
1	0	1	$\overline{Y5}$ 为低电平,其余引脚均为高电平
1	1	0	$\overline{Y6}$ 为低电平,其余引脚均为高电平
1	1	1	$\overline{Y7}$ 为低电平,其余引脚均为高电平

(1) 计算机中 I/O 端口的编址方式

一个计算机系统中,I/O 端口地址与存储单元地址可能来自一个存储空间也可能来自不同的独立存储空间。据此,I/O 端口编址有两种基本方式:统一编址方式与独立编址方式。

① 统一编址方式　所谓统一编址,是指计算机系统中的 I/O 端口和存储单元统一进行编址,它们的地址都来源于一个统一的存储空间。统一编址方式中,CPU 访问 I/O 端口就像访问存储单元一样,因此也称为存储器映象编址方式。51 单片机采用的就是统一编址的方式,即:片内的 I/O 端口与片内 RAM 单元的地址统一来源于内部数据存储器空间,统一采用 MOV 指令进行访问;片外的 I/O 端口与片外 RAM 单元的地址统一来源于外部数据存储器空间,统一采用 MOVX 指令进行访问。

② 独立编址方式　所谓独立编址,是指计算机系统中 I/O 端口的地址来源于一个独立的存储空间,它与存储单元地址所在的存储空间相分离,即存在相互独立的存储器地址空间和 I/O 口地址空间。独立编址方式中,CPU 访问 I/O 端口与访问存储单元不同,体现在两个方面:一是硬件上需要一些专用控制信号以区别于对存储器的访问;二是指令系统中有用于存储器读写的指令,还有专门的 I/O 口读写操作指令。例如 8086CPU 为核心的计算机采用的是独立编址方式,因此具有 IN 和 OUT 两条专门的指令用于读写 I/O 端口。

统一编址方式的优点是直接使用存储器访问指令进行 I/O 口的读写操作,使得编程简单方便、功能强,且 I/O 端口的地址范围不受限制。其缺点是 I/O 端口占用了一部分存储器空间从而减少了存储器有效容量,同时端口地址采用与存储单元一样长的地址位数会使地址译码变得复杂;此外,相比于专用的 I/O 口指令,采用存储器访问指令执行速度更慢。

独立编址方式的优点是不占用存储器地址空间,从而不会减少内存的实际容量;缺点主要是需要专门的 I/O 口指令和相应的控制信号辅助,增加了系统的复杂性。

(2) 片外存储单元及 I/O 端口芯片的选择

实际 51 单片机应用系统常需要扩展多片存储器及 I/O 接口芯片,为了给每一存储单元分配不同于其他单元(或 I/O 口)的识别地址,需要完成两个层面的编址工作:一是片选,片选的编址目的是区分和识别各扩展芯片;二是片内字选,字选的编址目的是针对某选中的芯片,区分和识别该芯片内部单元或 I/O 端口。

字选的实现方法较为容易,就是将芯片地址线与系统地址线按位对应相连即可。但片选的实现却没有这样简单。因此,片外存储单元及 I/O 口的编址重点在于解决片选问题。片选的实现有线选法和译码法两种方法,分别介绍如下。

① 线选法　对于只需要扩展少数存储器及 I/O 接口芯片的小规模单片机系统,可采用

线选法实现片选。所谓线选法，即以系统地址线直接连接到外部扩展芯片的片选端作为芯片片选信号，只要接入某芯片的片选信号有效（规定的高或低电平），该外部芯片就被选中。

线选法的优点是硬件电路结构简单，缺点是会造成各外围芯片之间地址不连续，使得系统存储器地址空间没有被充分利用，从而浪费了部分空间。

② 译码法　对于需要扩展较多存储器及 I/O 接口芯片的系统，线选法通常不能满足片选要求，需要采用译码法解决。所谓译码法是使用地址译码器参与片选，将系统地址线经过译码器译码后的输出信号作为外部扩展芯片的片选信号。双 2-4 译码器 74LS139、3-8 译码器 74LS138 以及 4-16 译码器 74LS154 等是常用的译码器芯片。译码法有部分译码、全译码两种。

部分译码方式下，系统地址线除用于字选外，剩余地址线仅有部分为地址译码器使用，译码后扩展芯片片选信号地址不唯一。如果系统地址线有 n 位没有用上，则每个扩展的存储器单元或 I/O 端口将占用 2^n 个地址。与线选法相似，部分译码法也会造成存储器空间地址浪费，因此其实际应用意义不大。

全译码方式下，系统地址线除用于字选外，其余全部为地址译码器使用，译码后系统中各扩展芯片的片选信号地址唯一。即全译码可以实现系统中每个扩展的存储器单元或 I/O 端口只占用 1 个唯一的地址，不会造成存储器地址空间的浪费，因此该方式得到了广泛应用。

80C51 单片机扩展 4 个外部芯片，采用线选法和全译码法实现其片选的连线示例分别如图 5-5、图 5-6 所示，其中：6116 为 RAM 芯片，8255、8155 为通用 I/O 接口芯片，8253 为定时器/计数器芯片。

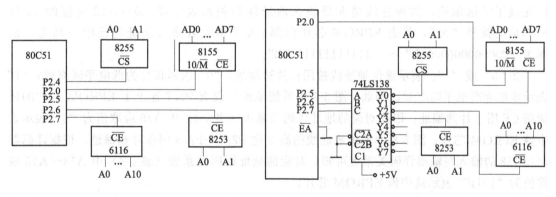

图 5-5　线选法连线示例　　　　　图 5-6　译码法连线示例

(3) 地址译码关系表的应用

单片机系统扩展时，运用地址译码关系表可以为扩展芯片编址及连线设计带来方便。地址译码关系表是一种采用"0"、"1"、"·"、"×"这几种简单符号来直观反映系统全部地址线参与外围芯片存储单元（或 I/O 口）编址情况的译码关系表。

假设 80C51 扩展一片 EPROM 芯片（8K×8），图 5-7、图 5-8 分别为采用线选法、全译码法实现片选的硬件连线图，相应芯片的地址译码关系表分别见表 5-3、表 5-4。

表 5-3　与图 5-7 对应的地址译码关系表

A15	A14	A13	A12	A11	A10	A9	A8	A7	A6	A5	A4	A3	A2	A1	A0
0	·	·	×	×	×	×	×	×	×	×	×	×	×	×	×

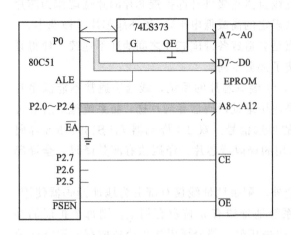

图 5-7 线选法扩展一片 EPROM 的连线图

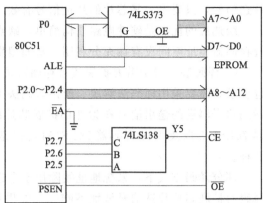

图 5-8 译码法扩展一片 EPROM 的连线图

表 5-4 与图 5-8 对应的地址译码关系表

A15	A14	A13	A12	A11	A10	A9	A8	A7	A6	A5	A4	A3	A2	A1	A0
1	0	1	×	×	×	×	×	×	×	×	×	×	×	×	×

地址译码关系表中符号含义说明：

①"×"：表示该位地址线被用作字选编址。例如图 5-7、图 5-8 中，系统地址线的低 13 位 A0～A12（即 P0.7～P2.4）同名对应连接到 EPROM 芯片的 13 根地址线上，即完成了字选编址。这种连线情况反映在地址译码关系表中即 A0～A12 对应的 13 位全部填上符号"×"，代表 EPROM 芯片内部 8K 个单元其字选地址均已唯一确定，范围为"0000000000000B"～"1111111111111B"。

②"0"或"1"：表示该位地址线被用作片选编址，"0"表示该位为低电平时有效；"1"表示该位为高电平时有效。例如，图 5-7 中系统地址线仅有 P2.7 连上了 EPROM 芯片的使能端 $\overline{CE}$ 用于片选编址，因此对应的地址译码关系表（表 5-3）中 A15 应取值为"0"表示选中该 EPROM 芯片；图 5-8 中系统地址线的高 3 位 P2.7～P2.5 用作片选编址，根据译码器 74LS138 的输入与输出译码关系表可知，对应的地址译码关系表（表 5-4）中 A13～A15 应取值为"101B"表示选中该 EPROM 芯片。

③"·"：表示该位系统地址线悬空不用，该位取值无论高、低电平均为有效地址。若地址译码关系表中出现了 1 个"·"，那么系统每个扩展的存储单元（或 I/O 口）将占用 2^1 个地址号码；若地址译码关系表中有 n 个"·"，则每个单元（或 I/O 口）将占用 2^n 个地址号码。例如图 5-7 中系统地址线 P2.6、P2.5 悬空，则对应地址译码关系表（表 5-3）中 A13、A14 两格填为符号"·"，表示 EPROM 芯片每个单元占用 4 个地址。

5.2 存储器的扩展

51 单片机由于内部存储器容量较小，因而实际应用时常需要扩展外部存储器。单片机系统存储器的扩展包括片外程序存储器和片外部数据存储器两部分的扩展。

5.2.1　程序存储器扩展

（1）程序存储器扩展的常用器件

扩展 51 单片机外部程序存储器一般采用 EPROM、EEPROM 或 Flash ROM 类型的存储器芯片。这几类芯片的特点是：芯片内容由用户写入并允许反复擦除和重写；在断电情况下仍然能够保持芯片内部信息。

EPROM 是电信号编程、紫外线擦除的 ROM 芯片，常用扩展芯片有 2716、2732、2764、27128、27256、27512 等。

EEPROM 是电信号编程、电信号擦除的 ROM 芯片，它具有 RAM 的一些特点，可进行逐个字节的读/写操作。常用 EEPROM 芯片有 2816、2817、2864 等。

Flash ROM 也称闪存，是在 EPROM 工艺基础上发展的一种单电压芯片，在使用上很类似于 EPROM，不同的是擦除闪存信息时不是以字节而是以扇区（又称为块）为基本单位的。常用 Flash ROM 芯片有 29C256、29C512、29C010 以及 28F512、28F010 等。

（2）扩展芯片 EPROM2764 简介

EPROM2764 是紫外线擦除、电信号编程的只读存储器芯片，双列直插 28 引脚封装，容量为 8K×8 位。图 5-9 为 2764 芯片引脚图，其中主要引脚如下：

$\overline{CE}$：芯片片选端，低电平有效。

D0～D7：8 位的数据线。

A0～A12：13 位的地址线。

$\overline{OE}$：输出允许控制端，低电平有效。

V_{PP}：编程电源输入端。对芯片编程时，该端接 +25V 或 +12V 的编程电压；芯片不编程时，该端接 +5V 的电压。

$\overline{PGM}$：编程脉冲输入端。标准编程（或灵巧编程）时通过该端输入 50±5ms（或 2ms）的负脉冲。

2764 芯片正常工作时单片机对其只有读的操作。在 $\overline{CE}=0$ 的前提下，首先单片机送出要访问单元的 13 位字选地址到 2764 的 A0～A12 引脚；然后在 $\overline{OE}$ 为低电平时单片机从 2764 的 D0～D7 引脚上读取该单元的内容。

2764 芯片允许上万次地擦除并重新编程。编程过程：V_{CC} 接 +5V 电压、V_{PP} 接 +25V 或 +12V 电源（注：编程电压取决于具体厂家）的前提下，通过地址线输入需编程单元的地址然后在数据线上写入数据，同时保持 $\overline{CE}=0$，$\overline{OE}=1$；待上述信号稳定后在 $\overline{PGM}$ 端加上编程脉冲，将 1 个字节的信息写到该单元中。对于已写入信息的某个单元，可以只将 $\overline{OE}$ 变为低电平而保持其他信号不变的条件下，读出单元内容进行校验。

如图 5-7、图 5-8 所示，用 2764 芯片扩展 51 单片机外部 ROM 时需要用到锁存器芯片。2764 芯片与 51 单片机之间的硬件连线遵循"三总线对应相连"原则，具体为：

① 数据线的连接：2764 的 8 位数据线（D0～D7）与 51 单片机的 8 位数据线（P0.0～P0.7）对应相连。

② 地址线的连接：

a. 字选连线：2764 的 13 位地址线（A0～A12）与 51 单片机的系统地址线（P0.0～P0.7 以及 P2.0～P2.4）对应相连；

b. 片选连线：采用线选法或译码法，将 2764 的片选引脚（$\overline{CE}$）直接或间接地与 51 单片机的系统地址线的高 3 位（P0.0～P0.7）中的某几位或全部位相连。

③ 控制线的连接：

a. 51 单片机地址锁存允许信号引脚（ALE）与锁存器的锁存控制引脚（G）相连；

b. 51 单片机外部 ROM 读信号引脚（$\overline{PSEN}$）与 2764 的输出允许控制引脚（$\overline{OE}$）相连。

[例 5-1] 用 1 片 2764 扩展单片机外部程序存储器，试画出系统硬件连线图及对应的地址译码关系表，并确定 2764 芯片的地址。

解：图 5-7、图 5-8 其实就是分别采用线选法、全译码法实现 80C51 扩展 1 片 2764 的系统硬件连线图。与图 5-7、图 5-8 对应的地址译码关系表分别见表 5-3、表 5-4。

根据表 5-3 可知图 5-7 中 2764 占用的四组地址如下，这四组地址在使用中同样有效。

① 当"A14A13"取值"00"时，芯片占用地址 0000000000000000B～0001111111111111B，即 0000H～1FFFH；

② 当"A14A13"取值"01"时，芯片占用地址 0010000000000000B～0011111111111111B，即 2000H～3FFFH；

③ 当"A14A13"取值"10"时，芯片占用地址 0100000000000000B～0101111111111111B，即 4000H～5FFFH；

④ 当"A14A13"取值"11"时，芯片占用地址 0110000000000000B～0111111111111111B，即 6000H～7FFFH。

根据表 5-4 可知图 5-8 中 2764 芯片仅占用了唯一的 1 组地址：仅当"A15A14A13"取值"101"时，芯片占用地址 1010000000000000B ～ 1011111111111111B，即 A000H ～ BFFFH。

[例 5-2] 用 2 片 2764 扩展单片机外部程序存储器，要求用线选法实现片选。试画出系统硬件连线图及对应的地址译码关系表，并确定每片 2764 芯片的地址。

解：80C51 采用线选法扩展 2 片 2764 的系统硬件连线如图 5-10 所示，将单片机 P2.5 引脚的信号直接连接到 2764（1）芯片的片选端 $\overline{CE}$；同时将 P2.5 引脚的信号经过非门取反后再连接到 2764（2）芯片的片选端 $\overline{CE}$。对应的地址译码关系表如表 5-5、表 5-6 所示。

根据表 5-5 可知 2764（1）芯片占用下面 4 组有效地址：

① 当"A15A14"取值"00"时，芯片占用地址 0000000000000000B～0001111111111111B，即 0000H～1FFFH；

② 当"A15A14"取值"01"时，芯片占用地址 0100000000000000B～0101111111111111B，即 4000H～5FFFH；

③ 当"A15A14"取值"10"时，芯片占用地址 1000000000000000B～1001111111111111B，即 8000H～9FFFH；

④ 当"A15A14"取值"11"时，芯片占用地址 1100000000000000B～1101111111111111B，即 C000H～DFFFH。

根据表 5-6 可知 2764（2）芯片占用下面 4 组有效地址：

① 当"A15A14"取值"00"时，芯片占用地址 0010000000000000B～0011111111111111B，即 2000H～3FFFH；

② 当"A15A14"取值"01"时，芯片占用地址 0110000000000000B～0111111111111111B，即

6000H～7FFFH；

　　③ 当"A15A14"取值"10"时，芯片占用地址 1010000000000000B～1011111111111111B，即 A000H～BFFFH；

　　④ 当"A15A14"取值"11"时，芯片占用地址 1110000000000000B～1111111111111111B，即 E000H～FFFFH。

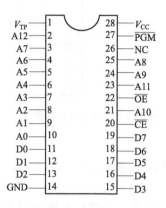

图 5-9　EPROM 2764 引脚图

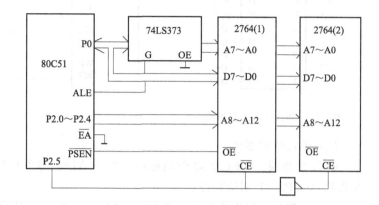

图 5-10　线选法扩展 2 片 2764 的硬件连线图

表 5-5　2764(1) 芯片地址译码关系表

A15	A14	A13	A12	A11	A10	A9	A8	A7	A6	A5	A4	A3	A2	A1	A0
·	·	0	×	×	×	×	×	×	×	×	×	×	×	×	×

表 5-6　2764(2) 芯片地址译码关系表

A15	A14	A13	A12	A11	A10	A9	A8	A7	A6	A5	A4	A3	A2	A1	A0
·	·	1	×	×	×	×	×	×	×	×	×	×	×	×	×

5.2.2　数据存储器扩展

　　51 单片机内部数据存储器容量仅有 256KB，如果其数量不能满足系统要求则需进行外部扩展。与内部数据存储器一样，外部数据存储器可用于存放临时数据信息，其单元内容可以随时进行修改。一般采用静态 RAM 扩展 51 单片机的外部数据存储器，常用的 SRAM 芯片有 6116、6264、62128 和 62256 等。以下以扩展芯片 SRAM6264 为例进行简单介绍。

　　SRAM6264 是一种常用的静态数据存储器芯片，双列直插 28 引脚封装，容量为 8K×8 位。图 5-11 为 6264 芯片引脚图，其中主要引脚如下。

　　$\overline{CE1}$、CE2：芯片片选端，当 $\overline{CE1}=0$ 且 CE2＝1 时表示选中该芯片。

　　D0～D7：8 位的数据线。

　　A0～A12：13 位的地址线。

　　$\overline{OE}$：输出允许控制端，低电平有效。

　　$\overline{WE}$：数据写入允许控制端，低电平有效。

　　如图 5-12 所示，用 6264 芯片扩展 51 单片机外部 RAM 时三总线连接的情况如下。

　　(1) 数据线的连接

　　6264 的 8 位数据线（D0～D7）与单片机的 8 位数据线（P0.0～P0.7）对应相连。

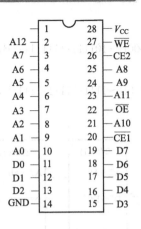

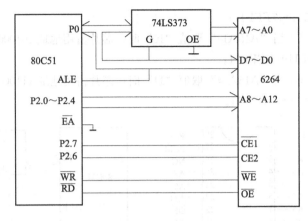

图 5-11　SRAM6264 引脚图　　　　图 5-12　6264 扩展 80C51 外部 RAM 的硬件连线图

（2）地址线的连接

① 字选连线：6264 的 13 位地址线（A0～A12）与单片机的系统地址线（P0.0～P0.7 以及 P2.0～P2.4）对应相连；

②片选连线：采用线选法或译码法，将 6264 的片选引脚（CE1、CE2）直接或间接地与单片机系统地址线的高 3 位（P0.0～P0.7）中的某几位或全部位相连。

（3）控制线的连接

① 单片机地址锁存允许信号引脚（ALE）与锁存器的锁存控制引脚（G）相连；

② 单片机"读"外部 RAM 的控制引脚（$\overline{RD}$）与 6264 输出允许控制引脚（$\overline{OE}$）相连；

③ 单片机"写"外部 RAM 的控制引脚（$\overline{WR}$）与 6264 写入允许控制引脚（$\overline{WE}$）相连。

[例 5-3]　用 2 片 6264 扩展单片机外部程序存储器，采用全译码法实现片选。试画出系统硬件连线图及对应的地址译码关系表，并确定每片 6264 芯片的地址。

解：80C51 采用全译码法扩展 2 片 2764 的硬件连线如图 5-13 所示。将单片机 P2.5、P2.6、P2.7 引脚分别连接到锁存器 74LS138 的地址输入引脚 A、B、C；将 74LS138 的地址输出引脚 $\overline{Y0}$、$\overline{Y1}$ 引脚分别连接到 6264(1)、6264(2) 的片选端。芯片 6264(1)、6264(2) 的地址译码关系表分别如表 5-7、表 5-8 所示。

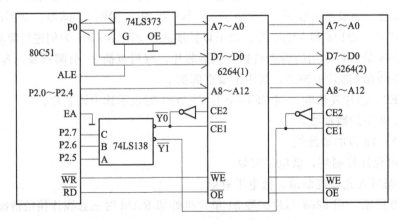

图 5-13　全译码法扩展 2 片 6264 的硬件连线图

根据表 5-7 可知 6264（1）芯片占用了唯一的 1 组地址：仅当"A15A14A13"取值 "000"时，芯片占用地址 0000000000000000B～0001111111111111B，即 0000H～1FFFH。

根据表 5-8 可知 6264（2）芯片占用了唯一的 1 组地址：仅当"A15A14A13"取值 "001"时，芯片占用地址 0010000000000000B～0011111111111111B，即 2000H～3FFFH。

采用全译码法实现片选，不仅可使得所扩展的芯片 6264（1）和 6264（2）地址唯一，而且两芯片地址连续。

表 5-7　6264(1) 芯片地址译码关系表

A15	A14	A13	A12	A11	A10	A9	A8	A7	A6	A5	A4	A3	A2	A1	A0
0	0	0	×	×	×	×	×	×	×	×	×	×	×	×	×

表 5-8　6264(2) 芯片地址译码关系表

A15	A14	A13	A12	A11	A10	A9	A8	A7	A6	A5	A4	A3	A2	A1	A0
0	0	1	×	×	×	×	×	×	×	×	×	×	×	×	×

[例 5-4]　用 1 片 2764 和 1 片 6264 芯片同时扩展单片机的外部存储器，采用全译码法实现片选。试画出系统硬件连线图及对应的地址译码关系表，并确定每片扩展芯片的地址。

解：80C51 采用全译码法扩展 1 片 2764 和 1 片 6264 的硬件连线如图 5-13 所示。将单片机 P2.5、P2.6、P2.7 引脚分别连接到锁存器 74LS138 的地址输入引脚 A、B、C；将 74LS138 的地址输出引脚 $\overline{Y0}$ 引脚同时连接到 2764 和 6264 芯片的片选端。两芯片的地址译码关系表如表 5-9 所示。

根据表 5-9 可知，此时 2764 和 6264 芯片占用了相同的 1 组地址：仅当"A15A14A13"取值"000"时，芯片占用地址 0000000000000000B～0001111111111111B，即 0000H～1FFFH。由于访问外部 ROM 的控制信号是 $\overline{PSEN}$，访问外部 RAM 的控制信号是 $\overline{WR}$ 和 $\overline{RD}$，这三个控制信号在同一时刻最多只能有一个呈低电平有效状态。所以，虽然图 5-14 中 2764 和 6264 芯片的地址空间重叠，但由于控制信号各有不同，因此两芯片的地址空间在逻辑上严格分开了，不会导致访问时单片机发生总线冲突。

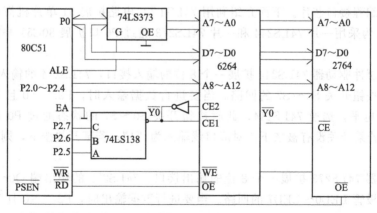

图 5-14　全译码法同时扩展 1 片 2764 和 1 片 6264 的硬件连线图

表 5-9　图 5-14 中 2764 及 6264 芯片的地址译码关系表

A15	A14	A13	A12	A11	A10	A9	A8	A7	A6	A5	A4	A3	A2	A1	A0
0	0	0	×	×	×	×	×	×	×	×	×	×	×	×	×

5.3 I/O 接口扩展

单片机与外设进行信息交换需要输入输出（I/O）接口充当中间桥梁。51 单片机内含 4 个 8 位的并行 I/O 接口（P0、P1、P2 及 P3），但它们的功能十分有限。在实际应用中：一方面，P0、P2 及 P3 往往用于承担其重要的第二功能，而不能用作为通用 I/O 口线，这种情况下只有 P1 的 8 根线能作为真正的通用 I/O 口线使用；另一方面，P0～P3 接口本身只有数据锁存和三态缓冲功能，不具备状态信息和命令信息寄存的功能，这些有限的功能难以满足复杂 I/O 操作的要求。因此，51 单片机在许多应用场合下需要进行外部 I/O 接口的扩展。

由于 51 单片机采用 I/O 端口与 RAM 单元统一编址的方式，所以其扩展的外部 I/O 端口与外部 RAM 单元的地址共用 64KB 的外部数据存储器空间。对于每一个扩展的 I/O 端口，51 单片机可以像访问外部 RAM 单元那样，采用 MOVX 指令对其进行读/写操作。

常用的 I/O 接口扩展芯片有：锁存器 74LS273、74LS373 和 74LS377；总线驱动器 74LS244 和 74LS245；移位寄存器 74LS164 和 74LS165；可编程芯片并行接口 8155 和 8255A、可编程通用同步/异步通信接口 8251、可编程中断控制器 8259、可编程定时/计数器 8253、可编程键盘显示接口 8279 等。

51 单片机扩展外部 I/O 接口时需注意以下问题：
① 对 51 单片机本身接口的特性、功能及指令应用非常熟悉；
② 对需要用到的扩展芯片的功能、结构及驱动方式非常清楚；
③ 硬件设计时需注意接口的电平和驱动能力是否匹配；
④ 驱动程序设计时需注意防止总线上的数据出现冲突。

5.3.1 并行 I/O 接口扩展

扩展 51 单片机的并行 I/O 接口，可以采用简单的 TTL 或 CMOS 电路器件，也可以采用较复杂的可编程接口芯片。下面介绍利用 74LSTTL 电路扩展 51 单片机简单 I/O 接口的方法。图 5-15 为采用一片 74LS244 和一片 74LS273 通过 P0 口扩展 80C51 并行 I/O 接口的硬件连线图。

利用三态缓冲驱动器 74LS244 扩展一个 8 位的输入接口，74LS244 的输入端 D0～D7 分别连接到 8 个按钮开关 S0～S7 的回路。当要进行数据输入时，P2.7＝0 且 $\overline{RD}$＝0，或门 OR2 输出为低电平，选通 74LS244，此时按钮开关 S0～S7 的状态通过 P0 口数据线读入 80C51 片内：若某开关没有被按下，对应口线输入为"1"；若某开关按下，则对应口线输入为"0"。

利用锁存器 74LS273 扩展一个 8 位的输出接口，74LS273 的输出端 Q0～Q7 分别连接到 8 个发光二极管 LED0～LED7 的回路。当要进行数据输出时，P2.7＝0 且 $\overline{WR}$＝0，或门 OR1 输出为低电平，选通 74LS273，此时 80C51 通过 P0 口输出数据锁存到 74LS273 的输出端 Q0～Q7，以此控制 8 个发光二极管的状态：Q0～Q7 输出为低电平的位，其对应的发光二极管被点亮；Q0～Q7 输出为高电平的位，其对应的发光二极管不亮。

图 5-15 中，74LS244 的片选端 $\overline{1G}$、$\overline{2G}$ 和 74LS273 的片选端 CP 均是与 80C51 地址线的最高位 P2.7 相连，因此，两芯片的地址译码关系表相同，见表 5-10。

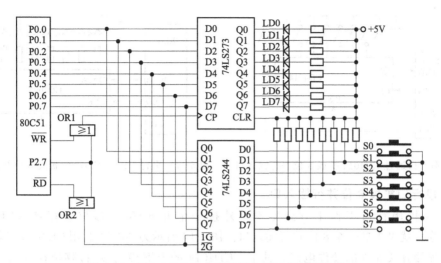

图 5-15　用 74LSTTL 电路扩展 80C51 简单 I/O 接口

表 5-10　74LS244 及 74LS273 的地址译码关系表

A15	A14	A13	A12	A11	A10	A9	A8	A7	A6	A5	A4	A3	A2	A1	A0
0	·	·	·	·	·	·	·	·	·	·	·	·	·	·	·

由表 5-10 可知，74LS244 和 74LS273 的端口有相同的地址：系统 16 位地址线中，只要保证 P2.7＝0，其余的 P0.0～P2.6 取值为 "0" 或 "1" 均为有效。可见，两芯片具有相同的 2^{15} 个有效地址，例如，当表 5-10 中所有打 "■" 的位均取值为 "1" 时可得所有地址中最大的一个：0111111111111111B，即 7FFFH。虽然两芯片地址空间重叠，但是数据的输入和输出由互锁的信号 RD 和 WR 分别进行控制，因此单片机对两芯片的访问不会发生逻辑冲突。

数据输入编程：

```
MOV   DPTR, #7FFFH      ;(DPTR)←输入端口的地址,即 74LS244 的端口地址
MOVX  A, @DPTR          ;(A)←输入端口的数据
```

数据输出编程：

```
MOV   A, #data          ;(A)←需要输出的数据
MOV   DPTR, #7FFFH      ;(DPTR)←输出端口的地址,即 74LS273 的端口地址
MOVX  @DPTR, A          ;输出端口←(A)
```

上述方法只适用于输入/输出要求比较简单的情况，当系统需要更为复杂的 I/O 接口时，应选用专用可编程 I/O 接口芯片（常用芯片有可编程并行接口 8255A、8155，可编程通信接口 8251，可编程定时器 8253、可编程键盘/显示器接口 8279 等）进行扩展，有关内容将在本书第六章讲述。

5.3.2　串行 I/O 接口的扩展

51 单片机串行口的工作方式 0 可用于扩展并行 I/O 口，使用移位寄存器作为其输入或输出信号的接口。该方法是单片机系统中常用的一种扩展方法，它可以采用最少的引脚线扩展多个 I/O 接口，且扩展的接口不需要占用外部 RAM 的地址，简单易行；其缺点是速度较慢，因而适用于一些对实时性要求不高的场合。

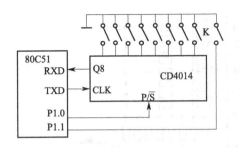
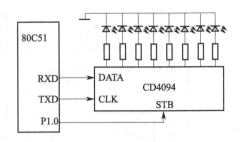

图 5-16　串行口通过 CD4014 扩展 8 位并行输入口　　图 5-17　串行口通过 CD4094 扩展 8 位并行输出口

（1）串行口扩展 8 位并行输入口

51 单片机串行口工作于方式 0 时，外接一个并入/串出移位寄存器（CD4014 或 74LS165 等）就可扩展一个 8 位并行输入口。图 5-16 所示为 80C51 利用 CD4014 扩展 8 位并行输入口连接开关元件的硬件电路。其中，CD4014 的 P/$\overline{S}$ 端为预置/移位控制端：P/$\overline{S}$=1 时，8 位数据并行输入移位寄存器；P/$\overline{S}$=0 时，移位寄存器中的数据串行移位从 Q8 端输出进入单片机的 RXD 端。图 5-16 中开关 K 提供联络信号，K=0 时，表示要求输入数据。

数据输入可以采用中断或查询方式，两种方式都要用到 RI 标志，根据 RI 置位后引起中断或对 RI 查询来决定何时读取接收的数据。注意串行口使用之前，必须进行初始化设置。

利用图 5-16 的硬件联接，实现连续输入 10 组开关的数据，并将输入数据转存到内部 RAM 中 30H 为首地址的连续区域，其参考程序如下：

```
SIN:JB   P1.1,BACK       ;若开关 K 未闭合,子程序返回
     MOV   R6,#0AH       ;若开关 K 闭合,输入数据总次数送 R6
     MOV   R1,#30H       ;R1 初始化为数据存放的首地址
     CLR   ES            ;此处数据传送为查询方式,因此禁止串行中断
     MOV   SCON,#10H     ;串行口初始化,设为方式 0,REN=1,RI=0
LPIN:SETB  P1.0          ;使 P/S=1,并行输入各开关的数据
     CLR   P1.0          ;使 P/S=0,开始串行移位
HERE:JNB   RI,HERE       ;查询 RI,若 RI=0 表示数据未接收完,需等待
     CLR   RI            ;接收完成后清零 RI,为接收下一个数据做准备
     MOV   A,SBUF        ;读取数据到累加器
     MOV   @R1,A         ;数据送到内部 RAM 区
     INC   R1            ;修改地址,指向下一个数据的存放地址
     DJNZ  R6,LPIN       ;若未达到输入次数要求则继续接收数据;否则停止
BACK:RET
```

（2）串行口扩展 8 位并行输出口

51 单片机串行口工作于方式 0 时，外接一个串入/并出移位寄存器（CD4094 或 74LS164 等）就可扩展一个 8 位并行输出口。图 5-17 所示为 80C51 利用 CD4094 扩展 8 位并行输出口连接发光二极管的硬件电路。其中，CD4094 的 STB 引脚为输出允许控制端：STB=1 时，打开 8 位并行数据输出端，而关闭输入端 DATA，只允许数据通过 8 位并行口输出；STB=0 时，其并行数据输出端关闭，只允许数据从 DATA 端串行输入，这样就避免了数

据串行输入时并行输出可能存在不稳定的情况。

此时数据输出可以采用中断或查询方式，这两种方式都要用到 TI 标志来实现。采用中断方式时，当 TI＝1 产生中断申请后，在中断服务程序中发送一组数据。采用查询方式（应预先关闭中断）时，只要当 TI 为"0"就继续查询；直到 TI 为"1"则结束查询，然后发送一组数据。与扩展输入口时相同的是串行口使用之前，必须对其进行初始化设置。

利用图 5-17 的硬件联接，实现 8 个发光二极管从左到右轮流循环点亮的参考程序如下：

```
SOUT:MOV   SCON，＃00H    ;串行口方式 0 的初始化
     CLR   ES             ;此处数据传送为查询方式,因此禁止串行中断
     MOV   A,＃80H        ;首先点亮最左边一位二极管
LPOUT:CLR   P1.0          ;并行输出关闭
     MOV   SBUF,A         ;启动串行输出
HERE:JNB   TI,HERE        ;查询 TI,若 TI=0 表示数据未发送完,需等待
     SETB  P1.0           ;TI=1,发送完毕,启动并行输出
     ACALL  DELAY         ;调用延时程序 DELAY,控制每位二极管点亮的时间
     CLR   TI             ;清零 TI
     RR   A               ;右移一位,为下一位二极管点亮做准备
     SJMP  LPOUT          ;继续发送数据
     RET;
```

利用两个 CD4014 可扩展 16 位的并行输入接口；利用两个 CD4094 可扩展 16 位的并行输出接口。理论上说，CD4014（或 CD4094）可以无限级地联上去，从而大大扩展 51 单片机的并行 I/O 口，但这种扩展方法会受到速度上的限制，获得的并行处理速度不高。

为进一步缩小单片机应用系统的体积、简化连线路并降低价格，还可以采用 I^2C、SPI 等专用于串行数据传输的各类器件和接口来实现串行总线接口扩展。I^2C（Inter Intergrated Circuit）总线是一种用于 IC 器件之间连接的二线制总线，它通过两根线（串行数据线 SDA、串行时钟线 SCL）在连到总线上的器件之间传递信息，根据地址识别每个器件，可以方便地构成多机系统和外围器件扩展系统。SPI（Serial Peripheral Interface）是同步串行外围接口，很容易与众多厂家的各种外围器件（例如简单的 TTL 移位寄存器、复杂的 LCD 显示驱动器或 A/D 转换子系统）直接连接，扩展 I/O 接口功能。此类总线只需 2~4 根信号线，器件间连线简单，结构紧凑，可大大缩小整个系统的尺寸；此外，在总线上加接器件不影响系统正常工作，系统易修改、扩展性好。这些总线虽然比不上并行总线的吞吐能力，但它们具备的上述优点使其在一些领域得到了广泛应用。此类总线的详细应用请参阅相关书籍。

思考题

5-1　简述 51 单片机进行系统扩展的基本原则和实现方法。

5-2　51 单片机系统扩展的片外程序存储器和数据存储器均采用 16 位的地址空间，试问：这两者在访问上是否会出现总线竞争的现象？为什么？

5-3　什么是片选？片选的实现有哪几种方法，这几种方法各有什么特点？

5-4 采用部分译码的方法扩展 51 单片机外部存储器时，出现重叠地址范围的原因是什么？

5-5 51 单片机扩展外部 RAM 和外部 ROM 时，分别需要用到哪些相关的控制总线？

5-6 试说明译码器芯片 74LS138 的功能，以及该芯片输入、输出之间的译码关系。

5-7 如采用 SRAM6116 芯片（2K×8）扩展 51 单片机系统，要求组成 16KB 的片外 RAM 空间，试问：需用几片 6116 芯片？

5-8 80C51 扩展某 2764 芯片的地址译码关系表如表 5-11 所示，试说明该 2764 芯片采用何种译码方法，并写出其所占用的全部地址范围。

表 5-11 80C51 扩展某 2764 芯片的地址译码关系表

A15	A14	A13	A12	A11	A10	A9	A8	A7	A6	A5	A4	A3	A2	A1	A0
1	0	·	×	×	×	×	×	×	×	×	×	×	×	×	×

5-9 采用 6116 芯片扩展 80C51 的片外 RAM，要求分配的地址范围为 0000H～0FFFH，用 74LS138 实现完全译码。试确定所需 6116 芯片数量，为每片 6116 分配地址并写出其地址译码关系表，并画出该系统的硬件扩展原理框图。（提示：图 5-18 为 6116 芯片引脚图。）

5-10 采用 EPROM2716 芯片（2K×8）扩展 80C51 片外 ROM，分配的地址范围为 2000H～2FFFH，用 74LS138 实现完全译码。试确定扩展 6116 的片数，为各芯片分配地址并写出其地址译码关系表，画出系统扩展的硬件原理框图。（提示：图 5-19 为 2716 芯片引脚图。）

5-11 采用 EPROM2764 芯片扩展 80C51 的片外 ROM，分配的地址范围为 2000H～3FFFH，用 74LS138 实现完全译码。试确定扩展 2764 的片数，为各芯片分配地址并写出其地址译码关系表，画出系统扩展的硬件原理框图。

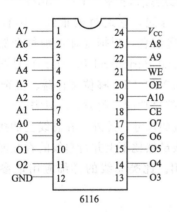

图 5-18 6116 芯片引脚图

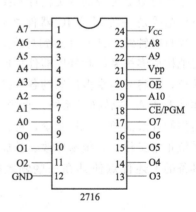

图 5-19 2716 芯片引脚图

5-12 为什么 51 单片机应用系统多需要进行外部 I/O 接口的扩展？

5-13 简述如何用简单的 TTL 电路器件扩展 51 单片机的并行 I/O 接口。

5-14 简述利用 51 单片机片内串行接口扩展系统并行 I/O 接口的原理及其特点。

第6章 接口技术及其应用基础

6.1 常用并行 I/O 接口芯片

本节介绍两种在单片机系统中最常用的并行接口芯片：可编程并行 I/O 接口 8255A 和可编程 RAM/IO/CTC 接口 8155。

6.1.1 接口芯片 8255A 及其应用

8255A 是 Intel 公司出品的通用 8 位可编程并行 I/O 接口芯片，可直接与 Intel 的 CPU 芯片连接，使用灵活方便，被广泛用作外部扩展接口。8255A 芯片采用＋5V 电源供电，40 引脚双列直插式封装，其外部引脚分布及内部功能结构如图 6-1 所示。

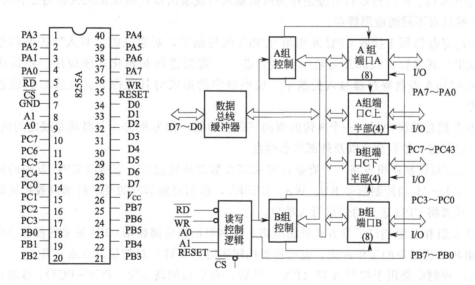

图 6-1　8255A 芯片引脚与内部结构图

（1）8255A 主要引脚的功能定义

$\overline{CS}$：片选信号，低电平有效。

D0～D7：8 位的双向三态数据线。

A0、A1：2 位的字选地址线，用于片内端口选择。

$\overline{RD}$：数据读出允许控制信号，低电平有效。

$\overline{WR}$：数据写入允许控制信号，低电平有效。

PA0～PA7：A 端口的 8 位数据线。

PB0～PB7：B 端口的 8 位数据线。

PC0～PC7：C 端口的 8 位数据线。

RESET：复位信号，高电平有效。8255A 复位后内部寄存器清零，数据端口 A、B、C 均被设为输入方式。

(2) 8255A 内部功能结构

8255A 内部包括 3 个 8 位的数据 I/O 端口、1 个控制寄存器端口、1 个数据总线缓冲器、1 组读/写控制逻辑电路以及两组端口工作方式控制电路。

① 数据端口和控制寄存器端口　8255A 内部有 A 口、B 口和 C 口 3 个 8 位的数据端口，以及 1 个 8 位控制寄存器，共 4 个端口。这 4 个端口的地址选择见表 6-1。

表 6-1　8255A 端口地址表

A1　　A0	选中的端口
0　　0	端口 A
0　　1	端口 B
1　　0	端口 C
1　　1	控制寄存器

其中 A 口、B 口和 C 口可分别作为数据输入口或输出口，但在 8255A 的各工作方式中，这 3 个端口有不同的应用特点。

控制寄存器用于接收 CPU 发出给 8255A 的控制字，对它只能"写入"控制信息而不能"读出"其内容。8255A 为可编程接口芯片，需要进行初始化才能应用。初始化操作就是向 8255A 控制寄存器写入控制字，以控制字的形式对其工作方式（或 C 口状态）进行设置。

② 数据总线缓冲器　一个 8 位的双向三态缓冲器，作为 8255A 与系统总线之间的接口，用来传送数据、控制命令以及外部状态信息。

③ 读/写控制逻辑电路　功能是管理 8255A 数据传输过程。它接收 CPU 发来的地址信号 $\overline{CS}$、A1～A0 和控制信号 $\overline{RD}$、$\overline{WR}$、RESET，根据控制信号的要求将端口数据读出送往 CPU，或者将 CPU 送来的信息写入端口。

④ A 组和 B 组端口工作方式控制电路　这两组控制电路根据 CPU 发来的控制字分别决定 A 组和 B 组端口的工作方式，也可根据控制字的要求对 C 口按位清 0 或者置 1。

A 组控制电路用于控制 A 口（PA0～PA7）和 C 口的高 4 位（PC4～PC7）；B 组控制电路用来控制 B 口（PB0～PB7）和 C 口的低 4 位（PC0～PC3）。

(3) 8255A 数据端口的工作方式

8255A 数据端口有三种工作方式：方式 0、方式 1 和方式 2，如表 6-2 所示。各种工作方式的选择是通过 CPU 将不同控制字写入到 8255A 的控制寄存器来完成的。

表 6-2　8255A 端口的工作方式

端口＼方式	工作方式 0	工作方式 1	工作方式 2
A 口	基本输入/输出,输出锁存、输入三态	应答式输入/输出,输入、输出均锁存	应答双向输入/输出,输入、输出均锁存
B 口	基本输入/输出方式,输出锁存、输入三态	应答式输入/输出,输入、输出均锁存	
C 口	基本输入/输出方式,输出锁存、输入三态	作为 A 口和 B 口的联络信号	作为 A 口的联络信号

① 工作方式 0　方式 0 是基本输入/输出方式。这种方式下,外设可以随时提供数据给 CPU,也可以随时接受 CPU 送出的数据,数据传输无需任何选通/应答信号。8255A 数据端口输入接开关元件、输出接发光二极管的应用,就是其工作方式 0 的一个典型例子。方式 0 的特点如下。

a. A 口、B 口、C 口的高 4 位,C 口的低 4 位均可以由程序设置为输入口或输出。

b. 作为输出口时,各数据端口输出的数据均被锁存;作为输入口时,仅 A 口的数据能锁存,B 口与 C 口的数据不能锁存。

② 工作方式 1　方式 1 为选通 I/O 方式。该方式下,A、B 口可以由指令设定作为输入口或输出口,其输入数据或输出数据都能被锁存;C 口有 3 位用作 A 口的联络信号,另有 3 位用作 B 口的联络信号。下面分别以 A、B 口均为输入或均为输出举例说明。

a. A、B 口均为输入。此时,A、B 口均设定为选通方式的输入口,C 口的 6 位用作联络信号,如图 6-2 所示。

由 C 口承担的 3 种联络信号定义如下:

$\overline{STB}$:外设发送给 8255A 的选通脉冲信号,低电平有效。该信号到来时,输入数据被装入 8255A 的 A 口(或 B 口)锁存器中。

IBF:8255A 对外输出的信号,表示输入缓冲器满,高电平有效。该信号有效表示一个有效数据被锁存于 8255A 的 A 口(或 B 口)锁存器中,尚未被 CPU 取走。

INTR:8255A 发送给 CPU 的中断请求信号,高电平有效。

另外,8255A 内部有 1 个为控制中断而设的中断允许信号 INTE。INTE 由软件通过置位/复位该位来允许/禁止 8255A 给 CPU 发送中断请求信号。

方式 1 下一次数据输入的过程如下:外设输入数据到 8255A 的 A 口(或 B 口)锁存器时,发出 $\overline{STB}$ 信号,然后 IBF 信号有效。采用查询方式时,IBF 信号可作为查询时的状态信号;采用中断方式时,当 $\overline{STB}$ 信号结束时产生 INTR 信号向 CPU 发出中断请求。接下来,CPU 执行“读”的 MOVX 指令,将数据从 8255A 的输入锁存器读入到 CPU 中,MOVX 指令伴随着 $\overline{RD}$ 信号有效。$\overline{RD}$ 信号的下降沿使得 INTR 信号失效,其上升沿则使得 IBF 信号失效。

b. A、B 口均为输出。此时,A、B 口均设定为选通方式输出口,C 口的 6 位用作联络信号,如图 6-3 所示。

由 C 口承担的 3 种联络信号定义如下。

$\overline{OBF}$:8255A 发送给外设的输出缓冲器满信号,低电平有效。该信号有效表示 CPU 将一个输出数据写入到 8255A 的口锁存器。

$\overline{ACK}$:外设送给 8255A 的“应答”信号,低电平有效。它是当外设取走 CPU 输出的有效数据后向 8255A 发回的应答信号。

INTR：8255A 送给 CPU 的中断请求信号，高电平有效。

图 6-3 中 INTE 信号的含义与输入相同。

方式 1 下一次数据输出的过程如下：当外设接收并处理完 1 组数据后，向 8255A 发送 $\overline{ACK}$ 响应信号，该信号使 $\overline{OBF}$ 信号失效，表示输出缓冲器已空。采用查询方式时，$\overline{OBF}$ 信号可作为查询时的状态信号用；采用中断方式时，当 $\overline{ACK}$ 信号结束时产生 INTR 信号向 CPU 发出中断请求。接下来，CPU 执行"写"的 MOVX 指令，把下一个输出数据写入到 8255A 的输出口锁存器中，MOVX 指令伴随着 $\overline{WR}$ 信号有效。$\overline{WR}$ 信号的下降沿将使得 INTR 信号失效，$\overline{WR}$ 信号的上升沿则使得 $\overline{OBF}$ 信号有效。$\overline{OBF}$ 信号有效表明输出数据准备好了，以此通知外设取走并处理 8255A 输出口锁存器中的数据。

③ 工作方式 2 8255A 只有 A 口具有工作方式 2，如图 6-4 所示。方式 2 是一种双向的选通 I/O 方式，数据输入和输出都能锁存，需要用到 C 口的 5 位（PC3～PC7）作联络信号线。此时，B 口可以编程设置为方式 0 或方式 1；C 口剩余 3 位（PC0～PC2）可作为输入或输出线使用，或作为 B 口方式 1 之下的联络信号线。

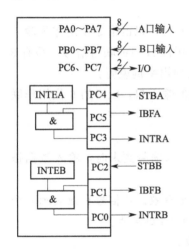
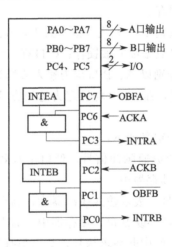
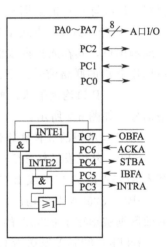

图 6-2　方式 1 下 A、B 均输入　　图 6-3　方式 1 下 A、B 均输出　　图 6-4　方式 2 下 A 口输入/输出

a. 方式 2 下一次数据输入的过程。当外设向 8255A 送数据时，选通脉冲信号 $\overline{STB}$ 也同时送到，将数据锁存到 8255A 的 A 口锁存器中，从而信号 IBFA 有效，IBFA 信号通知外设 A 口已收到数据。$\overline{STB}$ 信号结束时，INTR 信号变为有效，以此向 CPU 请求中断。然后 CPU 可以通过中断或查询的方式，执行"读"的 MOVX 指令，将数据从 8255A 的 A 口读取进来。此后，在 MOVX 指令伴随的 $\overline{RD}$ 信号的作用下，IBFA 和 INTRA 信号相继失效。这就完成了一次数据输入过程。

b. 方式 2 下一次数据输出的过程。当 CPU 通过中断或查询的方式，执行"写"的 MOVX 指令向 8255A 的 A 口中写入一个数据时，伴随着 $\overline{WR}$ 信号有效。$\overline{WR}$ 信号一方面使中断请求信号 INTRA 失效；另一方面使输出缓冲器满信号 $\overline{OBFA}$ 变低，通知外设从 A 口读取数据。当外设读取数据时，将给 8255A 发出一个有效的响应信号 $\overline{ACKA}$ 使得 A 口的三态门导通，从而将数据从 8255A 的 A 口送至外设。$\overline{ACKA}$ 信号也使得 $\overline{OBFA}$ 变为失效，从而可以开始下一个数据的输入或输出过程。

（4）8255A 的控制字

8255A 数据端口的工作方式取决于 CPU 写入 8255A 控制寄存器端口的控制字，控制字有工作方式控制字和 C 口置位/复位控制字两类。这两类控制字以最高位内容相区别：若 D7＝1，为方式控制字；若 D7＝0，则为 C 口置位/复位控制字的标志。

① 工作方式控制字　用于确定数据端口的工作方式及数据传送方向，格式如图 6-5 所示。其中：A 组方式控制包括 A 口与 C 口高 4 位；B 组方式控制包括 B 口与 C 口低 4 位。

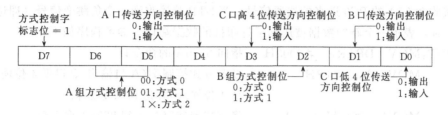

图 6-5　8255A 方式控制字格式

图 6-6　8255A C 口位置位/复位控制字格式和定义

② C 口置位/复位控制字　用于对 PC0～PC7 置"1"或置"0"，格式如图 6-6 所示。一个控制字只允许对 PC0～PC7 中的一位进行操作，只需用到低 4 位即可，因此 D4、D5、D6 这 3 位是没有进行定义的无关位。

（5）8255A 应用举例

[例 6-1]　图 6-7 为 80C51 通过 8255A 接打印机的连线图，试编写利用图 6-7 打印输出某数据块的程序。设数据块首地址为内部 RAM 的 FSTA，数据块含有 NUM 个字符。

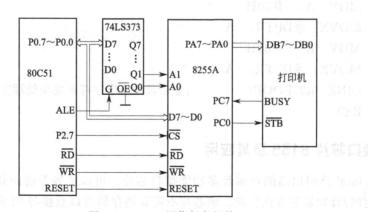

图 6-7　8255A 用作打印机接口

解：根据图 6-7 写出 8255A 的地址译码关系表见表 6-3。由表 6-3 可知 8255A 有 2^{13} 组有效地址，取其中最小的一组：A 口地址为 0000H，B 口地址为 0001H，C 口地址为 0002H，命令口地址为 0003H。

表 6-3　8255A 地址译码关系表

A15	A14	A13	A12	A11	A10	A9	A8	A7	A6	A5	A4	A3	A2	A1	A0
0	·	·	·	·	·	·	·	·	·	·	·	·	·	×	×

此处，8255A 设置为工作方式 0，它与 CPU 之间的数据传送采用查询方式。打印机接收数据的过程采用选通控制：其数据端口连接到 8255A 的 A 口；状态信号 BUSY 连接到 8255A 的 PC7，当打印机忙于处理上一个字符时 BUSY＝1，反之则 BUSY＝0；打印机通过 $\overline{STB}$ 端接收 8255A 的 PC0 送来的选通信号，当 $\overline{STB}$ 端接收到一个负跳变信号（即选通脉冲下降沿）时，表示一个新的数据被送到了打印机的数据端口。参考程序如下：

```
PRINT:MOV   DPTR，＃0003H    ;指向 8255A 的命令口
      MOV   A，＃88H         ;设置方式控制字(A 口输出,C 口低 4 位输出,C 口
                              高 4 位输入)并送到 A 累加器
      MOVX  @DPTR，A         ;将方式控制字写入到 8255A 命令口
      MOV   R1，＃FSTA       ;指针 R1 的内容初始化为数据区首地址
      MOV   R2，＃NUM        ;循环控制计数器 R2 的内容初始化为数据块长度
LOOP1:MOV   DPTR，＃0002H    ;指向 C 口
LOOP2:MOVX  A，@DPTR         ;读入 C 口信息
      JB    A.7，LOOP2       ;若 BUSY＝1,继续查询
      MOV   DPTR，＃0000H    ;反之若 BUSY＝0,则读取内部 RAM 当前单元中
                              的数据输出到 A 口
      MOV   A，@R1
      MOVX  @DPTR，A
      INC   R1               ;指针加 1,指向内部 RAM 下一单元
      MOV   DPTR，＃0003H    ;指向命令口,通过两次置入 C 口置位/复位命令
                              字,首先使 PC0 由"1"变"0"产生 STB 的下降沿,
                              然后再使 PC0 由"0"变"1"产生 STB 的上升沿
      MOV   A，＃00H
      MOVX  @DPTR，A
      MOV   A，＃01H
      MOVX  @DPTR，A
      DJNZ  R2,LOOP1         ;如果数据块中字符未完全处理完,则返回继续循环
      RET
```

6.1.2　接口芯片 8155 及其应用

8155 是 Intel 公司出品的可编程多功能接口芯片，可以扩展系统的并行 I/O 口、外部 RAM 以及定时/计数器三方面功能。该芯片不需要锁存器可以直接与 51 单片机连接，使用方便灵活，因而得到了广泛应用。8155 芯片采用＋5V 电源供电，40 引脚双列直插式封装，其外部引脚分布及内部功能结构如图 6-8 所示。

(1) 8155 主要引脚定义及内部功能结构

① 8155 主要引脚的定义

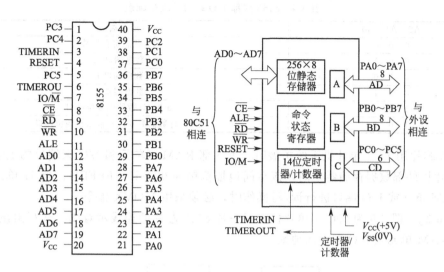

图 6-8　8155 芯片引脚与内部功能结构图

$\overline{CE}$：片选信号，低电平有效。

IO/$\overline{M}$：I/O 端口与 RAM 区单元的选择信号。IO/$\overline{M}$＝1 时，表示选中 I/O 端口；IO/$\overline{M}$＝0 时，表示选中 RAM 区单元。

AD0～AD7：8 位的信号复用线，字选地址线/双向数据线。8155 的这 8 个引脚可以与 51 单片机 P0.0～P0.7 直接相连，用于在两者之间传送地址、数据、命令及状态信息。

$\overline{RD}$："读"允许控制信号，低电平有效。$\overline{RD}$＝0 时允许 8155 内部 RAM 单元或 I/O 口的内容通过 AD0～AD7 传送给 CPU。

$\overline{WR}$："写"允许控制信号，低电平有效。$\overline{WR}$＝0 时允许 CPU 通过 AD0～AD7 将信息传送给 8155 内部 RAM 单元或 I/O 口。

PA0～PA7：A 端口的 8 位数据线。

PB0～PB7：B 端口的 8 位数据线。

PC0～PC5：C 端口的 6 位数据线。

TIMERIN：定时器/计数器的脉冲信号输入引脚。

TIMEROUT：定时器/计数器的信号输出引脚，可以输出设定波形。

RESET：复位信号，约 5μs 时长的高电平将有效复位。8155 复位后，3 个数据 I/O 口均被设置为输入方式。

② 8155 内部功能结构及其地址分配　如图 6-8 所示，8155 内部功能结构包含 1 个命令/状态寄存器端口、3 个数据 I/O 端口、1 个容量为 256B 的 RAM 以及 1 个 14 位的定时器/计数器。CPU 访问 8155 时，将它们分为了 RAM 区和 I/O 区两个不同的逻辑区域。

a. 8155 各 RAM 单元的地址分配。8155 内部 RAM 区共有 256 个单元，芯片提供了 A0～A7 共 8 位字选地址线，每个 RAM 单元的低 8 位地址唯一，其范围为 00H～FFH。另外，访问 8155 内部 RAM 区还必须同时满足两个片选引脚 $\overline{CE}$＝0、IO/$\overline{M}$＝0 的条件。

b. 8155 各 I/O 端口的地址分配。8155 内部 I/O 区共有 6 个端口，芯片提供了 A0～A2 共 3 位字选地址线，各端口地址如表 6-4 所示。另外，访问 8155 内部 I/O 区，片选信号上必须同时满足 $\overline{CE}$＝0、IO/$\overline{M}$＝1 的条件。

表 6-4　8155 内部 I/O 端口地址分配表

A2　A1　A0	所选端口
0　0　0	命令/状态寄存器端口
0　0　1	数据端口 A
0　1　0	数据端口 B
0　1　1	数据端口 C
1　0　0	定时/计数器低 8 位端口
1　0　1	定时/计数器高 6 位及输出控制位端口

8155 芯片用于 51 单片机系统扩展时，其内部 RAM 区单元和 I/O 区端口的地址均来自于 51 单片机外部数据存储器空间，该空间地址范围为 0000H～FFFFH。当 51 单片机访问这些 RAM 单元或 I/O 端口进行读/写操作时，必须采用 MOVX 指令。

[例 6-2]　图 6-9 为 80C51 单片机扩展一片 8155 芯片的连线示意图，试写出该 8155 芯片内部 RAM 单元及 I/O 端口的地址。

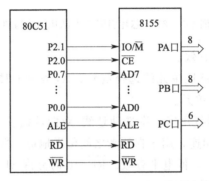

图 6-9　80C51 扩展 8155 芯片连线示意图

解：由图 6-9 列出 8155 内部 RAM 单元的地址译码关系表，如表 6-5 所示。

表 6-5　8155 内部 RAM 单元地址译码关系表

A15	A14	A13	A12	A11	A10	A9	A8	A7	A6	A5	A4	A3	A2	A1	A0
·	·	·	·	·	·	0	0	×	×	×	×	×	×	×	×

根据表 6-5 可知 RAM 区单元占用了 $2^6=64$ 组有效地址，每组 256 个地址。其中最小的一组地址为：当 "A15A14A13A12A11A10" 取值 "000000" 时，RAM 区 256 个单元依次占用地址 0000000000000000B～0000001111111111B，即 0000H～00FFH。

由图 6-9 列出 8155 内部 I/O 端口的地址译码关系表，如表 6-6 所示。

表 6-6　8155 内部 I/O 端口地址译码关系表

A15	A14	A13	A12	A11	A10	A9	A8	A7	A6	A5	A4	A3	A2	A1	A0
·	·	·	·	·	·	1	0	·	·	·	·	·	×	×	×

根据表 6-6 可知 I/O 端口占用了 $2^{11}=2048$ 组有效地址，每组 6 个地址。其中最小的一组地址为：当 "A15A14A13A12A11A10" 取值 "000000"、"A7A6A5A4A3" 取值 "00000" 时，6 个 I/O 端口占用地址 0000001000000000B～0000001000000101B，即 0200H～0205H。具体分配情况如下。

命令/状态寄存器口：0200H

数据口 A：0201H

数据口 B：0202H

数据口 C：0203H

定时/计数器低 8 位端口：0204H

定时/计数器高 6 位及输出控制位端口：0205H

(2) 8155 内部 I/O 端口及其定义

① 命令/状态寄存器端口及其定义　8155 的命令/状态寄存器是一个 8 位的物理地址唯一的端口，但逻辑应用上包含两个不同功能的寄存器：命令字寄存器和状态字寄存器。

a. 命令字寄存器。CPU 对 8155 的命令字寄存器只有"写入命令字"的操作。命令字用于定义 8155 数据端口和定时器的工作方式，图 6-10 所示为命令字的格式，其中各位的定义如下：

D7	D6	D5	D4	D3	D2	D1	D0
TM2	TM1	IEB	IEA	PC2	PC1	PB	PA

图 6-10　8155 命令字的格式

PA 位：设置 A 口的数据传送方向。PA＝0 表示输入；PA＝1 表示输出。

PB 位：设置 B 口的数据传送方向。PB＝0 表示输入；PB＝1 表示输出。

PC1、PC2 两位：设置 A、B 口的数据 I/O 方式及 C 口数据传送方向。

● 当 PC2PC1＝00 时，设置 A、B 口均为基本 I/O 方式，设置 C 口为输入数据方式；

● 当 PC2PC1＝01 时，设置 A、B 口均为基本 I/O 方式，设置 C 口为输出数据方式；

● 当 PC2PC1＝10 时，设置 A 口为选通 I/O、B 口为基本 I/O 方式，设置 C 口的低 3 位作为 A 口选通 I/O 方式下的联络信号；

● 当 PC2PC1＝11 时，设置 A、B 口均为选通 I/O 方式，设置 C 口的低 3 位作为 A 口选通 I/O 方式下的联络信号，设置 C 口的高 3 位作为 B 口选通 I/O 方式下的联络信号。

IEA 位：A 口中断允许设置。IEA＝0 表示禁止中断；IEA＝1 表示允许中断。

IEB 位：B 口中断允许设置。IEB＝0 表示禁止中断；IEB＝1 表示允许中断。

TM2、TM1 两位：设置定时/计数器的工作方式。

● 当 TM2TM1＝00 时，对定时/计数器无操作；

● 当 TM2TM1＝01 时，定时/计数器停止计数；

● 当 TM2TM1＝10 时，定时/计数器计数满后停止；

● 当 TM2TM1＝11 时，定时/计数器开始计数。具体有两种情况：当计数器未计数时，装入计数值并确定输出方式后立即开始计数；当计数器正在计数时，待计数器溢出后，以新装入的计数值和新确定的输出方式进行计数。

b. 状态字寄存器。CPU 对 8155 的状态字寄存器只有"读出状态字"的操作。状态字反映 A、B 口处于选通工作方式时的工作状态，以及定时/计数器的工作状态。状态字的格式如图 6-11 所示，其中各位的定义如下。

D7	D6	D5	D4	D3	D2	D1	D0
·	TIMER	INTEB	BBF	INTRB	INTEA	ABF	INTRA

图 6-11　8155 状态字的格式

INTRA：A 口中断请求标志。INTRA＝1 表示有中断请求；INTRA＝0 表示无中断请求。

ABF：A 口缓冲器空/满标志。ABF＝1 表示缓冲器满，可由外设或单片机取走其中的数据；ABF＝0 表示缓冲器空，准备好可以接受外设或单片机发送的数据。

INTEA：A 口中断允许/禁止标志。INTEA＝1 表示允许中断；INTEA＝0 表示禁止中断。

INTRB：B 口中断请求标志，INTRB＝1 表示有中断请求；INTRB＝0 表示无中断请求。

BBF：B 口缓冲器空/满标志。BBF＝1 表示缓冲器满，可由外设或单片机取走其中的数据；BBF＝0 表示缓冲器空，准备好可以接受外设或单片机发送的数据。

INTEB：B 口中断允许/禁止标志。INTEB＝1 表示允许中断；INTEB＝0 表示禁止中断。

TIMER：定时/计数器是否计数满的标志。TIMER＝1 表示已计数满并回零；TIMER＝0 表示尚未计数满。

D7 位：该位无定义，"·"符表示该位可以为任意值。

② 数据 I/O 端口及其定义　8155 有 A 口、B 口和 C 口共 3 个数据 I/O 端口。A 口和 B 口为 8 位的端口，可工作于基本 I/O 或选通 I/O 方式。C 口为 6 位的端口，可以工作于基本 I/O 方式；也可以用作 A 口、B 口选通方式下的联络信号线，如表 6-7 所示。

表 6-7　8155 选通方式下 C 口各位的功能定义

	8155 仅 A 口工作于选通方式下	8155 的 A、B 均工作于选通方式下
PC0	AINTR(A 口联络信号)	AINTR(A 口联络信号)
PC1	ABF(A 口联络信号)	ABF(A 口联络信号)
PC2	$\overline{ASTB}$(A 口联络信号)	$\overline{ASTB}$(A 口联络信号)
PC3	基本 I/O 方式的输出口线	BINTR(B 口联络信号)
PC4	基本 I/O 方式的输出口线	BBF(B 口联络信号)
PC5	基本 I/O 方式的输出口线	$\overline{BSTB}$(B 口联络信号)

表 6-7 中列出的联络信号线有 $\overline{STB}$、BF 和 INTR 三种，具体定义如下：

$\overline{STB}$：外设发送给 8155 的选通/应答信号，低电平有效。数据输入操作时，表示外设已将输入数据装入到 A 口（或 B 口）缓冲器；数据输出操作时，表示外设已从 A 口（或 B 口）缓冲器将输出数据取走。

BF：I/O 口缓冲器满空标志，高电平有效，8155 对外输出的信号。

a. 数据输入操作时，如果 A 口（或 B 口）缓冲器中已装入数据，即该缓冲器"满"，那么 BF＝1；否则 BF＝0。

b. 数据输出操作时，如果 A 口（或 B 口）缓冲器中数据已被外设取走，即该缓冲器"空"，那么 BF＝1；否则 BF＝0。

INTR：中断请求信号，高电平有效，8155 对外输出的信号。在数据输入（或输出）操作时，当 I/O 口缓冲器接收到外设装入的数据（或外设从 I/O 口缓冲器中取走数据），IN-TR 为高电平"1"。此时，如果 8155 命令寄存器相应的中断允许位被设为"1"，则 INTR＝1 可以向 CPU 申请中断，当 CPU 响应中断完成对相应的 I/O 口的一次读/写操作后，INTR 信号失效（即 INTR＝0）。

③ 定时/计数器有关的端口及其定义　8155 内部定时/计数器其核心为一个 14 位的减法计数器，它能对 TIMERIN 引脚输入的脉冲进行计数，当计数到达最后计数值时将通过 TIMEROUT 引脚向外部发出某种波形信号，实际中常采用该定时/计数器产生所需要的输

出波形信号。8155 定时/计数器初始化编程时，CPU 需要向地址分别为"A2A1A0＝100"和"A2A1A0＝101"的两个端口写入计数初值及输出方式内容，它们的格式定义如图 6-12、图 6-13 所示；此外，CPU 还要设置命令字的"D7D6＝11"使得定时/计数器开始计数。需注意，当 8155 复位信号 RESET 到达时，将使定时/计数器停止工作，直至命令字寄存器再次接收到启动定时/计数器的命令。

端口地址	D7	D6	D5	D4	D3	D2	D1	D0
"A2A1A0＝100"	T7	T6	T5	T4	T3	T2	T1	T0

图 6-12　8155 定时/计数器低 8 位端口

端口地址	D7	D6	D5	D4	D3	D2	D1	D0
"A2A1A0＝101"	M2	M1	T13	T12	T11	T10	T9	T8

图 6-13　8155 定时/计数器高 6 位及输出控制位端口

其中"T0～T13"位组成计数器，因此长度为 14 位的计数初值必须分两次装入，且计数初值的范围是 2H～3FFFH。"M2M1"用于定义计数器输出波形的方式，如表 6-8 所示。

表 6-8　8155 定时/计数器输出波形方式定义

M2M1	输出方式	波形	说　　明
00	方式 0	单个方波	方波时长从计数开始至计数结束之间的时间，前半部分为高电平，后半部分为低电平。
01	方式 1	连续方波	第一个方波同方式 0 的输出，以后以同一周期连续输出方波。
10	方式 2	单个脉冲	计数满回零后输出一个负脉冲。
11	方式 3	连续脉冲	计数满回零后输出一负脉冲，然后计数器自动重装原计数值后再次计数，待计数满回零后又输出一负脉冲，如此循环下去。

(3) 8155 编程及应用举例

[例 6-3]　80C51 扩展 8155 的连线示意如图 6-9 所示，设 A 口、B 口及 C 口均为基本 I/O 方式，且 B 口为输入方式、A 口和 C 口为输出方式。试完成：①利用 8155 内部定时/计数器对外部脉冲进行计数，每当计数满 12 个脉冲时对外输出单个脉冲。②首先清零 C 口的内容，然后通过 B 口连续输入 100 个数据，每个输入数据同时从 A 口输出；将输入的 100 个数据依次存放于 8155 内部 RAM 从最小地址开始的连续单元区；当 100 个数据全部经 B 口输入完成后，置 C 口为 FFH。

解：首先确定 8155 的命令字：根据题目中对于 8155 工作方式的设置，命令字取为 11000101B，即 C5H。其次确定 8155 定时/计数器端口的内容：已知计数值为 12 且计数满输出单个脉冲，取定时/计数器低 8 位端口的值为 0CH、定时/计数器高 6 位及输出控制位端口的值为 80H。参考程序如下：

```
EXAM8155:MOV  DPTR,#0204H ;指向定时/计数器的低 8 位端口
        MOV  A,#0CH      ;取定时/计数器低 8 位的值
        MOVX @DPTR,A     ;低 8 位值写入端口
        INC  DPTR        ;指向定时/计数器高 8 位端口
        MOV  A,#80H      ;取定时/计数器高 8 位的值
        MOVX @DPTR,A     ;高 8 位值写入端口
        MOV  DPTR,#0200H ;指向命令口
        MOV  A,#0C5H     ;取方式设置命令字
```

```
        MOVX  @DPTR,A              ;命令字写入到 8155 命令寄存器
        MOV   DPTR,#0203H         ;指向 C 口
        MOV   A,#00H
        MOVX  @DPTR,A              ;清零 C 口的内容
        MOV   R7,#64H             ;设置循环次数为 100
        MOV   R0,#00H             ;指向 8155 内部 RAM 区首单元
LP:MOV   DPTR,#0202H         ;指向 B 口
        MOVX  A,@DPTR            ;从 B 口输入数据
        MOV   DPTR,#0201H         ;指向 A 口
        MOVX  @DPTR,A              ;数据从 A 口输出
        MOVX  @R0,A               ;同时数据存放到指定 RAM 单元
        INC  R0                  ;取下一个 RAM 单元地址
        DJNZ R7,LP               ;100 个数据未处理完则返回
        MOV   DPTR,#0203H         ;指向 C 口
        MOV   A,#FFH
        MOVX  @DPTR,A              ;所有数据处理完置 C 口为 FFH
        RET
```

6.2　键盘及其接口

　　键盘是微型计算机系统最常用的输入设备，它由若干按键开关排列成矩阵的形式。键盘又分为编码式键盘和非编码式键盘两大类。编码式键盘由内部硬件逻辑电路自动产生被按键的编码，因此使用方便，缺点是价格较贵。非编码式键盘主要由软件产生被按键的编码，因为需要编写程序或使用专用可编程键盘接口芯片来解决被按键识别的问题，不如编码式键盘使用方便；其优点是结构简单、价格便宜。单片机应用系统中普遍使用非编码式键盘。

6.2.1　键盘的结构及工作原理

　　本节讨论非编码式矩阵键盘的结构及工作原理。图 6-14 所示为 80C51 单片机接一 4×4 矩阵键盘的连线示意图，在行线与列线交叉的各节点处共布置有 16 个常开按键，行线一端接 P1.0～P1.3，另一端悬空；列线一端接 P1.4～P1.7，另一端通过上拉电阻接至＋5V 电源上。当某节点处的键被按下（即键闭合）时，此处的行线与列线导通。

(1) 键值与键的特征值

　　矩阵键盘上每个键都被赋予与之唯一对应的数值，称为键值：例如由 n 个键构成的矩阵键盘，其键值为 0，1，2，…，$n-1$。键值可以由设计者自行分配，例如 4×4 矩阵键盘各键键值分配情况可以如图 6-14(a) 所示，也可以按其他方式进行分配。

　　矩阵键盘上每个键由于其所处节点的行、列位置各不同，即按下不同的键其所有行线的取值和所有列线的取值的组合必定各不相同，因此通过采用特定方法对行线值和列线值进行处理，每个键将获得与其位置一一对应的键的特征值。例如图 6-14(a) 所示的 4×4 矩阵键盘，如果定义各键节点处 4 位列线的和 4 位行线的组合起来得到该键的特征值，则所有键的

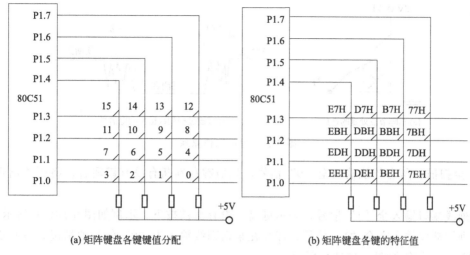

(a) 矩阵键盘各键键值分配　　　　　　　(b) 矩阵键盘各键的特征值

图 6-14　80C51 通过 P1 口接 4×4 键盘的电路

特征值如图 6-14（b）所示。需要注意的是：对于 4×4 矩阵键盘而言获取键特征值的方法比较简单，但对于行线与列线的数目越多的矩阵键盘，则获取键特征值的方法可能越复杂。键特征值求取的原则是在整个矩阵键盘的范围内保证键特征值的唯一性，即绝不能出现两个或两个以上相同的键特征值。在满足此原则的前提下，当然是越简单的键特征值求取方法越好。

　　所谓键盘处理工作指的是从获取一个闭合键的键值到实现该键的设定功能这样一个处理过程，由于在本书第 3 章 3.3.6 节中已经详细阐述过如何编程实现由已知的键值转去执行该键的功能处理子程序，因此剩下需要解决的问题是如何获取一个闭合键的键值。在单片机系统中，要获取一个闭合键的键值，常用的方法是：首先获取闭合键的特征值，这一步通常又称为闭合键的识别；然后通过查特征值表的方法求得该闭合键相应的键值。

（2）按键抖动的消除

　　图 6-15（a）所示为矩阵键盘某节点处按键的连线情况。图 6-15（a）中，当节点处的键没被按下时，列线输出仍然为原来的高电平；当节点处的键被按下时，列线输出受行线影响变为低电平。一次完整的按键过程，其列线输出的电信号波形如图 6-15（b）所示，由于机械开关触点的弹性及电压突跳原因，在键被按下和释放期间（约 10～20ms）其输出信号均呈现不稳定的抖动过程，此期间不能读取输出电信号的状态。可见，消除按键抖动是不可避免要进行处理的一个问题，可以采用硬件消抖动或软件消抖动的方法：硬件消抖动的方法一般是在按键输出电路上加 R-S 触发器或单稳态电路，从而避免按键期间产生抖动；硬件消抖动的方法是采用延时程序以避开抖动过程，待信号稳定之后再进行键盘扫描。为简单起见，大多数微型计算机中采用软件消抖动方法。

（3）闭合键的识别

　　闭合键的识别即如何获取闭合键的特征值，常用解决方法有两种：行扫描法和线反转法。

　　① 行扫描法　行扫描法的基本原理是：设定行线所连的端口为输出口，列线所连的端口为输入口；通过行线发出低电平"0"，如果该行线所有的键都没有按下则列线输出的是全"1"信号，如果该行线有键按下则列线输出的是非全"1"信号。行扫描法识别闭合键需要完成全扫描和逐行扫描两个步骤，以图 6-14（a）中 13 号键被按下为例进行说明。

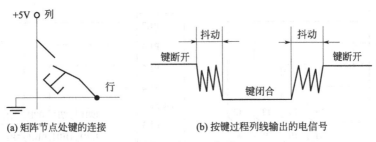

(a) 矩阵节点处键的连接　　　　(b) 按键过程列线输出的电信号

图 6-15　键的工作原理

a. 全扫描：所有行线输出全"0"信号，扫描键盘判断有没有键闭合。将可能出现两种情况：

● 列线端口输入全"1"信号，表示键盘上没有键被按下。示例如图 6-16（a）所示。

● 列线端口输入非全"1"信号，即存在某根列线输入为"0"信号的情况，表示键盘上有键被按下。示例如图 6-16（b）所示。

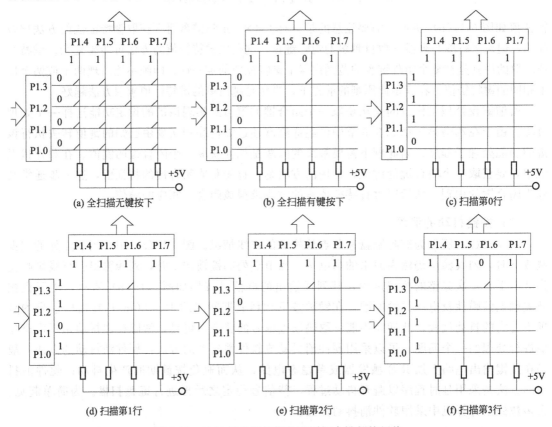

图 6-16　4×4 键盘行扫描法识别闭合键的特征值

b. 逐行扫描：当全扫描结果表明有键被按下时，为了获取闭合键的特征值采取逐行扫描的方法。具体过程如下：从第 0 行开始，将行线逐行置为低电平，然后读入列线输入值，若该值全为"1"则闭合键不在此行；若该值不全为"1"，则表示当前扫描的行有键按下，闭合键就位于当前扫描行和读入的值不为"1"的列线两者相交的节点，获取该节点处的行值与列值，用特定的方法得到该闭合键的特征值。如此从第 0 行、第 1 行、第 2 行……逐行扫描下去，直到找到闭合键为止。

以图 6-14(a) 中 13 号键被按下为例，采用行扫描法找到该闭合键特征值的步骤如图 6-16(a)～(f)。逐行扫描到如图 6-16(f) 的情况时，说明找到了闭合键，此时将输入的列线值 1011 与输出的行线值 0111 合并即得到该闭合键的特征值 B7H。其实在键特征值定义时究竟行值与列值哪一个在高位不重要，关键是在同一个键盘中对所有键的定义应遵循相同规定。

图 6-16 中，如果同一行上有两个或两个以上的键被同时按下，则读入的列值中出现两个或两个以上 "0"，此时按前述键特征值定义所获得的数值将超出中原本设定的键特征值范围（见图 6-15），因此将无法通过查表得到有效的键值。另外，如果同一列上有两个或两个以上的键闭合，则有一个键所在行值为 "0" 而其他键所在行值为 "1"，这将导致行线输出端口短路而造成损坏，这种情况是绝对不允许出现的。因此对于一般不具备短路保护电路的非编码式键盘，在使用时要防止两个或两个以上的键被同时按下，若发现两个或两个以上的键闭合，则结果全部作废。

② 线反转法　由图 6-16 可知行扫描法的缺点是寻求键特征值的时间较长，而且对于不同行的闭合键这个时间也各不相同。采用线反转法识别闭合键的特征值速度更快，并且对于任何位置的不同闭合键所费时间相同，从而避免了上述行扫描法的缺陷。仍以 4×4 键盘为例，线反转法识别闭合键特征值的过程如图 6-17 所示。与行扫描法不同，线反转法在电路连线上要求行线与列线均需有上拉电阻。

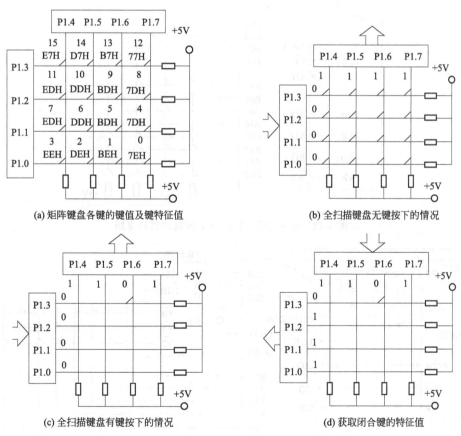

(a) 矩阵键盘各键的键值及键特征值　　(b) 全扫描键盘无键按下的情况

(c) 全扫描键盘有键按下的情况　　(d) 获取闭合键的特征值

图 6-17　4×4 键盘线反转法识别闭合键的特征值

a. 全扫描判断有无键被按下。设定行线端口为输出口、列线端口为输入口。行线输出全 "0" 信号，根据从列线端口输入的数值判断有没有键闭合。将可能出现两种情况：

- 列线端口输入全"1"信号，表示键盘上没有键被按下。示例如图 6-17(b)。
- 列线端口输入非全"1"信号，表示键盘上有键被按下。示例如图 6-17(c)。

b. 通过线反转获取闭合键的特征值。当全扫描结果表明有键被按下时，反转端口性质设定行线端口为输入口、列线端口为输出口。将上一步中列线端口读入的信号原样再从列线端口输出，然后从行线端口读取输入值。以特定方法组合分别从列线端口和行线端口读入的二进制数值，即可获得该闭合键的特征值。示例如图 6-17(d)，当行线输出全"0"时读得的列值为 1011；然后将该值从列线端口输出，将会从行线上读得行值 0111。两次分别读入的列值和行值合起来为 7BH，即图中闭合键的特征值。

6.2.2 键盘接口及其应用

80C51 系列单片机，如果 P1 口有空可以通过它连接 4×4 键盘，如图 6-14、图 6-17 所示；如果不对外扩展存储器或接口芯片，则利用 P0～P2 其中任意两个端口可以连接多达 8×8 的键盘。但实际应用中，多数情况下 P0～P2 端口已被占用，只能通过扩展 8155、8255A 等通用并行 I/O 接口芯片构建键盘接口电路，如图 6-18 所示；或者采用 8279 等专用接口芯片构建键盘接口电路，如图 6-19 所示。

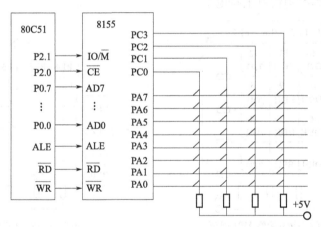

图 6-18　采用 8155 连接 4×8 键盘的接口电路

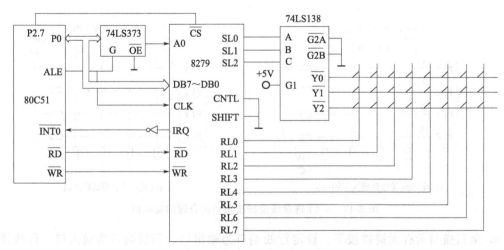

图 6-19　采用 8279 连接 3×8 键盘的接口电路

　　图 6-19 中 8279 芯片能够自动识别键盘中闭合键的键值，还可以自动消除按键的抖动，因此不需要通过程序完成以上工作，使用起来较为方便。但是作为专用的键盘显示器接口芯片，8279 的工作原理较之通用接口相对要复杂一些。

　　对于不采用 8279 等专用键盘接口芯片连接的非编码式键盘，必须通过编制键盘扫描程序获得被按键的键值，下面说明键盘扫描子程序的编程方法，其流程图如图 6-20 所示。

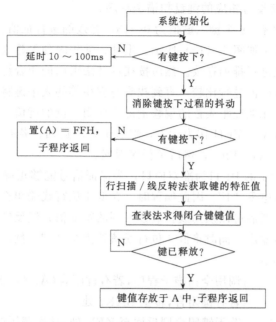

图 6-20　键盘扫描子程序流程图

　　① 系统初始化结束后首先调用全扫描子程序检查有没有键闭合。

　　a. 如果没有键闭合，执行其他程序（通常执行扫描显示程序）耗时 10～100ms 后再次调用全扫描子程序检查有没有键闭合，如此类推直至全扫描检查到有键闭合为止。

　　b. 如果检查到有键闭合，则先调用延时程序（耗时约 20ms）消除键按下过程的抖动，然后再次调用全扫描子程序检查有没有键闭合：如果还是没有键闭合，置累加器 A 的内容为 FFH，键盘扫描子程序结束返回上一级程序；如果有键闭合，则采用逐行扫描或线反转法找到闭合键所在的节点位置，即其行值和列值。

　　② 根据闭合键所在节点的行值和列值求得其键值。有两种方法：

　　a. 通过寻求某种线性计算公式直接由行值和列值计算得到闭合键的键值。这种方法的优点是编程简单、速度较快；缺点是它要求键盘上各键的排列位置固定，不能随意更改。此外，对于一般的键盘而言要找到相应特定计算式也不是那么容易，并没有一个普遍适用的解决方法。

　　b. 根据行值和列值先定义键的特征值，然后采用查数据表格的方法通过闭合键的特征值求得其键值。对于某种键盘而言这种方法可能较第一种方法速度慢，但键在键盘上的位置可任意设定，因此灵活性好。此外，查表法是单片机系统常用的将非线性问题线性化解决的方法，具有普遍适用性。故本节后面的例题即采用查表的方法来求得闭合键的键值。

　　③ 计算出闭合键键值后，判断键是否释放？如果键还未释放，进入等待状态反复查询闭合键是否已经释放；如果键已释放，则调用延时程序（耗时约 20ms）消除键释放过程的

抖动，直到其稳定释放为止。然后子程序返回，闭合键键值存放于累加器 A 中。

后续处理可以根据所按键的键值判断它是数字键还是功能键。如果是数字键，转入数字键处理程序进行数字存储和显示等操作；如果是功能键，则转入该功能键的键处理子程序，执行其设定功能要求的操作。

[例 6-4] 对于图 6-17(a) 所示的 4×4 键盘接口电路，采用线反转法识别闭合键，试根据图 6-20 流程图的思路编写相应的键盘扫描子程序。

解：4×4 的键盘共有 16 个键，键值为 0～15；有效的键特征值也是 16 个，它们与所代表的闭合键键值对应关系如图 6-17(a) 所示。据此，编程时预先建立一个键特征值表，按其对应键值从小到大依次进行排列存放。然后按线反转法求出的闭合键的特征值，将该特征值依次与表中排列的键特征值进行比较，直到找到与它相等的表中键特征值时为止；此时，所找到的键特征值所在单元地址距表首的偏移量即为该闭合键的键值。执行键盘扫描子程序一遍，若无键闭合，置（A）=FFH 作为标志，然后子程序返回；若有键闭合，该闭合键的键值存放于 A 中，此时（A）≠FFH，然后子程序返回。

需要注意的是 80C51 的 P1 口为准双向口，为保证信号能够正确输入，在输入操作之前必须先从该口线输出高电平"1"。因此编程时，在低 4 位行线输出全扫描信号的同时将高 4 位列线值置为全"1"，然后可以从列线正确读入列的特征值；线反转后，则在高 4 位列线将上一步读入的列特征值输出的同时将低 4 位行线值置为全"1"，然后可以从行线正确读入行的特征值。参考程序如下：

```
KEY:LCALL  SKEY      ;调用全扫描子程序,若有键闭合(A)≠0,若无键闭合(A)=0
    JNZ   BHK1        ;有键闭合,转至 BHK1 处
    LJMP  KEY         ;若无键闭合则返回至 KEY 处,再次调用全扫描子程序
BHK1:LCALL  DLY20     ;延时 20ms 消除按键过程抖动
     LCALL  SKEY      ;再次调用全扫描子程序
     JNZ   BHK2       ;若有键闭合,转至 BHK2 处
     LJMP  BACK       ;若还是无键闭合,则转至 BACK 处
BHK2:MOV  P1,#0F0H    ;行线输出全扫描信号
     MOV  A,P1        ;读入列线信息
     ANL  A,#0F0H
     CJNE A,#0F0H,BHK3 ;若(A)≠F0H 表示有键闭合,转至 BHK3 处
     LJMP  BACK       ;若无键闭合则转至 BACK 处
BHK3:MOV R7,A         ;列值暂存于 R7 中
     ORL  A,#0FH
     MOV  P1,A        ;将刚才读入的列值原样从列线输出
     MOV  A,P1        ;读入行值
     ANL A,#0FH
     ADD  A,R7        ;合并列值和行值,得到闭合键的特征值
     MOV  R7,A        ;闭合键的特征值暂存于 R7 中
     MOV  R2,#00H     ;定义 R2 为键值存放寄存器,并置其初值为 0
     MOV  DPTR,#TABS  ;键特征值表的首地址送 DPTR
     MOV  R6,#10H     ;定义 R6 为循环计数器,置其初值为键总数 16
```

```
BHK4:CLR  A
      MOVC  A,@A+DPTR      ;查表将键特征值送入 A
      MOV   30H,A          ;本次查表所得键特征值的暂存于 30H 单元
      MOV   A,R7
      CJNE  A,30H,         ;若本次未查到相符的键特征值,则转到 BHK6
BHK5:LCALL  DLY10          ;若本次已查到相符的键特征值,先延时 10ms
      LCALL SKEY           ;调用全扫描子程序,判断所按键是否被释放
      JNZ   BHK5           ;若键尚未释放,则转回 BHK5 处继续等待
      LCALL  DLY20         ;若键已释放,延时 20ms 消除释放过程抖动
      MOV   A,R2           ;将该键特征值对应的键值存入 A
      RET                  ;程序返回
BHK6:INC  R3              ;键值加 1,再次查键特征值表
      INC  DPTR
      DJNE  R6,BHK4        ;若本次未查到,则继续在 16 个表格数据中顺序查找
BACK:MOV  A,♯FFH          ;未查到相符的键特征值,置(A)=FFH 为无键闭合的标志
      RET                  ;程序返回
SKEY:MOV  P1,♯0F0H        ;全扫描子程序
      MOV  A,P1
      ORL  A,♯0FH
      CPL  A               ;若有键按下(A)≠0;若无键按下(A)=0
      RET
TABS:DB   7EH,BEH,DEH,EEH,7DH,BDH,DDH,EDH
      DB   7BH,BBH,DBH,EBH,77H,B7H,D7H,E7H
```

6.3　LED 数码显示器及其接口

　　LED（Light Emiting Diode）即发光二极管,是一种导通后可以发光的二极管半导体器件。LED 数码显示器是由发光二极管以某种方式组合而成的显示器件,普遍应用于各种微机控制系统中作为输出显示设备。

　　常用 LED 显示器有两类:一类是 LED 段位显示器,主要有 8 段 LED 数码显示器和"米"字段 LED 显示器等;另一类是大型 LED 显示屏。本节讨论单片机系统中常用的 8 段 LED 数码显示器。

6.3.1　LED 数码显示器结构及原理

(1) 8 段 LED 数码显示器的结构

　　8 段 LED 数码显示器由 8 个发光二极管组成,其中 1 个 LED 用于显示小数点,其余 7 个 LED 共同组成"8"字型结构用于显示 0~F 的数码及某些特定字符,因此也被称为 7 段 LED 数码显示器。根据内部连线的不同,数码显示器分为共阳极和共阴极两种,如图 6-21 所示。共阴极数码显示器内部 8 段 LED 管的阴极连在一起成为公共端,点亮任意一段 LED

管必须满足两个条件：一是公共端接地；二是本段 LED 管的阳极端接入高电平。同理，共阳极数码显示器内部 8 段 LED 管的阳极连在一起成为公共端，点亮任意一段 LED 管必须满足公共端接＋5V、本段 LED 管的阴极端接地两个条件。

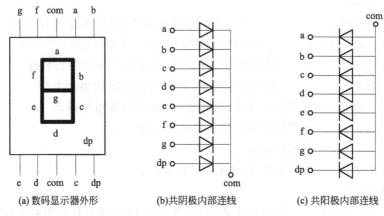

(a) 数码显示器外形　　(b)共阴极内部连线　　(c)共阳极内部连线

图 6-21　8 段 LED 数码显示器

(2) 显示器的位控及段控

LED 数码显示器的 com 引脚用于控制该位显示器能否点亮，称为位控，共阳极（或共阴极）数码显示器点亮的必要条件是其位控接上＋5V（或接地）；a～g 以及 dp 引脚用于具体字形的显示，这 8 个引脚合称为段控。图 6-22 为 80C51 接一位 LED 数码显示器的简单电路，采用 P1 口连接显示器的段控，P3.5 引脚连接显示器的位控。

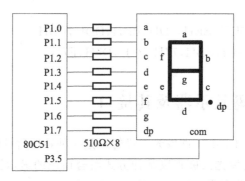

图 6-22　80C51 接一位 LED 数码显示器的简单电路

要使 LED 数码显示器显示某个特定字符，需要向其段控端输入相应的 8 位字形代码，称为显示段码，显示段码的格式如表 6-9 所示。

表 6-9　显示段码与段控各位的对应关系表

显示段码	D7	D6	D5	D4	D3	D2	D1	D0
对应段控位	dp	g	f	e	d	c	b	a

例如显示数字"0"，需要 a～f 段发光二极管导通，同时 g、dp 段发光二极管截止。如果采用共阳极显示器，显示段码为 11000000B，即 C0H；采用共阴极显示器则显示段码为 00111111B，即 3FH。所以对于同一字符而言，其共阳极与共阴极显示段码互为逻辑取反关系。常用字符的共阳极和共阴极显示段码见表 6-10。

表 6-10　常用字符显示段码表

字符	共阳极显示段码	共阴极显示段码	字符	共阳极显示段码	共阴极显示段码
0	C0H	3FH	9	90H	6FH
1	F9H	06H	A	88H	77H
2	A4H	5BH	b	83H	7CH
3	B0H	4FH	C	C6H	39H
4	99H	66H	d	A1H	5EH
5	92H	6DH	E	86H	79H
6	82H	7DH	F	84H	71H
7	F8H	07H	空白	FFH	00H
8	80H	7FH	P	8CH	73H

6.3.2　多位 LED 数码显示器接口及其应用

微机控制系统常常需要同时显示多位数码值，这可以利用多位 LED 显示器联合实现，此时多位 LED 显示器可采用静态或者动态的显示方法。显示方法不同，LED 显示器位控线和段控线的连接方式也有不同。

(1) 静态显示方法

所谓静态显示，指的是各位 LED 显示器具有相互独立的段控；且每位 LED 显示器的显示字符一经确定，则该位所连的段控端口的输出将维持不变，使 LED 保持连续稳定的显示。

静态显示方式下，通常将各位 LED 数码显示器的位控端连接在一起，共同连接到＋5V（共阳极数码管）或接地（共阴极数码管）；每位 LED 显示器的段控端则分别与一个 8 位的并行输出端口相连。80C51 连接 2 位 LED 显示器的静态显示接口电路如图 6-23。图 6-23 中，8155 的 PA、PB 口用作段控口，由于 LED 显示器点亮所需段电流为 8mA 左右，PA、PB 口不能直接驱动它，所以需要在两者之间再加一级电流驱动器；8155 的 PC0、PC1 用作位控信号线，当显示器 8 段全亮时需要 40～60mA 的驱动电流，因此也需要在 PC 口与 LED 显示器的位控线之间增加电流驱动器。电流驱动器可以采用三极管，也可以采用电流驱动器芯片，电流驱动器芯片有同相驱动器（例如 74LS244 或 7407）和反相驱动器（例如 7406）两类。

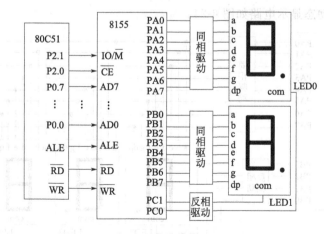

图 6-23　2 位 LED 显示器静态显示接口电路

静态显示方式的优点是程序比较简单，并且电流始终流过每个被点亮的 LED，显示亮度较高；缺点是每位的段控都需要一个 8 位端口，需要系统提供较多的并行 I/O 口线。因此，静态显示方法适合于 LED 显示器位数较少的情况。

[**例 6-5**] 采用图 6-23 所示的 2 位 LED 显示器静态显示接口电路，数码管为共阴极接法，要求同时在 LED0 和 LED1 上分别显示字符"0"和"1"。试编写相应的显示控制程序。

解：初始化 8155 的 PA、PB 和 PC 端口均为基本 I/O 方式的输出口。参考程序如下：

```
MOV   A,＃07H
MOV   DPTR,＃0200H
MOVX  @DPTR,A        ;输出命令字到 8155 命令口
MOV   A,＃3FH
INC   DPTR
MOVX  @DPTR,A        ;输出字符"A"的显示段码到 PA 口
MOV   A,＃06H
INC   DPTR
MOVX  @DPTR,A        ;输出字符"F"的显示段码到 PB 口
INC   DPTR
MOV   A,＃03H
MOVX  @DPTR,A        ;输出位控字到 PC 口
SJMP  $
```

（2）动态显示方法

所谓动态显示，是逐位轮流地循环点亮各位 LED 显示器，每位点亮 1ms 左右的时间，利用人眼对视觉的残留效应，使得整体看起来就像所有的 LED 显示器同时在显示字符一样，可以实现各字符显示稳定不闪烁。

动态显示方式下，各位 LED 显示器的段控端连接在一起，连到一个共同的 8 位端口；而每位 LED 显示器的位控端各自独立地连接到系统的某根 I/O 口线。因此多位 LED 显示器的动态显示接口电路需要有两个输出口：一个端口需要 8 根 I/O 口线，用于输出显示段码；另一个端口需要与 LED 显示器总位数相同的 I/O 口线数目，用于输出位控字。80C51 连接 4 位 LED 显示器的动态显示电路如图 6-24。

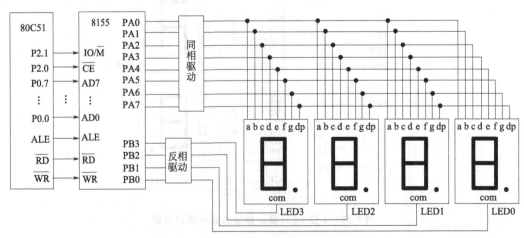

图 6-24　4 位 LED 显示器动态显示接口电路

动态显示以较小的电流得到较高的显示亮度且字符不发生闪烁，与静态显示比仅亮度略有差别。系统要接的 LED 显示器位数较多时常采用动态显示方式，其编程思路如下。

① 设置显示缓冲区，并为该区域写入内容。所谓显示缓冲区，是指在 RAM 中划定由连续地址的若干单元构成的一个区域，区域中的单元称为显示缓冲单元，每一个显示缓冲单元对应于一位 LED 显示器，用于预先存放该位的显示内容。例如，为图 6-24 中 LED0～LED3 设置一个由内部 RAM 的 30H～33H 组成的显示缓冲区，假如其中的 LED0 需要显示的是字符 "A"，那么就预先在对应的显示缓冲单元 30H 中放置 "0AH"。

② 在 ROM 中建立显示段码表，其中显示段码的先后次序是按照表 6-10 中对应字符从小到大的顺序来安排。注意：应该根据实际所用 LED 显示器以及段控端口所接电流驱动器两者的极性，共同决定应该采用共阳极还是共阴极显示段码来建立表格。例如，采用共阴极 LED 显示器、段控端口接同相电流驱动器，就应该用共阴极显示段码来建立显示段码表。

③ 按照由左至右（或由右至左）的次序，先点亮第 1 位 LED 显示器约 1ms，然后熄灭。

a. 取第 1 位 LED 显示器对应显示缓冲单元的内容，以它为偏移量查表得到显示段码；

b. 段控口输出显示段码，所有 LED 显示器均获得了显示同一字符所需的显示段码；

c. 位控口输出位控信号，只允许第 1 位 LED 显示器 com 端的输入电平满足点亮条件。

④ 接着点亮第 2 位、第 3 位 LED 显示器……如此逐位循环点亮 LED 显示器，每位单独点亮约 1ms，然后熄灭。

[例 6-6] 采用图 6-24 所示的动态显示接口电路，4 位 LED 显示器均为共阴极接法，试编写程序，使其中 LED0～LED2 看上去同时显示 "ABC"。

解：为 LED0～LED3 设置由内部 RAM 的 60H～63H 组成的显示缓冲区，初始化 8155 的 PA、PB 端口均为基本 I/O 方式的输出口。注意：1) 本程序包含一个子程序 DIR4，用于实现对图 6-24 所示电路中的 4 位 LED 显示器动态扫描显示一遍；2) 在子程序 DIR4 中，对于不需显示的 LED3，应向其段控的 8 个引脚送入 "空白" 字符的显示段码 "FFH"，以便在扫描显示过程中该位不产生显示。参考程序如下：

```
        MOV   A,#0AH      ;将字符 A、B、C 送入 LED0～LED2 对应的显示缓冲单元 60H～62H
        MOV   R0,#60H
        MOV   R1,#3H
LP:     MOV   @R0,A
        INC   R0
        INC   A
        DJNZ  R1,LP
        MOV   63H,#10H        ;将"空白"字符的查表值 10H 装入 LED3 对应的显示缓冲单元
REP:    LCALL DIR4           ;调用子程序 DIR4 对 4 位 LED 显示器动态扫描显示一遍
        SJMP  REP        n
DIR4:   MOV   A,#07H          ;4 位 LED 显示器动态扫描显示子程序
        MOV   DPTR,#0200H
        MOVX  @DPTR,A       ;输出命令字到 8155 命令口
        MOV   R0,#60H       ;指向显示缓冲区首址
```

```
        MOV   R2,♯01H          ;从右边第 1 位 LED0 开始显示
        MOV   A,♯00H           ;取全不亮位控字从位控端口输出,瞬时关显示
        MOV   DPTR,♯0202H
        MOVX  @DPTR,A
LP1:MOV   A,@R0             ;取出当前显示缓冲单元中的数据
        MOV   DPTR,♯TABLD;
        MOVC  A,@A+DPTR      ;查表获取显示段码
        MOV   DPTR,♯0201H
        MOVX  @DPTR,A        ;从段控端口输出显示段码
        MOV   A,R2            ;取出当前的位控字从位控端口输出
        MOV   DPTR,♯0202H
        MOVX  @DPTR,A
        LCALL DELY1MS        ;延时 1ms
        INC   R0             ;指向下一个缓冲单元
        JB    A.3,BACK        ;逐位显示如果已到达 LED3,则转至 BACK
        RL    A
        MOV   R2,A            ;保存位控字
        SJMP  LP1
BACK:RET                     ;子程序返回
TABLD:DB  3FH,06H,5BH,4FH              ;共阴极数码管的显示段码表
        DB  6DH,7DH,07H,7FH
        DB  6FH,77H,7CH,39H
        DB  5EH,79H,71H,00H,73H
```

6.4 LCD 显示器及其接口

6.4.1 LCD 显示器结构及原理

(1) LCD 显示器基本结构

液晶是介于液体和固体之间的一种热力学中间稳定物质,在一定温度范围内既有晶体的各向异性,又有液体的流动性和连续性,液晶分子是刚性体不能弯曲,分子两头有极性。

LCD(Liquid Crystal Display)显示器即液晶显示器,是利用液晶的特性制造出来的一类显示器件,结构如图 6-25(a)所示。LCD 显示器将液晶材料封装在上、下玻璃电极(也称为正、背电极)之间,液晶分子在两电极上呈互相正交的水平排列,而电极间的液晶分子呈连续扭转过渡,这样的液晶对光具有旋光作用,能使光线穿过它以后的偏振方向旋转 90°。

(2) LCD 显示器的工作原理

如图 6-25(b)所示,光源发出的光线通过上偏振片后形成垂直方向的偏振光,当此光线通过液晶材料后其偏振方向被旋转 90°,呈水平偏振方向;由于水平偏振方向的光线与下

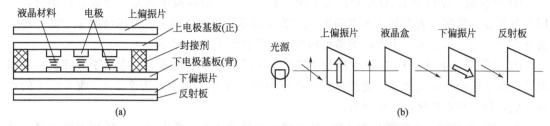

图 6-25　LCD 显示器结构及工作原理示意图

偏振片的偏振方向一致，因此，光线能穿过下偏振片，到达反射板；光线经反射板反射后沿原路返回，从而使 LCD 显示器呈现出透明状态。当在液晶盒的上、下玻璃电极加上一定电压后，由于电极部分的液晶分子转成垂直排列，从而失去了原有的旋光性，此时从上偏振片入射的光线不会被旋转 90°，仍呈垂直偏振方向；由于光线的偏振方向与下偏振片相同，因此当它到达下偏振片时会被偏振片吸收，因此光线无法到达反射板形成反射，从而使 LCD 显示器呈现出黑色。

液晶的显示是由于在像素上施加了电场，这个电场是显示像素前后两电极上的电位信号的合成。通过调整施加在 LCD 显示器电极上的电位信号的相位、峰值、频率等建立驱动电场，以实现显示。将 LCD 显示器的电极做成各种文字、数字或点阵，就可以获得满足要求的各种显示。

（3）LCD 显示器的驱动

LCD 显示器有静态、动态和双频 3 种驱动方法，应用最广的是动态驱动方法。

动态驱动方法是通过给行电极循环地施加选择脉冲，同时给所有列电极加上相应的选择或非选择驱动脉冲，由于显示器上每个像素都是由其所在行、列的位置唯一确定的，从而实现某行所有像素的显示。为使液晶屏上呈现稳定的图像，采用逐行顺序扫描，循环周期很短，一帧中每行的选择时间相等。如果一帧的扫描时间为 1，一帧的扫描行数为 N，则一行所需的选择时间为一帧时间的 $1/N$，这就是 LCD 显示器动态驱动的占空比。

6.4.2　LCD 显示器的特点及分类

（1）LCD 显示器的特点

LCD 显示器具有功耗低、体积小、使用安全、寿命长等优点，在各类控制和仪器仪表系统中获得了广泛应用。

① 功耗极低。LCD 的工作电压 3～5V，其工作电流比 LED 小几个数量级，只有几个 $\mu A/cm^2$。是微功耗器件。

② 体积小。LCD 内部两片平行玻璃组成的夹层盒面积可大可小，占用设备体积小。

③ 使用安全。LCD 显示期间不产生电磁辐射，无环境污染有利于人体健康；另外，LCD 显示器的液晶本身不发光，是靠调制外界光进行被动显示，因此不易使人眼产生疲劳。

④ 显示信息量大。LCD 显示器像素可做得很小，比之 LED 相同面积可显示更多信息。

⑤ 使用寿命长。LCD 显示器件本身无老化的问题，因此寿命极长。

（2）LCD 显示器的分类

LCD 显示器件按排列形式可分为字段型、字符型和点阵图形型 3 类。

① 字段型　字段型 LCD 显示器主要用于显示数字，也可显示英文字母或某些字符，常用于电子表、数字仪表和笔记本电脑中。这类显示器在形状结构上总是围绕数字"8"变化，通常有六、七、八、九、十四段等多种段型，最常用的是七段显示。

② 字符型　字符型 LCD 显示器专用于显示字母、数字、符号等，常用于寻呼机、移动电话、电子笔记本等设备中。此类显示器在电极图形设计上是由若干个 5×7 或 5×11 的点阵组成，每一个点阵显示一个字符。

③ 点阵图形型　点阵图形型 LCD 显示器可以显示文本、图形等，广泛用于游戏机、笔记本电脑和彩色电视等设备中实现图形显示。这类显示器是在一块平板上排列由多行和多列构成的矩阵形式的品格点，点的大小可根据清晰度要求来设计。点阵式 LCD 显示器的驱动电路相对复杂一些，价格也高一些。

6.4.3　LCD 显示器接口及其应用

在此介绍点阵图形液晶模块 LCD240×128，是一种 240 列、128 行的全点阵液晶模块，可完成文本和图形显示，其内部功能结构如图 6-26 所示。LCD240×128 液晶模块采用 TOSHIBA 公司的 T6963C 芯片作为控制器。LCD240×128 液晶模块各引脚定义见表 6-11。

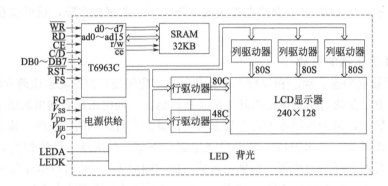

图 6-26　液晶模块 LCD240×128 内部功能结构图

表 6-11　LCD240×128 液晶模块引脚定义

引脚号	符号	电平	功能说明
1	FG	—	铁框地
2	V_{SS}	0V	电源地
3	V_{DD}	+5V	逻辑电压
4	V_O	—	LCD 驱动电压调节
5	$\overline{WR}$	L	写允许信号
6	$\overline{RD}$	L	读允许信号
7	$\overline{CE}$	L	片选信号
8	$C/\overline{D}$	H/L	H:指令端口;L:数据端口
9	$\overline{RST}$	L	复位信号
10~17	DB0~DB7	H/L	数据总线
18	FS	H/L	H:6×8 点阵;L:8×8 点阵
19	V_{EE}	−16V	模块内部负压输出
20	LEDA	+5V	LED 背光电压输入(+)
21	LEDK	0V	LED 背光电压输入(−)

（1）液晶控制器 T6963C 的功能特性

T6963C 芯片是一种常用的点阵图形式液晶控制器，它有一个 8 位的并行数据总线和控制线与微处理器（Micro Processor Unit，MPU）接口进行读/写操作，可直接与 51 系列 8 位微处理器相连接。

T6963C 具有丰富的显示控制指令，支持文本、图形以及两者混合的显示模式；显存内文本区域、图形区域、外部字符生成区域的大小可编程设置，显示窗口能自由在已分配存储器范围内移动；通过编程输入引脚电平的不同组合，可支持很宽范围的 LCD 显示尺寸。T6963C 具体特性如下：

- 显示驱动能力为单屏 640×128，双屏 640×256；
- 显示占空比（duty＝1/8N，N 表示行数）的选择范围为 1/16～1/128；
- 内部有 128-word 的字符生成 ROM，可用来控制最大为 64KB 的外部显存 RAM；
- 字符字体大小可设置（垂直点数固定为 8，水平点数可设为 5、6、7、8）；
- 显示模式可设置，最多显示 80 字符×32 行。

（2）液晶控制器 T6963C 的指令系统

T6963C 使用硬件初始化设置，使其指令功能集中于对显示的设置上，MPU 需要向 T6953C 芯片写入相应指令来对它进行控制操作。

需要注意的是，MPU 与 T6963C 通信时，每次在数据读写操作之前必须先进行状态检测。在满足 $\overline{RD}=0$、$\overline{WR}=1$、$\overline{CE}=0$ 和 $C/\overline{D}=1$ 的条件下，可从数据总线 D0～D7 中读取到 T6963C 的状态字。T6963C 状态字格式如图 6-27 所示，状态字各位的定义见表 6-12。其中，STA0 和 STA1 用于大多数模式的状态检查，并且为避免硬件中断引起的数据错误操作，必须同时检查这两位的状态；STA2 和 STA3 用于自动模式数据读写使能，此模式 STA0、STA1 无效。对 T5963C 进行每一次操作之前都要对相关状态位进行判断，仅在"使能"状态下计算机对 T6963C 的操作才有效。

MSB							LSB
STA7	STA6	STA5	STA4	STA3	STA2	STA1	STA0
D7	D6	D5	D4	D3	D2	D1	D0

图 6-27　T6963C 状态字格式

表 6-12　T6963C 状态字各位的定义

STA0	指令读写状态	0:禁止;	1:使能;
STA1	数据读写状态	0:禁止;	1:使能;
STA2	自动模式数据读状态	0:禁止;	1:使能;
STA3	自动模式数据写状态	0:禁止;	1:使能;
STA4	保留		
STA5	控制器操作状态	0:禁止;	1:使能;
STA6	读屏/考屏错误标志	0:无错误;	1:错误;
STA7	闪烁状态检查	0:关显示;	1:正常显示

表 6-13 列出了 T6963C 的所有控制指令，T6963C 的指令可带有一个或两个参数，或无参数。每条带有参数的指令在开始执行时，均是先送入参数，然后再送入指令代码。

① 寄存器设置指令

a. 设置光标位置（D1-D2-21H）。光标位置由指令中给出 X、Y 地址确定。其中，X 地址的范围为 00H～4FH（低 7 位有效），代表 0～80 列；Y 地址的范围为 00H～1FH（低 5 位有效），代表 0～32 行。光标的移动只能用该指令实现，从 MPU 读写数据是不会改变光标的位置。

b. 设置 CGRAM 偏移地址（D1-D2-22H）。CGRAM（Custom Glyph RAM）代表自定义字形功能，是用以存储用户自己设计的字符编码的 RAM 区。T6963C 可以管理在显示存储器内划出的 2KB 的 CGRAM，采用偏移寄存器来确定外部字符生成 RAM（CGRAM）区域起始位置。

T6963C 使用如图 6-28 所示的 16 位地址总线，16 位地址的高 5 位定义了外部显存 CGRAM 区域的起始地址，随后的 8 位表示字符的编码，最低 3 位表示 8 行中的 1 行（8 点）定义了字符的形状。因此，只需确定 16 位地址的高 5 位（CGRAM 偏移地址寄存器就是用来存储这个地址值）即可，用户可通过将这个寄存器的内容与自定义字符代码值组合出显示存储器中该字符字模数组所在的首地址。对于 16 位地址中的 8 位字符编码：当 T6963C 配有外部字符生成器时，在内部 CGROM 模式下，字符编码 00H～7FH 代表预定义内部 CGROM 字符，而字符编码 80H～FFH 代表用户自定义的外部 CGRAM 字符；在外部 CGRAM 模式下，所有 256 个 00H～FFH 编码都可代表用户自定义字符。

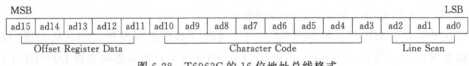

图 6-28　T6963C 的 16 位地址总线格式

c. 设置显示地址指针（D1-D2-24H）。将 MPU 要访问的显示存储器地址写入到 T6963C 的 16 位的地址指针计数器，以指定读写外部 RAM 的起始地址。指令中 D1、D2 分别为地址的低 8 位和高 8 位。

表 6-13　T6963C 指令表

命令	编码		数据 1	数据 2	功能
	二进制	十六进制			
寄存器设置	0010 0001	0x21	X 地址	Y 地址	设置光标位置
	0010 0010	0x22	偏移地址数据	00H	设置 CGRAM 偏移地址
	0010 0100	0x24	地址低 8 位	地址高 8 位	设置地址指针
设置控制字	0100 0000	0x40	地址低 8 位	地址高 8 位	设置文本区起始地址
	0100 0001	0x41	列数	00H	设置文本区宽度
	0100 0010	0x42	地址低 8 位	地址高 8 位	设置图形区起始地址
	0100 0011	0x43	列数	00H	设置图形区宽度
模式设置	1000 x000	0x80	—	—	逻辑"或"模式
	1000 x001	0x81	—	—	逻辑"异或"模式
	1000 x010	0x82	—	—	逻辑"与"模式
	1000 x011	0x83	—	—	文本特性模式
	1000 0xxx	Bit3＝0 时，内部 CG ROM 模式			内部 CG ROM 模式
	1000 1xxx	Bit3＝1 时，外部 CG RAM 模式			外部 CG RAM 模式
显示模式	1001 0000	0x90	—	—	关闭显示
	1001 xx10	Bit0 为光标闪烁显示开关			光标显示，闪烁关闭
	1001 xx11	Bit1 为光标显示开关			光标显示，闪烁显示
	1001 01xx	Bit2 为文本显示开关			文本显示，图形关闭
	1001 10xx	Bit3 为图形显示开关			文本关闭，图形显示
	1001 11xx				文本显示，图形显示

命令	编码		数据 1	数据 2	功能
	二进制	十六进制			
光标形状选择	1010 0000	0xA0	—	—	1 行(光标占的行数)
	1010 0001	0xA1	—	—	2 行
	1010 0010	0xA2	—	—	3 行
	1010 0011	0xA3	—	—	4 行
	1010 0100	0xA4	—	—	5 行
	1010 0101	0xA5	—	—	6 行
	1010 0110	0xA6	—	—	7 行
	1010 0111	0xA7	—	—	8 行
数据自动读/写命令	1011 0000	0xB0	—		数据自动写设置
	1011 0001	0xB1	—		数据自动读设置
	1011 0010	0xB2	—		数据自动读/写结束
数据读/写	1100 0000	0xC0	数据		数据写,地址加 1
	1100 0001	0xC1	—		数据读,地址加 1
	1100 0010	0xC2	数据		数据写,地址减 1
	1100 0011	0xC3	—		数据读,地址减 1
	1100 0100	0xC4	数据		数据写,地址不变
	1100 0101	0xC5	—		数据读,地址不变
屏读命令	1110 0000	0xE0	—	—	屏读命令
屏拷贝命令	1110 1000	0xE8	—	—	屏拷贝命令
位置位/清除	1111 0xxx	0xF0			Bit3=0 时,位清除;
	1111 1xxx	—			Bit3=1 时,位置位;
	1111 x000	—	—	—	Bit0(LSB)
	1111 x001	—	—	—	Bit1
	1111 x010	—	—	—	Bit2
	1111 x011	—	—	—	Bit3
	1111 x100	—	—	—	Bit4
	1111 x101	—	—	—	Bit5
	1111 x110	—	—	—	Bit6
	1111 x111	—	—	—	Bit7(MSB)

② 设置控制字的指令（D1-D2-40H ～D1-D2-43H） 该指令用于在显示存储器内划分出各显示区域的范围。各显示区域范围的确定是通过设定起始地址和宽度来实现。

③ 模式设置指令（80H～8FH） 该指令不带参数，用于设置 LCD 的 4 种显示模式：逻辑"或"模式（即文本与图形以逻辑"或"的关系合成显示）、逻辑"异或"模式（文本与图形以逻辑"异或"的关系合成显示）、逻辑"与"模式（文本与图形以逻辑"与"的关系合成显示）、文本特性模式（文本显示特征以双字节表示）。在下一条命令到来之前，LCD显示模式不会改变。

当设置文本特性显示模式后，图形显示区将转换成文本属性区，用于存储字符的属性代码（其地址与显示屏上的对应关系与文本显示区相同）。此时，屏幕某位置上显示的字符由双字节数据组成：第一字节为字符代码，存储在文本显示区内；第二字节为属性代码（属性代码由字节的低 4 位组成，D3 位是字符闪烁控制位；D3 为"0"时字符不闪烁；否则字符闪烁），存储于文本属性区内。

④ 显示模式设置指令（90H～9FH） 该指令不带参数，用于设置 LCD 当前显示状态。注意：有两种情况必须同时打开"文本显示"和"图形显示"，一种情况是当文本与图形相结合显示时；另一种情况是当模式设置为文本特性模式时。另外，光标显示及光标闪烁功能

的启用要在文本显示启用时进行，否则无效。

⑤ 光标形状选择指令（A0H～A7H）　当光标显示打开时，该指令设置光标的显示形状，指令不带参数。光标是以 8 点列×N 行显示，行的值由低三位组合形成，其范围为 1～8 行。光标的地址则前述光标地址设置指令（D1-D2-21H）确定。

⑥ 数据自动读/写设置指令（B0H～B2H）　该指令适合于从外部显存中发送全屏数据，该指令不带参数。设置自动模式后，就无需在每个发送数据间发送读/写命令了。数据自动读/写设置指令必须在地址指针设置命令后发送，这样，地址指针就会在发送完一个数据后自动加 1，指向下一个数据。在自动模式下，T6963C 不接受任何其他的命令。自动结束命令（B2 H）必须在所有数据发送结束后传送，以结束自动模式。注意：自动模式下的状态检查应该在每发生一个数据期间对 STA2、STA3 进行检查，自动结束命令应该在检查 STA3＝1（或 STA2＝1）后执行。

⑦ 数据读/写指令（B0H～B2H）　该指令用于 MPU 与外部显存间的数据读/写操作，用于 1 个字节数据读/写。数据写入时该指令带有一个参数，即为所要写入的显示数据；数据读出时该指令不带参数。该指令必须在设置地址指针指令之后执行。使用该指令时，地址指针会自动加 1 或减 1。

⑧ 屏读指令（E0H）　屏读指令使计算机能直接获得显示屏上的内容，为一个字节的当前显示数据，可能是文本、图形或本与图形合成的显示数据。屏读指令只在图形显示功能有效时才能使用，它要求当前的显示地址指针指在图形显示区内。读屏指令写入后要立即检查状态位 S6，判断指令执行是否正确，如果执行正确则可以读取数据。该指令要求由软件设置的显示区域宽度与硬件引脚 MD3、MD2 设置的显示窗口长度相等时，才能读屏出正确数据。

⑨ 屏拷贝指令（E8H）　该指令把显示屏上的某一行显示的内容取出来作为图形显示数据返回写入图形显示区相应的显示单元内，起始地址由地址指针命令设置。该指令为无参数指令，只能在图形显示功能有效时才能使用，不能应用在文本属性显示方式及双屏结构的液晶显示器件的控制上屏拷贝指令写入后要立即检查状态 S6 以判断指令执行是否正确。

⑩ 位置位/清除指令（E0H～EEH）　该指令无参数，用于对地址指针指向的显示单元中数据的某一位（D0H～D7H）进行位置位或者位清零，一次仅操作数据其中的一位。

(3) LCD240×128 液晶模块应用简述

51 系列 8 位微处理器可直接与 LCD240×128 液晶模块相连，利用数据总线与控制信号采用存储器访问方式或 I/O 设备访问方式进行显示控制，其硬件电路如图 6-29 所示。

图 6-29 中，80C51 的 $\overline{RD}$、$\overline{WR}$ 作为 LCD240×128 的读/写控制信号，LCD240×128 的 $\overline{CE}$ 信号由地址线译码产生，C/D 信号由单片机经地址线地址锁存器后的输出 A0 提供（A0＝1 时为指令口地址，否则为数据口地址）。参考驱动子程序如下：

```
DATA1   EQU  70H      ;第一参数/数据单元
DATA2   EQU  71H      ;第二参数/数据单元
COMD    EQU  72H      ;指令代码单元
CADD    EQU  2001H    ;指令通道地址
DADD    EQU  2000H    ;数据通道地址
```

① 判断各状态位是否满足要求的子程序　这一类型的子程序都要调用如下读取状态字

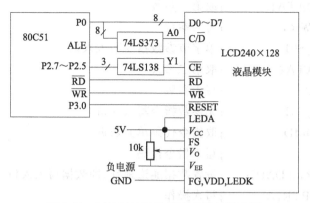

图 6-29　LCD240×128 液晶模块应用电路

的子程序 RD_C。

```
RD_C:MOV DPTR,♯CADD
      MOVX   A,@DPTR
      RET
```

a. 状态位 STA0、STA1 判断子程序 RD_S01。RD_S01 的作用：确保在写指令的读/写数据之前，标志位 STA0、STA1 必须同时为"1"。

```
RD_S01:LCALL RD_C
        JNB   ACC.0,RD_S01
        JNB   ACC.1,RD_S01
        RET
```

b. 状态位 STA2 判断子程序 RD_S2。RD_S2 的作用：STA2 位在数据自动读操作过程中取代 STA0 和 STA1 有效，在连续读数据的过程中，每次读数据之前都需要确认 STA2 位为"1"。

```
RD_S2:LCALL RD_C
       JNB ACC.2, RD_S2
       RET
```

c. 状态位 STA3 判断子程序 RD_S3。RD_S3 的作用：STA3 位在数据自动写操作过程中，每次写数据之前都需要确认 STA3 位为"1"。

```
RD_S3:LCALL RD_C
       JNB ACC.3,RD_S3
       RET
```

d. 状态位 STA6 判断子程序 RD_S6。RD_S6 的作用：在每次读屏/拷贝屏幕操作过程之前，都需要确认 STA6 位为"0"。

```
RD_S6:LCALL RD_C
       JB ACC.6, ERO
       RET
ERO:SJMP   RD_S6
```

② 写指令和数据的通用子程序

```
WR_CD:LACLL   RD_S01            ;判断状态位
```

```
        MOV A,DATA1          ;取第一参数
        LACLL   WR3          ;写入参数
WR1:LACLL   RD_S01           ;单字节参数指令写入入口
        MOV  A,DATA2          ;取第二参数
        LACLL   WR3          ;写入参数
WR2:LACLL   RD_S01           ;无参数指令写入入口
        MOV  A,COMD          ;取指令代码单元数据
        LJMP   WR4           ;写入指令代码
WR3:MOV   DPTR,♯DADD        ;设置数据通道地址,即数据写入入口
WR4:MOVX   @DPTR,A          ;写入操作
        RET
```

注意：双字节参数指令写入子程序入口为 WR_CD，其第一参数应送入 DATA1 内，第二参数应送入 DATA2 内；单参数指令写入子程序入口为 WR1，应把参数送入 DATA2 内；无参数指令写入子程序入口为 WR2。

③ 读数据的通用子程序

```
RD_D:LACLL   RD_S01          ;判断状态位
        MOV   DPTR,♯DADD     ;设置数据通道地址
        MOVX   A,@DPTR       ;读数据操作
        MOV   DATA2,A        ;数据存入第二参数单元
        RET
```

LCD240×128 除直接控制方式（直接与 MPU 相连）外，还可以有间接控制方式，即 MPU 通过并行接口间接实现对液晶模块的控制。间接控制方式下需要对其时序关系了解清楚，并应该在程序中明确地反映出来，详细内容请参阅 T6963C 控制器使用手册等资料。

6.5 D/A 转换器及其接口

由于计算机只能处理数字量，因此自动控制领域中常见的一些模拟量（例如温度、压力、速度、电流及电压等）必须转换为相应的数字量才能输入计算机进行处理；计算机处理后输出的数字量信号有时也必须转换为相应的模拟信号，以满足后续执行元件的要求。这样就出现了数/模转换（D/A）和模/数转换（A/D）接口问题。

目前，D/A 转换器和 A/D 转换器都已经有各种集成芯片产品，它们具有功能强、可靠性高、体积小等特点，能方便地与微机进行连接。

本节介绍 D/A 转换器及其接口，A/D 转换器及其接口将在 6.6 节进行介绍。

6.5.1 D/A 转换器结构及原理

(1) D/A 转换器的结构及转换原理

数/模转换器常被称为 D/A 转换器（简称 DAC），它是把数字量转变成模拟量的器件。D/A 转换器的基本结构包括 4 个部分，即电阻解码网络、运算放大器、基准电源和模拟开关。目前常用 D/A 转换器其电阻解码网络为 T 型电阻网络结构，图 6-30 为一个 4 位 T 型电

阻网络型 D/A 转换器的结构示意图。

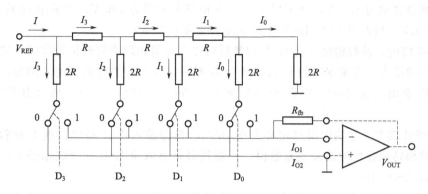

图 6-30 D/A 转换器结构示意图

图 6-30 中，V_{REF} 为外加基准电源，（$D_3 \sim D_0$）为输入数字量用作电流控制开关，R_{fb} 为外接运算放大器的反馈电阻。微机输出的数字量信号首先传送到数据锁存器中，再由模拟电子开关把数字量的高低电平转变为对应电子开关的状态：当数字量的某位为 1 时，电子开关将基准电压源 V_{REF} 接入电阻网络的相应支路；当该位为 0 时，则将对应支路接地。各支路的电流经过电阻网络加权后由运算放大器求和并将其变换成电压 V_{OUT} 作为 D/A 转换器的输出。

设图 6-30 中输入数字量 $D_3 \sim D_0$ 的值为"1111B"，则根据电流定律有：

$$I_3 = \frac{V_{REF}}{2R} = 2^3 \times \frac{V_{REF}}{2^4 R}, I_2 = \frac{I_3}{2} = 2^2 \times \frac{V_{REF}}{2^4 R}, I_1 = \frac{I_2}{2} = 2^1 \times \frac{V_{REF}}{2^4 R}$$

$$I_0 = \frac{I_1}{2} = 2^0 \times \frac{V_{REF}}{2^4 R}, I_{O1} = I_3 + I_2 + I_1 + I_0 = (2^3 + 2^2 + 2^1 + 2^0) \times \frac{V_{REF}}{2^4 R}, I_{O2} = 0$$

由于各支路开关状态受到输入数字量 $D_3 \sim D_0$ 的控制，其各位数值并不一定全是"1"。因此，可以写出如下通式：

$$I_{O1} = D_3 \times I_3 + D_2 \times I_2 + D_1 \times I_1 + D_0 \times I_0$$

$$= (D_3 \times 2^3 + D_2 \times 2^2 + D_1 \times 2^1 + D_0 \times 2^0) \times \frac{V_{REF}}{2^4 R} \quad (6\text{-}1)$$

考虑到放大器反相端为虚地，故反馈电阻支路的电流为 $I_{fb} = -I_{O1}$。取 $R_{fb} = R$，则有：

$$V_{OUT} = I_{fb} \times R_{fb} = -(D_3 \times 2^3 + D_2 \times 2^2 + D_1 \times 2^1 + D_0 \times 2^0) \times \frac{V_{REF}}{2^4} \quad (6\text{-}2)$$

将式（6-2）扩展到 n 位 D/A 转换器，可得输出电压 V_{OUT} 与输入二进制数字量（$D_{n-1} \sim D_0$）的关系式：

$$V_{OUT} = -(D_{n-1} \times 2^{n-1} + D_{n-2} \times 2^{n-2} + \cdots + D_1 \times 2^1 + D_0 \times 2^0) \times \frac{V_{REF}}{2^n} \quad (6\text{-}3)$$

(2) D/A 转换器的主要性能指标

D/A 转换器的技术性能指标很多，此处介绍分辨率、转换精度、非线性误差、稳定时间和工作温度范围等几个主要的技术性能指标。

① 分辨率。分辨率是描述 D/A 转换器对输入量变化敏感程度的指标，定义为当输入数字量变化 1 时，输出模拟量变化的大小。分辨率可以具体表示为"满刻度值/2^n"，一般 D/

A 转换器位数越多分辨率也就越高,因此,应根据分辨率的要求选定 D/A 转换器的位数。例如,设满刻度值为 5.12V,当采用 8 位 D/A 时其分辨率为 20mV;当采用 10 位 D/A 时其分辨率为 5mV;当采用 12 位 D/A 时其分辨率则为 1.22mV。

② 转换精度。转换精度是指 D/A 转换后所得实际值和理论值的接近程度。它和分辨率是两个不同的概念,分辨率高的 D/A 转换器并不一定具有高的转换精度。例如,如果满量程时的理论输出值为 10V,实际输出值则在 9.99～10.01V 之间,那么其转换精度为 ±10mV。

③ 非线性误差。非线性误差定义为在 D/A 转换器输入-输出特性曲线上的满刻度范围内,偏离理想转换特性的最大误差数值。一般用最低有效位 LSB 的分数来表示,其数值范围为 ±0.01%～0.8%。

④ 稳定时间。稳定时间是描述 D/A 转换速度快慢的一个指标,定义为从输入数字量变化到输出模拟量达到终值误差的 ±1/2LSB 时所需的时间。稳定时间越大,转换速度越低。输出形式为电流的转换器稳定时间较短,而输出形式为电压的转换器,由于需加上运算放大器的延迟时间,因此稳定时间要长些。根据该指标,可以将 D/A 转换器分成超高速(≤1μs)、高速(10～1μs)、中速(100～10μs)、低速(≥100μs)几挡。

⑤ 工作温度。较好的 D/A 转换器工作温度范围为 -40～85℃,较差的为 0～70℃。

6.5.2 D/A 转换芯片 DAC0832 及其应用

DAC0832 是一种内含数据寄存器的 8 位 D/A 转换芯片,可直接与微机相连接,在微机系统中应用广泛。DAC0832 的主要特性有:单电源供电,+5～+15V 均可;参考基准电压的范围为 ±10V;电流形式输出,稳定时间为 1μs;CMOS 工艺,低功耗 20mW。

(1) DAC0832 的结构及引脚

① DAC0832 内部结构 DAC0832 芯片内部功能结构包括 3 部分:一个 8 位的输入锁存器、一个 8 位的 DAC 寄存器和一个 8 位的 T 型电阻网络型 D/A 转换电路。其数据输入通道由输入锁存器和 DAC 寄存器构成两级数据输入锁存,使得 D/A 转换器在转换前一个数据的同时可以将下一个待转换数据预先送至输入寄存器,从而提高其转换速度。

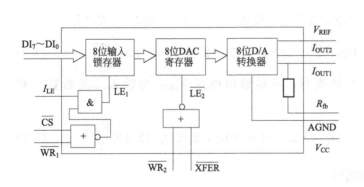

图 6-31 DAC0832 内部结构

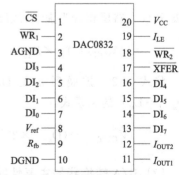

图 6-32 DAC0832 外部引脚

DAC0832 内部结构示意图如图 6-31 所示。图中,$\overline{LE_1}$ 为 8 位输入锁存器的内部控制端,当 $\overline{LE_1}=1$ 时,输入锁存器工作于直通状态(即锁存器的输出跟随输入);当 $\overline{IE_1}=0$

时，输入锁存器工作于锁存状态（数据进入锁存器被锁存）。$\overline{LE_2}$ 为 8 位 DAC 寄存器的内部控制端，当 $\overline{LE_2}=1$ 时，DAC 寄存器工作于直通状态；当 $\overline{IE_2}=0$ 时，DAC 寄存器工作于锁存状态。

② DAC0832 的外部引脚　DAC0832 芯片为 20 引脚、双列直插式的封装，如图 6-32 所示。主要引脚定义如下。

AGND、DGND：分别为模拟信号地端和数字信号地端。使用时，这两个接地端应该始终连接在一起。

$\overline{CS}$：片选信号，输入，低电平有效。

$DI_7 \sim DI_0$：转换数据（8 位二进制数字量）输入线。

I_{LE}：数据锁存允许信号，输入，高电平有效。

$\overline{XFER}$：数据传送控制信号，输入，低电平有效。

$\overline{WR_1}$：第 1 写信号输入线，低电平有效。它与 I_{LE} 信号一起共同控制输入锁存器的工作方式：是处于直通方式还是锁存方式：仅当 $I_{LE}=1$ 和 $\overline{WR_1}=0$ 时，有 $\overline{LE_1}=1$，输入锁存器为直通方式；否则 $\overline{LE_1}=0$，输入锁存器为锁存方式。

$\overline{WR_2}$：第 2 写信号输入线，低电平有效。它与 $\overline{XFER}$ 信号一起共同控制 DAC 寄存器的工作方式：仅当 $\overline{WR_2}=0$ 和 $\overline{XFER}=0$ 时，有 $\overline{LE_2}=1$，DAC 寄存器为直通方式；否则 $\overline{LE_2}=0$，DAC 寄存器为锁存方式。

I_{OUT1}、I_{OUT2}：D/A 转换后的电流输出引脚 1、2，两者符合特性：$I_{OUT1}+I_{OUT2}=$ 常数。当输入数据为全 "1" 时，I_{OUT1} 输出电流最大；当输入数据为全 "0" 时，I_{OUT1} 输出电流最小。

V_{ref}：外加参考基准电压的输入线，其电压范围在 $-10 \sim +10V$ 内。

R_{fb}：内部反馈电阻（芯片内部固化的一个 $15k\Omega$ 电阻）的引脚，接外部运算放大器的反馈电阻端。因为 DAC0832 是电流输出型 D/A 转换器，为得到电压的转换输出，使用时需在两个电流输出端接运算放大器，运算放大器的接法如图 6-30 所示。

另外，DAC0832 在使用时应注意下面两点：一是数据输入有效时间保持不小于 90ns，否则锁存的将是错误数据；二是系统输入给 $\overline{WR_1}$（或 $\overline{WR_2}$）的写选通脉冲应有一定的宽度，通常要求不小于 500ns。

（2）DAC0832 与 80C51 的接口方式及应用

DAC0832 可工作于直通、单缓冲和双缓冲三种方式。

① 直通方式　直通方式连线简单：将 I_{LE} 引脚接 +5V，同时 $\overline{CS}$、$\overline{WR_1}$、$\overline{WR_2}$ 及 $\overline{XFER}$ 引脚全部接地，此时 DAC0832 就处于直通工作方式。直通方式下，数字量一旦输入就直接进入 D/A 转换器进行转换。该方式不能直接与系统数据总线相连，需另加锁存器，故较少应用。

② 单缓冲方式　单缓冲方式有 3 种情况：第一种情况是 DAC 寄存器始终保持为直通状态，而输入寄存器为受控的直通/锁存状态；第二种情况是输入寄存器始终保持直通状态，而 DAC 寄存器为受控的直通/锁存状态；第三种情况是输入寄存器和 DAC 寄存器为同一受控方式，即两者同时直通或同时锁存。单缓冲方式用得最多的是第一种情况。DAC0832 工作于单缓冲方式的任一种情况时，有且仅有一个端口，其地址需根据 DAC0832 与微机之间

的具体连线确定。

单缓冲方式适用于系统只有一路模拟量输出，或者系统有多路模拟量输出但是不要求输出同步的情况。

a. DAC0832 单缓冲方式的接口电路。DAC0832 在单缓冲方式各种情况下的接口电路如图 6-33 所示。

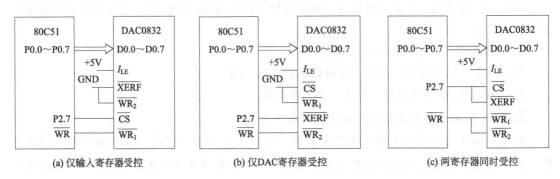

图 6-33　DAC0832 单缓冲方式下的接口电路

图 6-33(a) 为单缓冲第一种情况，I_{LE} 接高电平，$\overline{CS}$ 接系统地址线 P2.7，$\overline{WR_1}$ 接系统写控制线 $\overline{WR}$，$\overline{XFER}$ 和 $\overline{WR_2}$ 均接地，此时 DAC 寄存器直通，仅输入寄存器受控；图 6-33(b) 为单缓冲第二种情况，I_{LE} 接高电平，$\overline{CS}$ 和 $\overline{WR_1}$ 均接地，$\overline{XFER}$ 接系统地址线 P2.7，$\overline{WR_2}$ 接系统写控制线 $\overline{WR}$，此时输入寄存器直通，仅 DAC 寄存器受控；图 6-33(c) 为单缓冲第三种情况，I_{LE} 接高电平，$\overline{CS}$ 和 $\overline{XFER}$ 均连接到系统地址线 P2.7，$\overline{WR_1}$ 和 $\overline{WR_2}$ 均接地，此时输入寄存器与 DAC 寄存器同时受控。DAC0832 工作于单缓冲方式时只有一个数据端口。

b. DAC0832 的单极性和双极性输出方式。DAC0832 的输出有单极性、双极性两种输出方式，其电路如图 6-34 所示。

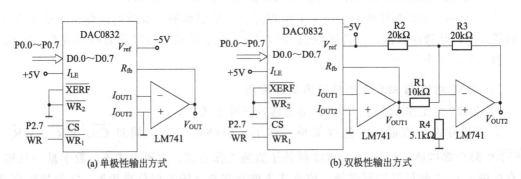

图 6-34　DAC0832 的输出电路

图 6-34(a) 为单极性输出方式，采用一级运算放大器将 DAC0832 的电流输出变换为电压输出，运放输出电压 V_{OUT} 的极性与参考电压 V_{ref} 的极性相反。例如，当 $V_{ref} = +5V$（或 $-5V$）、数字量变化范围为 $0 \sim 255$ 时，输出模拟电压变化范围为 $0 \sim -5V$（或 $0 \sim +5V$）。

图 6-34(b) 为双单极性输出方式，采用两级运算放大器，其中第二级运放的作用是将第一级运放的单极性输出 V_{OUT1} 变为双极性输出 V_{OUT2}，此时第二级运放的输出电压 V_{OUT2}

的具有与参考电压 V_{ref} 相同的极性。V_{OUT2} 与参考电压 V_{ref} 的关系为：

$$V_{\mathrm{OUT2}} = \frac{数码 - 128}{128} \times V_{\mathrm{ref}} \tag{6-4}$$

例如，$V_{\mathrm{ref}} = +5\mathrm{V}$ 时有 V_{OUT1} 的输出范围为 $0 \sim -5\mathrm{V}$，V_{OUT2} 的输出范围为 $-5 \sim +5\mathrm{V}$。$V_{\mathrm{OUT1}} = 0\mathrm{V}$ 时，$V_{\mathrm{OUT2}} = -5\mathrm{V}$；$V_{\mathrm{OUT1}} = -2.5\mathrm{V}$ 时，$V_{\mathrm{OUT2}} = 0\mathrm{V}$；$V_{\mathrm{OUT1}} = -5\mathrm{V}$ 时，$V_{\mathrm{OUT2}} = +5\mathrm{V}$。

c. DAC0832 单缓冲方式应用举例如下。

[例 6-7]　利用 DAC0832 产生正向锯齿波电压。

在一些控制应用中，需要提供一个正向锯齿波来控制检测的过程、移动记录笔或移动电子束等。正向锯齿波即线性增长的电压，其波形如图 6-35 所示。正向锯齿波常用的产生方法是由微机执行特定程序，控制 DAC0832 工作，并在 DAC0832 的输出端接运算放大器，通过运算放大器输出所需电压波形。

利用 DAC0832 产生锯齿波的电路连线如图 6-36，图中 DAC0832 工作于单缓冲方式的第一种情况，其端口地址为 7FFFH。产生正向参考程序 PSAWT 如下，执行该程序则运算放大器的输出端 V_{OUT} 就能得到如图 6-35 所示的锯齿波。

```
PSAWT:MOV  DPTR,♯7FFFH  ;置 DAC0832 的端口地址
      MOV  A,♯00H       ;待转换数字量的初值为"0",变化范围是从 0~255
LOOP:MOVX  @DPTR,A       ;对特定数字量进行 D/A 转换,获得对应电压输出
      INC  A             ;数字量的值加 1,成为下一次 D/A 转换的待转换值
      NOP                ;延时,NOP 的数量取决于锯齿波的斜率
      NOP
      NOP
      AJMP  LOOP         ;无条件转移至进行 D/A 转换的指令
```

③ 双缓冲方式　双缓冲方式是将 DAC0832 的输入寄存器和 DAC 寄存器接为彼此独立的受控锁存方式，此时 DAC0832 有两个独立的数据端口。

双缓冲方式下，一个 8 位数字量要进行 D/A 转换需分两步完成：第一步给出有效的输入寄存器端口地址，使数据直通输入寄存器；第二步给出有效的 DAC 寄存器端口地址，使数据直通 DAC 寄存器，最终到达 D/A 转换器进行转换。对于系统要求实现多路模拟信号同步输出的情况，就应使系统中各路 DAC0832 均工作于双缓冲方式。

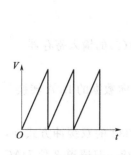

图 6-35　正向锯齿波形

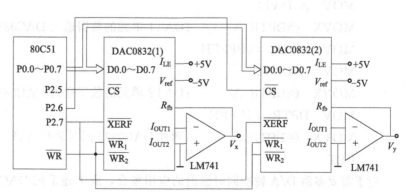

图 6-36　二路数字量信号到模拟信号的同步转换接口电路

a. DAC0832 双缓冲工作方式的接口电路。二路数字信号到模拟信号的同步转换接口电路如图 6-36，其中两片 DAC0832 均为双缓冲工作方式。两个 DAC0832 在连线上的相同之处是：I_{LE} 端均接上高电平，$\overline{XFER}$ 端均接至系统地址线 P2.7，$\overline{WR_1}$ 和 $\overline{WR_2}$ 均接至系统的写控制线 $\overline{WR}$。两者在连线上的不同之处是：DAC0832(1) 的 $\overline{CS}$ 接至系统地址线 P2.5，而 DAC0832(2) 的 $\overline{CS}$ 则接至系统地址线 P2.6。

由图 6-36 可知，两片 DAC0832 共有 3 个端口：一个是 DAC0832(1) 的输入寄存器端口，另一个是 DAC0832(2) 的输入寄存器端口，第三个是 DAC0832(1) 和 DAC0832(2) 的两个 DAC 寄存器合用的端口。据此可扩展更多路 D/A 转换以实现多路模拟信号同步输出。

b. DAC0832 双缓冲方式应用举例如下。

[例 6-8]　利用两片 DAC0832 输出控制 X-Y 绘图仪工作。

解：图 6-36 所示的电路常用于 X-Y 绘图仪的控制。X-Y 绘图仪一般由两个步进电机驱动，其中一个电机控制绘图笔沿 X 方向的运动，另一个电机则控制绘图笔沿 Y 方向的运动，从而使绘图笔能沿 X-Y 轴作平面运动。要使 X-Y 绘图仪绘制出光滑的曲线，需要通过两路 D/A 转换器分别给 X、Y 通道提供同步的模拟信号输出（若两通道的输出为先 X 后 Y，或先 Y 后 X，则绘制出的就是台阶状的曲线），故图中两片 DAC0832 均应该接为双缓冲工作方式。

根据图 6-36 可知，DAC0832(1) 输入寄存器的地址为 0DFFFH，DAC0832(2) 输入寄存器的地址为 0BFFFH，DAC0832(1) 和 DAC0832(2) 两个 DAC 寄存器公共端口的地址为 7FFFH。

实现 X、Y 两方向坐标量的一次同步输出，编程时需要先后 3 条数据传送指令：第一条指令负责将 X 坐标数据送入 DAC0832(1) 的输入寄存器；第二条指令负责将 Y 坐标数据送入 DAC0832(2) 的输入寄存器；最后一条指令负责打开两片 DAC0832 的 DAC 寄存器，在两片 DAC0832 内同时进行数据转换，从而实现 X、Y 两方向坐标量的同步输出。

设 X-Y 绘图仪所需的 X 坐标、Y 坐标数据分别存放于 80C51 单片机的 DAT1、DAT2 单元，其参考驱动子程序 X_YDR 如下：

```
X_YDR:MOV   DPTR,#0DFFFH
      MOV   A,DAT1
      MOVX  @DPTR,A      ;DAT1 单元的数据送入 DAC0832(1)的输入寄存器
      MOV   DPTR,#0BFFFH
      MOV   A,DAT2
      MOVX  @DPTR,A      ;DAT2 单元的数据送入 DAC0832(2)的输入寄存器
      MOV   DPTR,#7FFFH
      MOVX  @DPTR,A      ;两片 DAC0832 同时进行 X、Y 方向数据的 D/A 转换
      RET
```

对于需要多路 D/A 转换同时输出的应用场合，除上述采用 DAC0832 的双缓冲方式外，还可以采用其他多通道 DAC 芯片，例如双通道 8 位 DAC 芯片 AD7528、四通道 8 位 DAC 芯片 AD7526 等。

6.6　A/D 转换器及其接口

6.6.1　A/D 转换器结构及原理

（1）A/D 转换器的结构及转换原理

模/数转换器常也称 A/D 转换器，简称 ADC，它是把模拟量转变成数字量的器件。A/D 转换器按其转换原理可分为计数式、双积分式、逐次逼近式和并行式 4 种，其中应用较多的是双积分式和逐次逼近式。双积分式 A/D 转换器的优点是转换精度高、抗干扰能力强、价格便宜，其缺点是转换速度较慢，一般转换时间在十毫秒至数百毫秒之间，因此只适用于对转换速度要求不高的场合。逐次逼近式 A/D 转换器的转换精度较高，转换速度也较快，其转换时间在几微秒到几百微秒之间，而且电路结构不太复杂，因此得到了比较广泛的应用。下面就以逐次逼近式 A/D 转换器为例，简要介绍其结构及转换原理。

逐次逼近式 A/D 转换器由比较器、D/A 转换器、逐次逼近寄存器和控制逻辑 4 部分组成，图 6-37 所示为 8 位逐次逼近式 ADC 的结构框图。

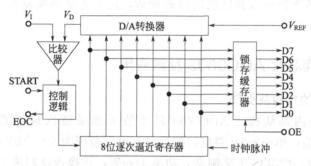

图 6-37　逐次逼近式 A/D 转换器结构框图

图 6-37 中，V_I 是需要进行 A/D 转换的模拟输入信号，为比较器的其中一个输入量；V_D 是逐次逼近寄存器的输出（8 位数字量）经 D/A 转换器转换后所得的模拟信号，为比较器的另一个输入量。图 6-37 中 8 位逐次逼近寄存器的作用是，产生或保存比较器进行转换的 8 位数字量，以及逐次比较转换后得到 8 位数字量结果。

A/D 转换开始时，在时钟脉冲的同步下，控制逻辑首先使得 8 位逐次逼近寄存器的 D7 位内容置 "1"、D6～D0 位均置 "0"，即逐次逼近寄存器输出值为 80H。该数字量（80H）经 D/A 转换为模拟量 V_D 输出给比较器，比较器将 V_D 与待转换的模拟输入信号 V_I 进行比较，若 V_I 大于或等于 V_D，则比较器输出为 1，在时钟脉冲的同步下，保留逐次逼近寄存器的最高位 D7＝1，并使得 D7 的下一位 D6＝1，得到新的 8 位数字量值 C0H，此 C0H 再经 D/A 转换得到新的 V_D 值，再将此新的 V_D 值与 V_I 进行比较，重复前述过程；反之，若 80H 经 D/A 转换输出的 V_D 大于 V_I 时，则比较器输出为 0，在时钟脉冲的同步下，逐次逼近寄存器的最高位 D7＝0，并使得 D7 的下一位 D6＝1，得到新的 8 位数字量值 40H，此 40H 再经 D/A 转换得到新的 V_D 值，再将此新的 V_D 值与 V_I 进行比较，重复前述过程。以此类推，直到逐次逼近寄存器的内容从 D7 到 D0 全部比较完毕后，控制逻辑将使得标志位 EOC＝1，表示 A/D 转换结束，此时 D7～D0 即为与输入模拟量 V_I 对应的数字量输出值。

(2) A/D 转换器的主要性能指标

① 分辨率　分辨率是描述 A/D 转换器对微小输入信号变化敏感程度的指标，定义为 A/D 转换器使输出数字量变化一个最小数码 1 时所对应输入模拟电压的变化大小。分辨率常用 A/D 转换器的位数来表示，也可以表示为具体数值：满刻度值/2^n。一般 A/D 转换器位数越多分辨率也就越高。例如，一个满刻度值为 10V 的 12 位分辨率的 A/D 转换器，其能分辨的最小输入电压的变化量是 2.4mV。

② 转换精度　A/D 转换器的转换精度可以用绝对误差和相对误差来表示。绝对误差指对应于一个给定数字量 A/D 转换器的误差，其误差的大小由实际模拟量输入值和理论值之差来度量。绝对误差包括增益误差，零点误差和非线性误差等。相对误差是绝对误差与满刻度值之比，一般用百分数来表示，常用最低有效值的位数 LSB 来表示，$1LSB=1/2^n$。一般，A/D 转换器位数 n 越大，其绝对误差（或相对误差）越小。

例如，一个输入模拟量范围为 0～5V 的 8 位 A/D 转换器，如果其绝对误差为 ±19.5mV，则相对误差为 0.39%，常表示为 ±1LSB。

③ 转换时间/转换速率　A/D 转换器完成一次转换所需的时间称为转换时间。逐位逼近式 A/D 转换器转换时间为微秒级，双积分式 A/D 转换器则为毫秒级。

A/D 转换器的转换速率是其转换时间的倒数，定义为能够重复进行数据转换的速度，即每秒转换的次数。

6.6.2　A/D 转换芯片 ADC0809 及其应用

(1) ADC0809 的结构及引脚

① ADC0809 的内部结构　ADC0809 是 8 位 8 通道逐次逼近式 AD 转换器芯片。ADC0809 的基本性能：单一＋5V 供电，模拟输入电压范围为 0～＋5V，输出为 TTL 电平兼容；分辨率为 8 位；CMOS 工艺制造，功率 15mW；转换速度取决于外接时钟频率，范围为 10k～1280kHz，典型应用的时钟频率为 500kHz，转换时间约为 100μs。

ADC0809 内部结构如图 6-38 所示，由模拟开关、地址锁存与译码电路、A/D 转换器及输出锁存器共 4 部分组成。带锁存控制的 8 路输入模拟开关可选通 8 个模拟通道，允许它们分时输入而共用一个 A/D 转换器。C、B、A 端输入的信号经地址锁存与译码电路处理后用于对模拟量输入通道进行选择，即："CBA"的 8 个可选输入取值"000"～"111"，依次对应于选中输入通道 IN0～IN7。A/D 转换器是 8 位逐次逼近型；输出锁存器具有三态输出功能，用于存放和输出转换所得数字量。

② ADC0809 的外部引脚　ADC0809 芯片为 28 引脚双列直插式封装，如图 6-39 所示。主要引脚定义如下：

V_{CC}、GND：分别为芯片的＋5V 电源输入端、接地端。

$V_{REF}(+)$、$V_{REF}(-)$：参考基准电源的正、负输入端。参考电压用来与输入的模拟信号进行比较，作为逐次逼近的基准。其典型值为 $V_{REF}(+)=+5V$，$V_{REF}(-)=0V$。

IN7～IN0：8 路模拟信号输入端。输入模拟量要求为单极性、0～5V 范围的电压信号，因此若传感器输出的电压幅值过小，应该将其放大到要求的范围再接至 ADC0809 的输入端；此外，还要求在 A/D 转换过程中，模拟量的输入值不应变化太快，因此对变化速度快的模拟量，应该在输入前增加采样保持电路对其进行处理。

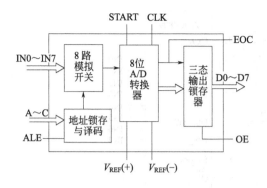

图 6-38 ADC0809 内部结构

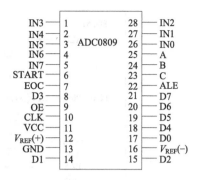

图 6-39 ADC0809 外部引脚

C、B、A：地址信号输入端，用于选通 8 路模拟开关。

ALE：地址锁存允许信号输入端。该引脚输入一个正脉冲时，将 C、B、A 端所加的地址值送入地址锁存器中并进行译码，选通相应的模拟输入通道。

START：A/D 转换启动信号输入端。该引脚输入一个正脉冲时，在脉冲的上升沿清零 ADC0809 内部的逐次逼近寄存器；脉冲下降沿到来时启动 A/D 转换。A/D 转换期间，此引脚应保持低电平。

CLE：时钟信号输入端。ADC0809 内部没有时钟电路，需由外界提供时钟信号，常用频率为 500kHz。

D7～D0：8 位数字量输出端。

EOC：A/D 转换结束信号输出端。若 EOC＝0，表示转换正在进行；若 EOC＝1，表示转换结束，该信号即用作为查询标志，也可作为中断请求信号使用。

OE：输出允许信号控制端。若 OE＝0，数据输出端 D7～D0 均呈现高阻状态；若 OE＝1，A/D 转换所得的数字信号输出到 D7～D0。

(2) ADC0809 与 51 单片机的接口方式及其应用

ADC0809 接入 51 单片机系统时，8 个模拟量输入通道 IN7～IN0 相当于 8 个数据端口，需要为这些端口配置地址然后才可以访问。与接入 51 系统的其他接口芯片一样，ADC0809 的每一个端口均需要合法的 16 位地址，并且其端口地址也要通过分别确定片选和字选，列出端口地址译码关系表来最终确定。ADC0809 端口地址中字选共有 3 位，由芯片上的通道选择信号 C、B、A 确定；片选可采用前述线选法或译码法（详见本书第 5 章）确定。

① ADC0809 与 80C51 的一种典型接口电路　图 6-40 所示为一种 ADC0809 与 80C51 单片机的典型接口电路。图 6-40 中，ADC0809 的片选采用线选法，当系统地址线 P2.5 输出"0"时表示选中该芯片。另外，地址线 P2.5 和写选通信号 $\overline{WR}$ 分别作为一个或非门的两输入，其输出连接到 ADC0809 的 START 引脚和 ALE 引脚；地址线 P2.5 又和读选通信号 $\overline{RD}$ 分别作为另一或非门的两输入，其输出连接到 ADC0809 的输出允许控制信号引脚 OE。根据图 6-40 所示的电路连线，ADC0809 输入通道 IN0～IN7 其中一组合法地址为 DF00H～DF07H。

图 6-40 中 ADC0809 的 START 引脚和 ALE 引脚连在一起，当给这两引脚输入一共同的正脉冲信号，则 ADC0809 将在信号的上升沿锁存选定模拟通道的地址，并紧接着在信号的下降沿启动 A/D 转换。若设 INx（其中）为当前选定的模拟量输入通道，该通道地址为 ADDINx，需要执行如下 2 条指令来启动 ADC0809 进行 A/D 转换：

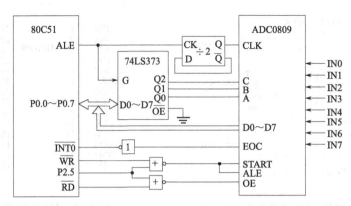

图 6-40　ADC0809 与 80C51 的一种典型接口电路

　　MOV DPTR,♯ADDINx

　　MOVX　@DPTR,A

　　此处 MOVX 指令的目的是使 80C51 送出启动 ADC0809 转换所需的 $\overline{WR}$ 信号，指令中 A 累加器的内容与 A/D 转换无关，因此可为任意值。

　　当完成对选定通道 INx 输入模拟量的 A/D 转换后，所得数字量需要传送给计算机存储和处理，此时也需要执行 2 条指令：

　　MOV　DPTR,♯ADDINx

　　MOVX　A,@DPTR

　　此处 MOVX 指令的目的是使 80C51 发出有效的 $\overline{RD}$ 信号，使与之相连 ADC0809 的 OE 信号有效，从而允许转换后的数据送入 A 累加器。

　　② ADC0809 与 80C51 接口电路的设计方法　设计 ADC0809 与 80C51 的接口电路时，应主要考虑两个问题：一是模拟量输入通道选择信号线的连接方式；二是 A/D 转换结束后，数据向单片机传送的方式。模拟量输入通道选择信号的两种连接方式如下。

　　a. 通道选择信号 C、B、A 与系统地址总线连接。该方式将 ADC0809 的 C、B、A 引脚连接到系统地址总线的末 3 位 A3～A0。图 6-40 采用的就是这种方式，将 C、B、A 引脚连至 80C51 地址线 P3～P0 经锁存器 74LS373 的输出 Q3～Q0。此时，ADC0809 启动转换的指令以及 A/D 转换结束后数据传送的指令均如前所述，指令中符号地址 ADDINx 的取值即为 DF00H～DF07H，对应所选输入通道为 IN0～IN7。

　　b. 通道选择信号 C、B、A 与系统数据总线连接。该方式是将 ADC0809 的 C、B、A 引脚与系统数据总线的末 3 位 D3～D0 相连，即不通过地址锁存器直接连接上 80C51 的数据线 P3～P0。这种方式下，A/D 转换结束后数据传送的指令与前一种方式完全相同；但启动 ADC0809 转换的指令则与前一方式有所区别，此时 A 累加器内容不能为任意值，而必须和所选输入通道相一致。启动 ADC0809 对 IN0 通道数据进行 A/D 转换的指令如下：

　　MOV　DPTR,♯0DF00H

　　MOV　A,♯00H　　　　；D2D1D0＝000,选择 IN0 通道

　　MOVX　@DPRT,A

　　A/D 转换结束后数据传送的关键是如何确认 A/D 转换的完成，只有确认数据转换完成后才能进行传送。解决这个问题，可以采用定时、查询及中断三种数据传送方式。三种传送方式在 ADC0809 与单片机的电路连线方面的区别在于对 EOC 引脚的应用。

a. 定时方式。因为实际 A/D 转换器的转换时间是固定和已知的，利用转换时间的这个特点可以设计定时传送的方式，思路如下：首先，根据已知的转换时间编写出延时子程序；启动 A/D 转换后，即调用上述延时子程序，待延时的时间就可以确认本次的数据转换已经完成；紧接着就可以执行向计算机传送数据的指令。

定时方式下，ADC0809 的 EOC 引脚不需要用到，该引脚悬空。

b. 查询方式。ADC0809 的 EOC 引脚为其转换完成状态信号输出端，A/D 转换进行过程中 EOC=0，转换结束后 EOC=1。查询方式的原理是：当 ADC0809 启动后，测试 EOC 的状态，若 EOC=0 表示 A/D 转换还在进行中，应继续测试 EOC 的状态；直到检测到 EOC=1，则表示本次 A/D 转换已经完成，接着就可以将转换后的数字量传送给计算机了。

查询方式需要用到 ADC0809 的 EOC 引脚，该引脚不能悬空，必须连接到 80C51 单片机的一条 I/O 口线，常见的是连接到 P1.0～P1.7 中的一位上。

c. 中断方式。利用 ADC0809 的转换完成状态信号 EOC 作为向单片机申请中断的中断请求信号，可以实现中断方式的数据传送。中断方式需要将 ADC0809 的 EOC 端连接到 80C51 外部中断输入引脚 INT0 或 INT1；另外，还需要编写中断服务子程序，在其中完成数据传送。与前两种方式相比，中断传送方式可大大节省 CPU 的时间。

③ ADC0809 接口应用举例

[例 6-9]　试编程实现利用 ADC0809 的 IN7 通道采集温度数据，连续采集次数为 NU-MA，数据存放于 80C51 内部 RAM 以 30H 为首的连续地址单元区，要求采用查询传送方式。

解：设 ADC0809 的 EOC 引脚连接到 80C51 的 P1.0，其他硬件连线与图 6-40 相同。参考程序 ADC_QUE 如下：

```
ADC_QUE:MOV   DPTR,#0DF07H    ;指定 IN7 通道
        MOV   R0,#30H         ;指定 A/D 转换后数据存放的首地址
        MOV   R2,#NUMA        ;循环控制计数器 R2 内容初始化为采集次数 NUMA
CONT:MOVX  @DPTR,A            ;采集次数未达到则反复启动 A/D 转换
HERE:JNB  P1.0,$             ;查询 A/D 转换是否结束
        MOVX  A,@DPTR        ;转换结束后将结果读取到 A 累加器
        MOV   @R0,A          ;转换后数据存入指定内存单元
        INC   R0            ;修改循环参数
        DJNZ  R2,UP          ;循环次数判断
        RET
```

[例 6-10]　设有一个 8 路模拟量参数的巡回输入检测系统，其电路连线如图 6-40 所示。试编程实现对该 8 路模拟量通道依次巡回检测一遍，并将所得采样数据依次存放在内部 RAM 的 78H～7FH 单元，要求采用中断传送方式。

解：由前述可知，图 6-40 中 ADC0809 输入通道 IN0～IN7 的一组地址为 DF00H～DF07H。参考程序 ADC_INT 如下：

```
ADC_INT:ORG   0000H          ;指定主程序 MAIN 的起始地址
        LJMP  MAIN
        ORG   0003H          ;指定中断服务子程序 INTAD 的起始地址
        LJMP  INTAD
```

```
MAIN:MOV R0,#78H          ;指定 A/D 转换后数据存放的首地址
      MOV   R2,#08H        ;循环控制计数器 R2 内容初始化为 8
      MOV   IE,#81H        ;中断允许设置
      SETB IT0             ;设置外部中断 0 为边沿触发方式
      MOV   DPTR,#0DF00H   ;从通道 IN0 开始巡回检测
      MOVX  @DPTR,A        ;启动对 IN0 通道数据的 A/D 转换
HERE:SJMP   HERE          ;等待中断
INTAD:MOVX A,@DPTR         ;某通道数据转换结束后将其读取到 A 累加器
      MOV   @R0,A          ;转换后数据存入指定内存单元
      INC  DPTR           ;修改指针内容,指向下一待检测通道
      INC  R0             ;修改指针内容,指向下一个数据的存放单元
      DJNZ  R2,INTBK       ;循环次数判断
      CLR   EA             ;所有通道巡回检测完成后关中断
      CLR   EX0            
      RETI                ;所有通道巡回检测完成后返回主程序
INTBK:MOVX  @DPTR,A        ;循环次数未达到则启动对下一通道的 A/D 转换
      RETI                ;返回主程序等待下一通道数据转换完成
```

思考题

6-1   并行输入输出端口工作于基本 I/O 方式和选通 I/O 方式各有何特点?

6-2   8255A 芯片的内部功能结构主要包括哪几个部分?

6-3   8255A 的数据端口有哪几种工作方式?各工作方式在应用上有何特点?

6-4   试确定 8255A 的工作方式控制字,使 PA 口设置为方式 0 输入,PB 口设置为方式 1 输出,PC 口高 4 位设置为输出、低 4 位设置为输入。

6-5   用一片 8255A 扩展 80C51 单片机外部接口,采用线选法将 80C51 的 P2.0 引脚与 8255A 的 $\overline{CS}$ 端相连。试画出 80C51 与 8255A 的硬件连线图,列出 8255A 的地址译码关系表,写出 8255A 各 I/O 端口最小的一组地址。

6-6   51 单片机扩展一片 8155 芯片可以同时扩展系统哪几个方面的功能?

6-7   8155 的数据端口有哪几种工作方式?各工作方式在应用上有何特点?

6-8   用一片 8155 扩展 80C51 单片机外部接口,采用线选法将 80C51 的 P2.7、P2.6 引脚分别与 8155 的 $\overline{CE}$、IO/$\overline{M}$ 端相连。试画出 80C51 与 8155 的硬件连线图,列出 8155 的地址译码关系表,写出 8155 各 RAM 单元和 I/O 端口的最小一组地址。

6-9   采用题 6-8 中 80C51 与 8155 的连线,设 8155 的 PA 口为基本输出,PB 口与 PC 口为基本输入,要求从 8155 的 PA 口连续输入数据,并对每个输入数据进行判断:若不为零,将它存放到 80C51 以 30H 为首地址的片内 RAM 区;若为零,则从 PB 口输出数据 FFH,同时停止 PA 口的输入。试编写完成上述功能的程序。

6-10   简述键值和键特征值的定义,并说明两者之间的关系。

6-11   何谓按键的抖动?按键抖动对单片机系统有何影响?如何消除按键抖动?

6-12 简述非编码式键盘采用行扫描法识别键特征值的原理及对接口电路的要求。

6-13 简述非编码式键盘采用线反转法识别键特征值的原理及对接口电路的要求。

6-14 设 80C51 扩展一片 8155 用作 6×4 矩阵键盘的接口,以 8155 的 PA 口作为键盘的行线端口,PB 口作为键盘的列线端口,采用行扫描法识别键特征值。试画出该系统的电路连线图,并编写键盘扫描程序。

6-15 8 段 LED 数码显示器的段控和位控分别指什么?试说明在一个共阴极 8 段 LED 数码显示器上显示字符"9"的原理。

6-16 简述多位 LED 显示器静态显示和动态显示的原理及各自的特点。

6-17 设计 80C51 单片机连接连接 4 位 LED 数码显示器的动态显示接口电路,并编写使 LED 数码显示器显示字符"2016"的动态显示程序。

6-18 简述 LCD 显示器结构、工作原理及特点。

6-19 简述点阵图形液晶模块 LCD240×128 的内部功能结构。

6-20 液晶控制器 T6963C 可以设置 LCD 的哪 4 种显示模式?各显示模式对应的设置指令分别是什么?

6-21 D/A 转换的作用是什么?D/A 转换器由哪几部分基本结构组成?

6-22 对于某个 12 位的 D/A 转换器,若其满量程输出电压为 5V,那么它的分辨率是多少?

6-23 DAC0832 与 51 单片机接口有哪 3 种方式?各接口方式有什么特点?

6-24 设 80C51 与 DAC0832 的接口电路如图 6-41 所示,试完成:①确定图中 DAC0832 的工作方式及各端口的最小一组地址;②试编写产生三角波输出的程序。

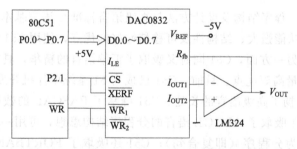

图 6-41 一种 80C51 与 DAC0832 的接口连线图

6-25 A/D 转换器按转换原理不同可分为哪几个类型?

6-26 ADC0809 在 A/D 转换结束后数据传送的方式有哪几种?各方式有何特点?

6-27 用 80C51 和设计一个数据采集系统,利用 ADC0809 的 IN1 通道连续采集 20 个数据存放于 80C51 内部 RAM 以 50H 为首的区域,以定时方式传送数据。试画出 80C51 与 ADC0809 的接口电路,并编写程序实现上述功能。

6-28 用 80C51 和 ADC0809 设计一个 6 路模拟量输入检测系统,利用 ADC0809 巡回采样一遍 6 个通道,以查询方式传送数据,依次存放在片外 RAM 以 2000H 为首的区域。试完成:①画出该系统的硬件连线框图;②编写巡回采样一遍数据程序。

第7章 C51 语言及其程序设计

单片机程序设计语言除了第 3 章介绍过的汇编语言外，C 语言也是其常用的编程语言。20 世纪 90 年代中期以后，采用 C 语言开发单片机程序成为一种主流应用趋势。专用于 51 系列单片机编程的 C 语言称为 C51 语言。

7.1 C51 语言及程序结构的特点

7.1.1 C51 语言特点

C51 的语法规定、程序结构及设计方法与高级语言标准 C 语言基本相同，因此，与汇编语言相比，C51 具有功能强大、结构性及可移植性好的优点，使用 C51 编程可以缩短项目开发周期、降低成本。另一方面，C51 同时又吸取了汇编语言的精华，具有高级语言没有的描述准确和目标程序质量高等优点。目前，C51 已成为 51 系统单片机开发的主流编程语言。

① C51 继承和发扬了高级语言的长处。C51 继承了 PASCAL 的数据类型，提供了相当完备的数据结构；C51 吸取了 ALGOL 语言的分程序结构思想，可用一对花括号 "｛｝" 把一串语句括起来而成为分程序（即复合句）；C51 还吸取了 FORTBAN 语言的模块结构思想，C51 程序的每一个函数都是独立的、可以单独编译的，有利于对一个大的程序进行分工编程和调试；而且，C51 程序中的任何函数都允许递归，使得某些算法实现起来十分方便。

② C51 吸取了汇编语言的精华，方便了某些特殊功能程序的设计，而且 C51 生成的目标代码质量高，其代码效率可以和汇编语言相媲美。C51 语言提供了对位、字节以及地址的操作，使程序可以直接对单片机的内存及指定寄存器进行操作；C51 能方便地与汇编语言连接，C51 程序中引用汇编程序与引用 C51 函数一样；C51 吸取了宏汇编技术中的某些灵活的处理方法，提供宏代换 ♯define 和文件包含 ♯ include 的预处理命令。

7.1.2 C51 程序结构特点

C51 程序的一般结构是开始部分为预处理命令、函数声明和变量定义等，然后是各函数部分。函数是 C51 程序的基本单位，C51 程序必须包含一个 main（）函数，也可以包含一个 main（）函数和若干其他函数。C51 编译器提供了十分丰富的库函数；此外，用户可以根据实际需要编制出各种不同用途的功能函数。C51 可以说是函数式的语言，利用这一特点可以很容易实现结构化的程序设计。下面通过例 7-1 的简单实例对 C51 程序结构进行说明。

[**例 7-1**]　电路连接如图 7-1 所示，编写 C51 程序实现图中发光二极管按设定的点亮 500ms、熄灭 200ms 的方式闪烁。

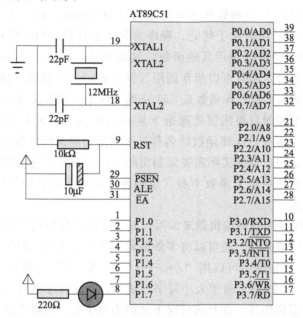

图 7-1　单片机控制一个发光二极管闪烁的电路

解：参考程序如下

```
#include<reg51.h>              //预处理命令
#define uint unsigned int      //预处理命令
sbit LED=P1^7;                 //位变量声明,为P0^7定义位名称LED
void Delayms(uint)             //声明延时功能函数Delayms
void main()                    //主函数体
{
    while(1)                   //循环
    {
        LED=0;                 //点亮发光二极管
        Delayms(500);         //调用Delayms函数,延时500ms
        LED=1;                 //熄灭发光二极管
        Delayms(200);         //调用Delayms函数,延时200ms
    }
}
void Delayms(uint xms)         // Delayms函数定义
{
    uint i,j;                 //定义unit类型变量i、j
    for(i=xms;i>0;i--);       //延时约x毫秒
        for(j=110;j>0;j--);
}
```

本例中，预处理命令♯inclde通知编译器在对程序进行编译时，将头文件reg51.h（reg51.h文件中包括了对51单片机特殊功能寄存器的说明）读入后再一起进行编译。通常C51编译器都会提供若干个不同用途的头文件，头文件的读入是在对程序进行编译时才完成的。预处理命令♯define进行宏定义，用uint定义无符号整形变量。

本程序用到了main（）主函数和延时功能函数Delayms。main（）主函数，是C51程序的入口。无论main（）函数放于何处，程序总是从它开始执行，该函数执行结束则程序结束。在main（）函数中可以调用其他函数，其他函数可以是C51编译器提供的库函数，也可以是用户自定义函数。函数可以相互调用，但是main（）函数不能被其他函数调用。

C51提供了丰富的库函数，库函数是C51在库文件中已经定义过的函数，其函数声明放在相关的头文件中，编程时只要用预处理指令♯include包含相关头文件然后即可在程序中直接对它们进行调用。所有C51库函数的名称、原型及功能说明请参见本书附录B。

用户自定义函数是用户根据实际需要编制出的各种不同用途的功能函数。对于用户自定义函数，不仅需要在程序中定义函数本身，还必须在调用该函数的模块中对它进行函数声明，然后才能进行使用。

C51源程序可以用任何一种编辑器来编写，其程序的书写格式十分自由。一条语句既可以写成一行，也可以写成几行，还可以将多条语句写在一行之内，但是每条语句都必须以分号";"作为结束符。在程序中可以用"/*……*/"或"//"对任何部分作注释，以增加程序的可读性。此外，C51语言对于大小写字母敏感，因此程序中同一个字母的大小写，系统做不同的处理。习惯做法是，在普通情况下采用小写字母，对具有特殊意义的变量或常数（例如特殊功能寄存器SCON、TMOD、TCON等）则采用大写字母表达。

支持单片机的C语言编译器有多种，如Automation、Avocet、BSO/TASKING和Keil C51等，其中Keil C51以其代码紧凑和使用方便等特点优于其他编译器，使用特别广泛。

7.1.3 C51预处理命令

当需要对C51编译程序进行操作时就要用到预处理命令，预处理命令的作用类似于汇编语言中的伪指令。预处理命令通常只进行一些符号的处理，并不执行具体的单片机硬件操作，为了与一般的程序语句相区别，预处理命令前要加一个"♯"前缀。编译程序对源程序进行编译时，先处理其中的预处理命令，然后将此处理结果和程序其他部分一起进行编译，最后产生目标代码。C51预处理命令主要有文件包含指令、宏定义指令和条件编译指令等。

(1) 文件包含指令（♯include命令）

♯include命令通常位于C51源程序开头，功能是用指定文件的全部内容替换该预处理行。该命令在进行较大规模程序设计时很有用：可先将组成程序的各功能函数分散到多个程序文件，分别由若干人员完成编程，最后再用♯includc命令将它们嵌入到一个总程序文件中。

♯include命令包含的文件通常是头文件、宏定义等。♯include命令的一般形式如下：

♯include "头文件.h"　　　//其中双引号""括起来的文件名是要引入的头文件名
♯include <头文件.h>　　　//其中尖括号< >括起来的文件名是要引入的头文件名
♯include 宏定义标识符

C51标准库提供了许多用于♯include命令包含的文件，这些文件称为头文件。头文件存放在 Keil 集成开发环境的目录 Keil \ C51 \ INC 文件夹及其子目录下。C51 常用的头文件如下。

① absacc. h 文件：包含允许直接访问 51 单片机不同存储区的宏定义。

② asscert. h 文件：定义 asscert 宏，用来建立程序的测试条件。

③ ctype. h 文件：常用的字符转换和分类程序。

④ intrins. h 文件：包含指示编译器产生嵌入原有代码的程序的原型。

⑤ math. h 文件：常用的数学程序。

⑥ reg51. h 文件：51 子系列单片机特殊功能寄存器。

⑦ reg52. h 文件：52 子系列单片机特殊功能寄存器。

⑧ stdio. h 文件：常用的输入和输出程序。

⑨ stdlib. h 文件：存储区分配程序。

⑩ string. h 文件：常用的字符串操作程序和缓冲区操作程序。

⑪ stdarg. h 文件：可变长度参数列表程序。

⑫ setjmp. h 文件：定义 jmp_buf 类型以及 setjmp 和 longjmp 程序的原型。

（2）宏定义指令

宏定义指令是用一些标识符作为宏名，用它以代替其他一些符号或者常量的预处理命令。其中，宏名既可以是字符串或常数，也可以是带参数的宏。宏名是一个标识符，在源代码中遇到该标识符时，均以宏定义的串的内容代替该标识符，这个代替过程称为宏替换。使用宏定义指令可以减少程序中字符串输入的工作量，同时还提高了程序的可移植性。

宏定义指令可分为带参数和不带参数的宏定义两类。宏定义预处理命令有以下两条：

① #define 命令　用于定义一个宏名，既可带参数，也可不带参数。#define 的一般格式为：

#define　标识符　常量表达式

② #undef 命令　用于取消之前用 #define 命令定义过的宏名。一般形式为：

#undef 宏名

上述宏定义指令的应用示例如下：

```
#include <stdio. h>
#define COUNT 50          //宏定义
void main()
{
printf("COUNT=%d\n", COUNT);     //输出 COUNT=50
#undef COUNT                      //撤销 COUNT 宏定义
}
```

（3）条件编译指令

① #if、#else 和 #endif 命令　一组用于进行条件编译的预处理命令，其应用一般格式如下：

```
#if 常量表达式      //常量表达式为进行条件编译的判断条件
语句段；            // 语句段为进行条件编译的程序代码段
#else
```

语句段；

#endif

② #elif 命令　用于进行在多种编译条件下进行选择编译的情况，其应用一般格式如下：

#if 表达式 0

语句段；

#elif 表达式 1

语句段；

#elif 表达式 2

语句段；

…

#elif 表达式 n

语句段；

#endif

③ #ifdef 和 #ifndef 命令　用于判断宏名是否被定义过，并据此情况进行条件编译。#ifdef 命令的一般格式为：

#ifdef 宏名

语句段；

#else

语句段；

#endif

（4）其他编译指令

① #line 命令　用于修改_LINE_与_FILE_的内容。_LINE_和_FILE_是在编译程序中预先定义的标识符，分别表示行号和源文件。#line 命令的一般格式如下：

#line 数字["文件名"]

其中，"数字"为任意正整数，表示源程序中当前语句的行号；"文件名"为可选的任意有效文件标识符，表示源文件的名字。#line 命令主要用于调试及其他一些特殊的应用。

② #error 命令　常用于条件编译中以捕捉不可预料的编译条件，正常情况该条件应为假；当条件为真时，强制停止编译并输出错误提示信息。该命令主要用于程序调试，应用格式如下：

#error "message"　//其中，"message"为需要显示的错误提示信息。

③ #pragma 命令　用于向编译程序传送各种 C51 控制指令。编译系统将根据 #pragma 后面的编译命令，按特定方式编译 C51 的字符串和函数。#pragma 命令的一般格式如下：

#pragma 编译命令名序列　//例如 "#pragma asm" 的作用是在 C51 中插入汇编语句

7.2　C51 数据与运算

7.2.1　数据类型

数据类型决定了数据在计算机内存中的存放情况，有基本和复杂两类数据类型。

7.2.1.1　基本数据类型

基本数据类型包括字符型、整型、长整型、浮点型、位类型、特殊功能寄存器型。有些基本数据类型又可分为有符号型 signed（默认类型）和无符号型 unsigned 两类。表 7-1 列出了 Keil C51 编译器支持的基本数据类型。

表 7-1　Keil C51 编译器支持的基本数据类型

基本数据类型	长度	取值范围
unsigned char	1 字节	0～255
signed char	1 字节	−128～+127
unsigned int	2 字节	0～65535
signed int	2 字节	−32768～+32767
unsigned long	4 字节	0～4294967295
signed long	4 字节	−2147483648～+2147483647
float	4 字节	±1.175494E−38～±3.402823E+38
bit	1 位	0 或 1
sbit	1 位	0 或 1
sfr	1 字节	0～255
sfr16	2 字节	0～65535

(1) 字符型（char）

char 分为 signed char 型（默认类型）和 unsigned char 型两类。其中，signed char 用于定义补码表示的单字节带符号数据；unsigned char 则用于定义无符号的单字节的数据或字符，其中字符以其 ASCII 码存放。

(2) 整型（int）

int 分为 signed int 型（默认类型）和 unsigned int 型两类。其中，signed int 用于定义补码表示的双字节带符号数据；unsigned int 则用于定义双字节无符号数。

(3) 长整型（long）

long 分为 singed long 型（默认类型）和 unsigned long 型两类。其中，signed long 用于定义补码表示的四字节带符号数。unsigned long 则用于定义四字节无符号数。

(4) 浮点型（float）

float 用于定义单精度浮点型数据，长度为四个字节，其最高位为符号位，其次的 8 位为阶码，最后的 24 位为尾数。

(5) 位类型（bit/sbit）

位数据类型有 bit 型和 sbit 型两种。其中，用 bit 定义的位变量在编译时，不同的时候其位地址是可变的；而用 sbit 定义的位变量则必须固定与 51 单片机内部某个可寻址位联系在一起，因此在编译时其对应的位地址不可变。

(6) 特殊功能寄存器型（sfr/sfr16）

该数据类型有 sfr 型和 sfr16 型两种，C51 中对特殊功能寄存器的访问必须先用 sfr 或 sfr16 进行声明。其中，sfr 为字节型特殊功能寄存器类型，可以访问 51 单片机内部所有的特殊功能寄存器；sfr16 为双字节型特殊功能寄存器类型，用于访问 51 单片机内部的双字节特殊功能寄存器。

程序执行过程中有时会出现运算对象数据类型不一致的情况，此时 C51 自动按照如下优先级进行数据类型转换：bit→char→int→long→float→signed→unsigned，先将级别低的转化为级别高的数据类型，再进行运算，最终结果为高级别类型。除了上述自动隐式转换外，C51 还允许采用强制类型转换符"（）"对数据类型进行人为转换。

7.2.1.2 复杂数据类型

复杂数据类型是由基本数据类型按一定的规则组合而成的，复杂数据类型包括指针、空类型、数组、结构体、联合体和枚举。

（1）指针（＊）

关于指针必须掌握"变量的指针"和"指针变量"两个概念。

变量的指针是指变量的地址，一个变量的地址就称为该变量的指针。例如，一个整型变量 x，如果它存放于内存单元 30H 中，则 x 的指针就是其地址 30H。

指针变量则是指一个专用于存放另一个变量地址的变量，它的值是指针。设有一变量 y 中存放的是变量 x 的地址，则变量 y 中的值即是变量 x 的指针，变量 y 就是一个指向变量 x 的指针变量。指针变量的定义需要用到指针符号"＊"。

① 指针变量的定义　定义指针变量的一般形式是：基类型 ＊ 指针变量名。定义指针变量时必须指定其基类型，其中指针变量名前面的"＊"符表示该变量的类型为指针型变量。例如 char ＊ p1，＊ p2 表示定义了两个指针变量 p1 和 p2，它们是指向字符型变量的指针变量。

② 指针变量的引用　为了在程序运行时能够获得变量地址以及能够使用指针所指向的变量的值，C51 提供了 2 个运算符：取地址运算符"&"和指针运算符"＊"。运算符"&"可以把一个变量的地址送给指针变量，使指针量指向该变量；运算符"＊"则可以实现通过指针变量访问它所指向的变量的值。例如：

int a，＊ pa，＊ pb；//变量及指针变量定义
pa＝&a；　　　　//变量 a 的地址赋给指针变量 Pa,使 pa 指向变量 a
＊ pa＝5；　　　//等价于 a＝5
pb＝pa；　　　　//指针变量 pa 中的地址赋给指针变量 pb,使指针变量 pb 也指向 a

（2）空类型（void）

空类型数据长度为零，主要用于两种情况：一是明确地表示一个函数不返回任何值，例如 void f() 表示函数 f() 不返回任何值；二是产生一个同一类型的指针（可根据需要动态分配给其内存），void 指针不指向任何类型，即 void 指针仅仅是一个地址。由于其他指针都包含有地址信息，所以将其他指针的值赋给 void 指针是合法的；反之，将 void 指针赋给其他指针则不被允许，除非用 () 进行强制类型转换，例如：定义了 char ＊ x1 和 void ＊ x2，则可以通过 x1＝(char ＊)x2 进行强制类型转换。

（3）数组

数组是一组有序数据的集合，数组中所有数据都属于同一数据类型。数组分为一维数组（只有一个下标）和多维数组（有两个以上的下标）。数组中的各个元素可以用数组名和下标来唯一地确定，元素的下标是从 0 开始的。数组必须先定义才能使用，格式如下：

① 一维数组定义的格式　数据类型 数组名 ［常量表达式］；

其中，"数据类型"说明了数组中各元素的类型；"数组名"是整个数组的标识符；"常量表达式"必须用方括号"［］"括起来，用于指出数组长度，即该数组中的元素个数。例如：char A［6］，表示定义了一个字符型数组 A，它具有 A［0］～A［5］共 6 个元素。引用数组中单个元素的形式就是数组名加下标，例如：A［1］即引用数组 A 中的第 2 个元素。

② 二维数组定义的格式 数据类型 数组名［常量表达式 1］［常量表达式 2］；

例如：Int B［5］［5］，表示定义了一个 5×5 的整数矩阵 B。同理，定义多维数组时，只要在数组名后面增加相应于维数的常量表达式即可。

（4）结构体（struct）

结构体是将若干个不同类型的数据变量有序地组合在一起形成的一种集合体，组成该集合体的各个数据变量称为结构体成员。一般结构体中各变量之间是存在某些关联的，例如日期数据中的年、月、日等。结构体将一组相关联的数据变量作为一个整体来进行处理，有利于对复杂而又具有内在联系的数据进行有效管理。结构体的定义有两种方法：

① 先定义结构体类型，再定义结构体变量。格式如下：

struct 结构体名｛结构体元素表｝；

struct 结构体名 结构体变量名 1，结构体变量名 2，…；

其中"结构体元素表"为结构体中的各个成员，在定义时须表明各个成员的数据类型。例如，先定义结构体类型 Sdata，再定义该类型的变量 sd1 和 sd2，定义方法如下：

```
struct Sdata｛；
    Int year；
    char month，day；
｝；
struct Sdata sd1，sd2；
```

② 定义结构体类型的同时定义结构体变量。格式如下：

struct 结构体名

｛结构体元素表｝结构体变量名 1，结构体变量名 2，…；

例如，上述结构体变量 sd1 和 sd2 也可以按以下方式定义：

```
struct Sdata
{
    int year；
    char month，day；
}sd1，sd2；
```

定义了一个结构体变量之后，就可以对它的元素进行引用，完成赋值、存取和运算等。引用结构体元素的一般格式为"结构体变量名 . 结构体元素"，例如"sd2. day"。

（5）联合体（union）

联合体是由若干不同类型数据变量组成的一种集合体，这些变量称为联合体的成员。联合体类型及其变量的定义和结构体相似，区别只是将关键字由 struct 换成 union。但在内存的分配上联合体与结构体完全不同：结构体中定义的各个变量占用不同的内存单元，各变量在存放位置上是分开的，结构体变量占用的内存长度是其各元素所占内存长度的总和；而联合体中定义的各个变量则都是从同一个内存单元地址开始存放，从而使得不同的变量可以分时使用同一个内存空间，联合体变量所占内存长度是各元素中长度的最大值。因此，结构体变量的各个元素可以同时进行访问，而联合体变量的各个元素在一个时刻只能对其中的一个进行访问。联合体的定义有两种方法：

① 先定义联合体类型，再定义联合体变量。格式如下：

union 联合体类型名｛联合体元素表｝；

union 联合体名 联合体变量名 1，联合体变量名 2，…；

例如以下代码先定义了一个联合体类型 Udata，再定义了该类型的变量 ud1 和 ud2：

```
union Udata{
    float x;
    int y;
    char z;
};
union Udata ud1,ud2;
```

② 定义联合体类型的同时定义联合体变量。格式如下：

union 联合体类型名

｛成员列表｝ 联合体变量列表

例如，上述联合体变量 ud1 和 ud2 也可以按以下方式定义：

```
union Udata{
    float x;
    int y;
    char z;
}ud1,ud2;
```

联合体变量中元素的引用形式为"联合体变量名．联合体元素"。例如，可以通过下面的形式引用前述联合体变量 ud1、ud2 中的元素：

ud1. y；

ud2. x；

可以用这样的引用形式来进行联合体变量元素的赋值、存取和运算。由于联合体变量各元素的数据类型不一样，要注意在使用时必须按相应的数据类型进行运算。

(6) 枚举（enum）

枚举类型是一个赋予了名字的若干整型常量的集合。枚举定义时应列出该类型变量的所有可取值，这些整型常量即是该类型变量可取的所有的合法值。枚举的两种定义方法：

① 先定义枚举类型，再定义枚举变量。格式如下：

enum 枚举名｛枚举值列表｝；

enum 枚举名 枚举变量列表；

例如以下代码先定义了一个枚举类型 Edata，再定义了该类型的变量 ed1 和 ed2：

enum Edata｛E0,E1,E3｝；

enum Edata ed1,ed2；

② 定义枚举类型的同时定义枚举变量。格式如下：

enum 枚举名 ｛枚举值列表｝ 枚举变量列表；

例如，上述枚举变量 ed1 和 ed2 也可以按以下方式定义：

enum Edata{E0,E1,E3} ed1,ed2;

只有建立了枚举类型的原型"enum Edata"将枚举名与枚举值列表联系起来，并进一步说明该原型的具体变量"enum Edata ed1，ed2"之后，C51 编译系统才会给 ed1 和 ed2 分配存储空间，这些变量才可以具有与所定义的相应枚举列表中的值。

7.2.1.3　运用"typedef"定义新数据类型

在 C51 语言中用户还可以根据自己的需要对数据类型重新定义。重新定义时需用到关键字 typedef，定义格式为"typedef　已有的数据类型　新的数据类型名;"。其中，"已有的数据类型"指以上面介绍的所有基本和复杂数据类型；"新的数据类型名"可按用户的习惯或任务需要决定。例如：

typedef int NEWI;　　/* 定义 NEWI 为新的整型数据类型名,即 NEWI 等效于 int */
NEWI a,b;　　　　/* 用 word 对变量 i,j 进行定义,将 i,j 定义为 int 型变量 */

typedef 只是对 C51 中已有的数据类型做了一个名字上的置换，并没有创造出一个新的数据类型。为便于与原有数据类型相区别，一般通过 typedef 定义的新数据类型用大写字母表示。需要注意，typedef 可以定义新的数据类型名，但不能用于直接定义变量。

采用 typedef 更新定义数据类型有利于程序移植，还可以简化较长的数据类型定义。在采用多模块程序设计时，如果不同的模块程序源文件中用到同一类型的数据（尤其是数组、指针、结构、联合等）时，常用 typedef 将这些数据重新定义并放到一个单独的文件中，需要时再用预处理命令 #include 将它们包含进来。

7.2.2　常量与变量

7.2.2.1　常量

常量是在程序执行过程中其值不能改变的量。使用常量时可以直接给出常量的值，也可以用一些符号来代替常量的值，这称之为"符号常量"。符号常量有含义清楚的优点，可以做到见名知意；此外，符号常量还可以做到一改全改。

C51 支持的常量有整型常量、浮点型常量、字符型常量和字符串型常量。

(1) 整型常量

整型常量即整型常数根据其值的范围分配不同的字节数来存放。一个整数，当其值达到长整型的范围，或者在其后面加一个字母 L（或小写 l），则该整数按照长整型存放，占用存储器的四个字节。例如，整数 218l 将占用 4 个字节的空间。整型常量可表示为两种形式：

① 十进制整数形式，例如 123，−25。

② 以 0x 或 0X 开头的十六进制整数形式，例如 0x6A 表示十六进制数 6AH。

(2) 浮点型常量

浮点型常量即实型常数。浮点型常量的表示形式有以下两种：

① 十进制表示形式，由数字和小数点组成。例如 33.875。

② 指数表示形式，是为方便计算机对浮点数进行处理。例如：−23.157e−3、4.163E2。

(3) 字符型常量

字符型常量是由单引号括起来的一个字符，包括可显示的一般字符（如 '8'、' * '、

'B'等）和不可显示的控制字符。其中，控制字符用于完成一些特殊功能和输出时的格式控制，都是以反斜杠"\"开头，称为转义字符。表 7-2 列出了常用的转义字符。

表 7-2　C51 中常用的转义字符

转义字符	含　义	ASCII 码	转义字符	含　义	ASCII 码
\0	空字符（null）	00H	\f	换页符（FF）	0CH
\n	换行符（LF）	0AH	\'	单引号	27H
\r	回车符（CR）	0DH	\"	双引号	22H
\t	水平制表符（HT）	09H	\\	反斜杠	5CH
\b	退格符（BS）	08H			

（4）字符串型常量

字符串型常量是由双引号括起来的字符序列，例如"A"和"data8"。在每个字符串的结尾，系统会自动加一个转义字符'\0'作为字符串结束符，结束符'\0'不引起任何操作，也不会显示到屏幕上。

注意不要将字符常量和字符串常量混淆，一个字符常量在计算机内只用一个字节存放；而一个字符串常量存放时，不仅双引号内的每个字符占用一个字节，而且结束符'\0'还要占用一个字节。例如，字符串"this is my bag"的最后一个字符为'\0'，所以该字符串在内存中的长度不是 14 个字节，而是 15 个字节。另外，不能将字符串常量赋给一个字符变量。C51 中没有专门的字符串变量，如果要保存字符串变量，需要用字符数组来存放。

（5）位常量

位常量的值是一位二进制数，即"0"或者"1"。

7.2.2.2　变量

C51 中可通过地址来访问内存单元的数据，数据通常是以变量的形式进行存放和访问的。变量是一种在程序执行过程中其值能不断变化的量，一个变量由两部分组成：变量名和变量值。其中，"变量名"是数据的标识，相当于内存单元的地址；"变量值"是数据的内容，相当于内存单元中存放的内容。对于变量的访问有直接和间接两种访问方式。

如果程序中定义了一个变量，编译器就会在编译时为这个变量分配一定的内存单元进行存储。例如，为整型变量分配 2 个字节单元，为浮点型变量分配 4 个字节单元，为字符型变量分配 1 个字节单元等。变量在使用前必须对其进行定义，以便编译系统为它分配相应的存储单元。变量定义的格式如下：

［存储种类］数据类型说明符［存储器类型］变量名 1[＝初值]，变量名 2[＝初值]，…；

（1）变量名

C51 语言规定，变量名可由字母、数字和下划线三种字符组成，并且第一个字符必须为字母或下划线。变量名有普通变量名和指针变量名两种，区别是指针变量名前要带"*"号。

（2）数据类型说明符

定义变量时，必须用数据类型说明符指明变量的数据类型，即指明变量在内存中占用的字节数。数据类型可以是基本数据类型、复杂数据类型，还可以是 typedef 定义的类型别名。

（3）存储种类

存储种类是指变量在程序执行过程中的作用范围。C51 变量的存储种类有自动（auto）、外部（extern）、静态（static）和寄存器（register）四种，其中自动存储种类为默认类型。

① auto 类型　用 auto 定义的变量称为自动变量，其作用范围在定义它的函数体（或复合语句）内部。当函数体（或复合语句）执行时，C51 才会为该变量分配内存空间，函数体（或复合语句）结束时该变量占用的内存空间释放。这类一般分配在内存的堆栈空间中。

② extern 类型　用 extern 定义的变量称为外部变量。外部变量被定义后会分配固定的内存空间，并在程序执行整个时间内有效，直到程序结束才释放其所占的内存空间。在一个函数体内，如果要使用一个在该函数体外或别的程序中已经定义过的外部变量时，那么该变量在本函数体内要用 extern 进行说明。

③ static 类型　用 static 定义的变量称为静态变量，可分为内部静态变量和外部静态变量。内部静态变量是在函数体内部定义的静态变量，它在对应的函数体内有效，一直存在，但在函数体外则不可见，这样不仅使变量在定义它的函数体外被保护，还可以保证当离开该函数时变量的值不会被改变。外部静态变量是在函数外部定义的静态变量，它在程序中一直存在，但在定义的范围之外是不可见的，例如在多文件或多模块处理中，外部静态变量只在定义它的文件内部或模块内部有效。

④ register 类型　用 register 定义的变量称为寄存器变量，这类变量是存放在内部寄存器中的，因而其处理速度快，但是数量少。编译时 C51 编译器能自动识别程序中使用频率最高的变量，自动将其作为寄存器变量，用户可以无需专门进行声明。

（4）存储器类型

存储器类型是用于指明变量所处的单片机存储器区域情况。C51 编译器能识别的存储器类型如表 7-3 所示。

表 7-3　C51 中变量的存储器类型

存储器类型	说　　明
DATA	直接寻址的片内数据存储器低 128B，访问速度最快
BDATA	片内数据存储器的位寻址区，共 16B，允许位与字节混合访问
IDATA	间接寻址访问的片内数据存储器，允许访问全部 256B 的片内 RAM
PDATA	分页寻址的片外数据存储器，用 Ri 间接寻址访问的片外 RAM 的低 256B
XDATA	用 DPTR 间接寻址访问的片外数据存储器，允许访问全部 64KB 的片外 RAM
CODE	程序存储器，允许访问全部 64KB 的 ROM

定义变量时，如果省略"存储器类型"选项，则 C51 编译器将按编译时使用的存储模式来规定默认存储器类型，以确定变量的存储器空间。另外，函数中不能采用寄存器传递的参数变量和过程变量也保存在默认的存储器空间。C51 编译器支持 small、compact 和 large 共 3 种存储模式，不同的存储模式对变量默认的存储器类型不同。存储模式对变量的影响如下：

① small 模式　又称为小编译模式，该模式下进行编译时，函数参数和变量被默认定义在片内 RAM 中，存储器类型为 data。

② compact 模式　又称为紧凑编译模式，该模式下进行编译时，函数参数和变量被默认定义在分页寻址的片外数据存储器中（即片外 RAM 低 256B 的空间），存储器类型为 pdata。使用 MOVX @Ri 类指令对变量进行间接访问，变量的高 8 位地址由 P2 口确定。采用这种模式的同

时，必须适当改变启动配置文件 STARTUP. A51 中的参数：PDATASTART 和 PDATALEN。用 BL51 进行连接时，还必须采用连接控制命令 PDATA 来对 P2 口地址进行定位，才能确保 P2 口为所需要的高 8 位地址。

③ large 模式　又称为大编译模式，该模式下进行编译时，函数参数和变量被默认在片外 RAM 的 64KB 空间，存储器类型为 xdata。使用数据指针 DPTR 间接访问变量，这样访问数据的效率不高，特别对于 2 个以上字节的变量。

C51 程序中变量存储模式的指定通过 ♯pragma 预处理命令实现。函数的存储模式可在定义时后带存储模式说明来指定。如果没有指定存储模式，则系统隐含为 small 模式。例如：

♯pragma small　　/＊指定变量的存储模式为 small 模式＊/

int xdata x1；

char x2；

♯pragma compact　　/＊指定变量的存储模式为 compact 模式＊/

int idata x3

程序编译时，变量 x1 和 x3 由于在定义时指出了存储器类型，因此它们分别为 xdata 型和 idata 型；而变量 x2 则由 small 存储模式决定了其存储器类型为 data 型。

（5）特殊功能寄存器变量

51 单片机片内有许多特殊功能寄存器（SFR），每个特殊功能寄存器在片内 RAM 中都对应于一个字节或两个字节单元。C51 允许用户对这些特殊功能寄存器进行访问，必须通过类型说明符 sfr 或 sfr16 对它们进行定义。sfr 用于对单字节的 SFR 进行定义；sfr16 则用于对双字节的 SFR 进行定义。特殊功能寄存器变量定义的格式如下：

sfr 或 sfr16　特殊功能寄存器名＝地址常数；

其中，"特殊功能寄存器名"一般用大写字母表示；等号后面的"地址常数"是 SFR 的低字节地址，一般用直接地址形式。例如：

sfr P0＝0x80；　　/＊定义 I/0 口 PO,其地址为 0x80＊/

sfr16 DPTR＝0x82

sfr16 T1＝0x8A

（6）位变量

C51 允许用户通过位数据类型说明符（bit 或 sbit）来定义可位寻址操作的位变量。

bit 用于定义一般的可以进行位操作的位变量，定义格式为"bit 位变量名;"。此格式中可加上各种修饰符，须注意存储器类型只能是 bdata、data 和 idata，只能是片内 RAM 的可位寻址区，严格来说只有 bdata。例如：

bit data b1；

bit bdata b2；

sbit 用于定义在可位寻址的字节单元或特殊功能寄存器（SFR）中的位，定义时须指明其位地址。sbit 型位变量的定义格式如下：

sbit 位变量名＝位地址；

等号右边的"位地址"可以是"直接位地址"，其范围为 0x80～0xFF；也可以是"可位寻址的字节单元地址 ^ 位编号"，其中的字节单元地址必须是 0x80～0xFF 之间的常数，位编号是 0～7 之间的常数；还可以是"特殊功能寄存器名 ^ 位编号"。例如：

sbit CY＝0xd7；

sbit P1_6＝P1 ^ 6；

unsigned char bdata flag；

sbit flag2＝flag ^ 2

为了用户处理方便，C51 编译器对 51 单片机的常用特殊功能寄存器和特殊位进行了定义，并将它们放在名为"reg51.h"的头文件中。用户只须在使用之前用一条预处理命令"＃include＜eg51.h＞"把这个头文件包含到程序中，然后就可使用特殊功能寄存器名和特殊位名称。

7.2.3　运算符与表达式

7.2.3.1　运算符

C51 语言将除了输入/输出和控制语句以外的几乎所有的基本操作都处理为运算符。表 7-4 列出了 C51 中的各运算符及其优先级，按照其优先级从高至低，依次分为 1～15 级。运用表 7-4 时，注意以下几点。

表 7-4　C51 各类运算符及其优先级

优先级	运算符	运用形式	含义	说明
1 级	( )	(表达式)/函数名(形参表)	改变优先顺序/函数调用	左结合性
	[ ]	数组名[常量表达式]	数组下标	
	.	对象.成员名	对象成员选择	
	->	对象指针->成员名	对象指针成员选择	
2 级	!	!表达式	逻辑非	右结合性、单目运算符
	~	~表达式	按位取反	
	－	－表达式	负号	
	++	++变量名/变量名++	自增	
	－－	－－变量名/变量名－－	自减	
	*	*指针变量	取值	
	&	&变量名	取地址	
	(type)	(数据类型)表达式	强制类型转换	
	sizeof	sizeof(表达式)	取占用内存长度	
3 级	*	表达式*表达式	乘法	左结合性、双目运算符
	/	表达式/表达式	除法	
	%	整型表达式/整型表达式	取模(或称求余)	
4 级	＋	表达式＋表达式	加法	
	－	表达式－表达式	减法	
5 级	≪	变量≪表达式	左移	
	≫	变量≫表达式	右移	
6 级	＞	表达式＞表达式	大于	
	＜	表达式＜表达式	小于	
	＞＝	表达式＞＝表达式	大于等于	
	＜＝	表达式＜＝表达式	小于等于	
7 级	＝＝	表达式＝＝表达式	等于	
	！＝	表达式！＝表达式	不等于	
8 级	&	表达式&表达式	按位"与"	
9 级	^	表达式^表达式	按位"异或"	
10 级			表达式|表达式	按位"或"	
11 级	&&	表达式&&表达式	逻辑与	
12 级	||	表达式||表达式	逻辑或	

优先级	运算符	运用形式	含义	说明
13级	?:	表达式1? 表达式2:表达式3	条件运算符	右结合性、三目运算符
14级	=	变量=表达式	赋值	右结合性
	+=	变量+=表达式	加后赋值	
	−=	变量−=表达式	减后赋值	
	*=	变量*=表达式	乘后赋值	
	/=	变量/=表达式	除后赋值	
	%=	变量%=表达式	取模后赋值	
	&=	变量&=表达式	按位"与"后赋值	
	^=	变量^=表达式	按位"异或"后赋值	
	|=	变量|=表达式	按位"或"后赋值	
	≪=	变量≪=表达式	左移后赋值	
	≫=	变量≫=表达式	右移后赋值	
15级	,	表达式,表达式,…	从左向右顺序执行	左结合性

① 表达式中，优先级较高的运算符会先于优先级较低的运算符进行运算。

② 如果一个运算量两侧的运算符为相同优先级时，则按运算符规定的结合性方向处理。运算符的结合性分为两类：左结合性（从左到右）和右结合性（从右到左）。

③ 单目运算符只有一个运算（操作）对象；双目运算符有两个运算（操作）对象；三目运算符则有三个运算（操作）对象。

7.2.3.2 表达式

表达式是用来计算值的式子，由运算对象和运算符组成。表达式中的运算对象可以是常量、变量、函数和表达式。

(1) 算术表达式

算术表达式是用算术运算符和括号将运算对象（操作数）连接起来的、符合语法规则的式子。例如：x*a/(2+y)−'A'。

(2) 赋值表达式

赋值表达式是用赋值运算符将一个变量和一个表达式连接起来的式子，其一般形式为"变量 赋值运算符 表达式"。

(3) 逗号表达式

用逗号将两个或两个以上的表达式连接起来称为逗号表达式，其一般格式为："表达式1，表达式2，…，表达式 n"。

对于逗号表达式，程序执行时将从左至右的顺序依次计算出各个表达式的值，而整个逗号表达式的值由其最右边的表达式的值决定。例如：y=(x=8,5*2)的结果是 y=10。

(4) 关系表达式

关系表达式是用关系运算符（又称比较运算符）将两个表达式连接起来的式子，其中表达式可以是算术表达式、关系表达式、逻辑表达式、赋值表达式和字符表达式。关系表达式的值是逻辑值："真"或"假"，分别用"1"或"0"代表。例如：(a=3)≥(b=6)。

(5) 逻辑表达式

逻辑表达式是用逻辑运算符连接关系表达式或除 void 外任意类型的数据形成的式子。

注意以下几点。

① 在进行形如"<表达式 1>&&<表达式 2>&&<表达式 3>&&……"的 && 运算时，只要其中一个运算分量为"假"，则结果就为"假"，即其余表达式无需再计算了。

② 在进行形如"<表达式 1>||<表达式 2>||<表达式 3>||……"的||运算时，只要其中一个运算分量为"真"，则结果就为"真"，即其余表达式无须再计算了。

③ 如果需要使用复杂的逻辑表达式，可用括号区分逻辑表达式的执行顺序（即优先级），以减少编译处理时出现不可预见的逻辑运算错误。

[例 7-2]　求表达式"! b<2||5&&5<=5"的值。

解：该表达式的执行顺序可分为如下五个步骤

第①步："! b"的值为"1"，此时原表达式变成"1<2||5&&5<=5"；

第②步："1<2"的值为"1"，此时原表达式变成"1||5&&5<=5"；

第③步："5<=5"的值为"1"，此时原表达式变成"1||5&&1"；

第④步："5&&1"的值为"1"，此时原表达式变成"1||1"；

第⑤步："1||1"的值为"1"。

所以，表达式"! b<2||5&&5<=5"的值为"1"。

7.3　C51 流程控制语句与函数

7.3.1　流程控制语句

（1）表达式语句

在表达式的后边加一个分号";"就构成了表达式语句。以下语句都是表达式语句：

++m;

a=2;b=68;

x=(a+b)/5;

表达式语句的特例是仅由一个分号组成的空语句，空语句是什么也不执行的语句。当程序在语法上需要一个语句，而不要求有具体动作时，则可以用空语句。例如：

while (getchar()! ='\n'); //只要键盘输入的字符不是回车符，则重新输入。循环体为空语句。

（2）复合语句

用一对大括号"｛｝"将若干条语句括在一起就形成了一个复合语句，其内部各条单语句需要以分号";"结束，但复合语句的最后不需要以分号";"结束。复合语句的一般形式为：

```
｛
    局部变量定义；
    语句 1；
    语句 2；
    …
    语句 n；
｝
```

复合语句包含的单语句一般是可执行语句，此外还可以是变量定义语句（变量的数据类型说明）。在复合语句内部定义的变量，称为该语句的局部变量，它们仅在当前复合语句中有效。复合语句内部的各条单语句将按其所在顺序依次执行，整个复合语句在语法上等价于一条单语句。复合语句通常出现在函数中，其实函数体本身就是一个复合语句。

（3）return 语句

return 语句一般置于函数体的最后，用于终止函数的执行并控制程序返回调用该函数时所处的位置。return 语句有以下两种格式：

return（表达式）；

或

return；

通常用 return 语句把调用函数取得的值返回给主调用函数。第一种格式中 return 后面带有表达式，return 语句需要计算表达式的值，并将该值作为函数的返回值带回。第二种格式中 return 后面不带表达式，则函数返回一个不确定的值。

（4）if 条件分支语句

if 条件分支语句简称 if 语句，C51 中 if 语句有三种格式。

① 格式一：

if(条件表达式)语句;//表达式的结果为"真"（非 0），就执行语句;反之,则不执行语句。

② 格式二：

if(条件表达式)语句 1;

else 语句 2;//表达式的结果为"真"，就执行语句 1;反之,则执行语句 2。

③ 格式三：

if(条件表达式 1)语句 1;

else if(条件表达式 2)语句 2;

…

else if(条件表达式 n−1)语句 n−1;

else 语句 n;

//根据条件表达式 1,2,…,n−1 的结果为"真"，分别执行语句 1,2,…,n−1;如果上述条件表达式的结果均为"假"，则执行语句 n。格式三用来实现程序多分支。

（5）switch 多分支选择语句

虽然 if 语句通过嵌套可实现程序多分支，但其结构复杂。C51 中专门提供了处理多分支结构的 switch 多分支选择语句，简称 switch 语句，格式如下：

```
switch(整型或字符型表达式)
{
    case 常量表达式 1:[语句 1;][break;]
    case 常量表达式 2:[语句 2;][break;]
    …
    case 常量表达式 n:[语句 n;][break;]
    default:[语句 n+1;]
}
```

其中，中括号"［］"内为可选项。switch 语句的执行过程如下：

① 计算 switch 后面表达式的值，将该值与所有 case 后面的常量表达式进行比较；

② 当 switch 后面表达式的值与某个 case 后面的常量表达式等值相，就执行这个 case 后面的语句。如果这个 case 语句后面跟有 break 语句，那么执行到 break 就退出整个 switch 结构；如果这个 case 语句后面没有跟有 break 语句，则会依次执行后面的 case 语句，直到遇到 break 或结束。

③ 如果 switch 后面表达式的值与所有 case 后面的常量表达式的值均不相等，则执行 default 后的语句，然后退出 switch 结构。

(6) 循环语句

① for 语句（也称 for 循环）　for 语句可以包含一个计数变量，也可以包含任何一种表达式；既可用于循环次数已定的情况，也可用于循环次数不定的情况。因此它是 C51 中功能最强大、使用最灵活的循环控制语句。for 语句的一般形式如下：

for（表达式 1；表达式 2；表达式 3）

语句；//循环体，如果包含一条以上的语句，则应用"｛｝"将它们括起来形成复合语句。

上述 for 语句的执行过程如下：第一步，求表达式 1 的值；第二步，求表达式 2 的值，如果表达式 2 的值"真"，就执行循环体中的语句，反之，则退出结束 for 循环；第三步，求表达式 3 的值；第四步，返回去重复执行前述第二、第三步的内容，直至退出结束 for 循环。

for 语句最典型的应用形式为：

for（循环变量初值表达式；循环条件表达式；循环变量增值表达式）语句；

//此处，表达式 1 为循环变量赋初值；表达式 2 对循环变量进行判断；表达式 3 对循环变量的值进行更新，最终使循环变量的值达到退出 for 循环的条件。

② while 语句（也称 while 循环）　while 语句用于构建"当型循环"结构，特点是：先判断条件，然后执行循环体。while 语句的一般形式如下：

while（表达式）

语句；//循环体，如果包含一条以上的语句，则应用"｛｝"将它们括起来形成复合语句。

上述 while 语句中括号"（）"内的表达式是能否循环的条件，当表达式的值为"真"时，就重复执行循环体内的语句；当表达式的值为"假"时，则退出该 while 循环，程序将执行循环之外的下一条语句。如果在第一次判断时条件就不成立，则循环体一次也不会执行。

③ do-while 语句（也称 do-while 循环）　do-while 语句用于构建"直到型循环"结构，特点是：先执行循环体，然后对循环条件进行判断。do-while 语句的一般形式如下：

do

语句；//循环体,如果包含一条以上的语句,则应用"｛｝"将它们括起来形成复合语句。

while(表达式)

上述 do-while 语句的执行过程如下：第一步，执行 do-while 之间的循环体语句；第二步，计算 while 后面括号内表达式，若表达式的值为"真"，则重复执行 do-while 之间的循环体语句，若表达式的值为"假"，则退出该 do-while 循环，程序将执行该循环语句后的其他语句。

do while 语句执行时，循环体至少会被执行一次。

（7）其他语句

① break 语句　有两种应用：一是用在 swith 多分支选择结构中，如果某 case 语句后面跟有 break，则程序执行到 break 就退出 switch 结构去执行该 swith 结构后面的语句；二是用在循环结构中，在循环体中可以使用 break 语句强行跳出循环，去执行该循环结构之后的语句。注意：break 语句不能用在除了以上两种情况之外的其他任何语句中。

② continue 语句　通常用在循环结构中，作用是结束本次循环。当执行到该语句时，程序将跳过循环体中 continue 后面的语句，直接进行下一次是否继续循环的条件判断。

continue 和 break 语句都可以用于跳出循环结构，二者的区别是：continue 语句只退出本次循环而不结束整个循环；break 语句则结束整个循环，不会再进行条件判断。

③ go to 语句　功能是使实现程序无条件转移，该语句的一般形式为：

go to 语句标号：//语句标号是一个带冒号"："的标识符。

C51 程序设计中，go to 语句通常用于跳出多重循环。使用 go to 语句可以从内层循环跳到外层循环，但是不允许从外层循环跳到内层循环。此外，go to 语句还可以与 if 语句一起使用从而构成一个循环结构。

7.3.2　函数

（1）函数的定义
函数定义的一般格式如下：
函数类型 函数名(形式参数表)[reentrant][interrupt m][using n]
形参类型说明
{
　函数体
}
①"函数类型"：函数类型用于说明函数返回值的类型。如果函数不要求有返回值，则此函数类型可以写为 void。

②"函数名"：函数名是用户为自定义函数取的名字，以便调用函数时使用。

③"形式参数表"与"形参类型说明"：形式参数简称为形参，它们可以是各种类型的变量。形式参数表用于列出在主调函数与被调用函数之间传递数据的所有形参，各形参之间用逗号间隔。在进行函数调用时，主调函数将赋予这些形参实际的值。如果函数无形参，函数名后的括号（）也不可少。形参必须给以类型说明，形参说明也可以在形参列表中完成。

④ 修饰符"reentrant"：reentrant 用于把函数定义为可重入函数。重入函数是指允许被递归调用的函数，除非被定义为重入函数，否则一般的函数不允许递归调用。函数的递归调用是指当一个函数正被调用尚未返回时，又直接或间接调用该函数本身。对于重入函数应注意以下几点：第一，重入函数被调用时其实参表内不允许使用 bit 类型的参数，也不能返回 bit 类型的值，在函数体内也不允许存在关于位变量的操作；第二，编译时系统会为重入函数在存储器中建立一个模拟堆栈区称为重入栈，重入函数的局部变量及参数将被放在重入栈

中，从而使得重入函数可以实现递归调用；第三，实际参数可以传递给间接调用的重入函数；无重入属性的间接调用函数则不能包含调用参数，但可以使用定义的全局变量来进行参数传递。

⑤ 修饰符 "interrupt m"：interrupt m 用于把函数定义为中断函数。函数定义时使用了该修饰符，系统在编译时会把对应函数转化为中断函数，自动加上程序头段和尾段，并按51 单片机中断的处理方式自动地把它安排在程序存储器的相应位置。m 取值为 0～31，其中 0～5 的取值依次分别对应于外部中断 0、定时/计数器 0 溢出中断、外部中断 1、定时/计数器 1 溢出中断、串行口中断和定时/计数器 2 溢出中断，其它取值 6～31 为预留值。编写中断函数应注意：中断函数禁止使用 extern 存储类型说明以防止其它程序调用，建议将中断函数写在文件的局部；中断函数不能进行参数传递，中断函数中如果包含参数声明将导致编译出错；中断函数没有返回值，应将中断函数定义为 void 类型以明确说明没有返回值。

⑥ 修饰符 "using n"：using n 用于指定本函数内部使用的工作寄存器组，n 取值为 0～3 表示工作寄存器组号。由于 C51 函数的返回值是在工作寄存器中的，如果寄存器组改变了则返回值就会出错，因此 using n 不能用于修饰符有返回值的函数。

⑦ 函数体："｛｝"中的内容称为函数体。函数体一般由声明语句和执行语句两部分组成。声明语句用于对函数中用到的局部变量进行定义，也可能对函数体中调用的函数进行声明；执行语句是用来完成一定功能的若干语句。如果函数体内部没有语句仅有一对空的"｛｝"，这种函数称为空函数。

(2) 自定义函数的声明

函数声明是把函数的名字、类型以及形参的类型、个数和顺序通知编译系统，以便调用函数时系统进行对照检查。C51 中函数声明的一般形式如下：

［extern］ 函数类型 函数名(形式参数表)；

如果声明的函数不在文件内部，那么声明时必须带有 "extern"，以指明使用的函数是在另一个文件中的；如果声明的函数在文件内部，则声明语句中不用带有 "extern"。

(3) C51 的输入和输出函数

C51 没有提供用于输入和输出的语句，其输入和输出操作的是由函数来实现的。C51 提供了名为 stdio.h 的 I/O 函数库，库中定义了输入和输出函数，使用输入和输出函数之前须先用预处理命令 "＃include＜stdio.h＞" 将该函数库包含到文件中。stdio.h 库中定义的 I/O 函数都是通过串行口实现其功能，因此必须先对 51 单片机的串行口进行初始化：将串行口设置为工作方式 2；并对定时/计数器 T1 进行设置，使 T1 溢出率满足波特率的要求。

① 格式输出函数 printf() 功能是通过串行口输出数据，数据可以是任意类型。printf() 函数的格式如下：

printf(格式控制,输出参数表)；

"输出参数表"是需要输出的一组数据也可以是表达式。

"格式控制"是用双引号括起来的转换控制字符串，包括 3 类信息：格式说明符、普通字符和转义字符。其中，格式说明符的功能是将输出的数据转换为指定的格式输出，它由"％"和格式字符组成（例如％d），可用到的格式字符见表 7-5；普通字符用于输出某些提示信息，是按其原样输出的字符；转义字符用于输出特定的控制符，见前面介绍过的表 7-2。

表 7-5　printf（）函数用到的格式字符

格式字符	数据类型	输出格式
d	int	带符号十进制数
u	int	无符号十进制数
o	int	无符号八进制数
x	int	无符号十六进制数，用"A～F"表示
f	float	带符号十进制数浮点数，形式为［－］dddd. dddd
e,E	float	带符号十进制数浮点数，形式为［－］d. ddddE＋dd
g,G	float	自动选择 e 或 f 格式中更紧凑的一种输出格式
c	char	单个字符
s	指针	指向一个带结束符的字符串
p	指针	带存储器批示符和偏移量的指针，形式为 M:aaaa 其中，M 可分别为:C(code),D(data),I(idata),P(pdata) 如 M 为 a，则表示的是指针偏移量

② 格式输入函数 scanf（）　功能是通过串行口实现数据输入。scanf（）函数的格式如下：

scanf(格式控制,地址列表)；

"地址列表"由若干地址组成，可以是指针变量、取地址运算符"＆"加上变量名（表示变量的地址）或是取地址运算符"＆"加上字符串名（表示字将串的首地址）。

"格式控制"是用双引号括起来的转换控制字符串，包括 3 类信息：格式说明符、空白字符和普通字符。格式说明符用于指明输入数据的格式，它由"％"和格式字符组成，可用到的格式字符见表 7-6；空白字符包含空格、制表符、换行符等；普通字符是除了以百分号"％"开头的格式说明符外的所有非空白字符，要求按字符原样输入。

表 7-6　scanf（）函数用到的格式字符

格式字符	数据类型	输出格式	格式字符	数据类型	输出格式
d	int 指针	带符号十进制数	f,e,E	float 指针	浮点数
u	int 指针	无符号十进制数	c	char 指针	字符
o	int 指针	无符号八进制数	s	string 指针	字符串
x	int 指针	无符号十六进制数			

[例 7-3]　格式输入及输出函数的应用举例。本例假设 51 单片机时钟频率为 12MHz，串行通信波特率为 2400bps。

```
＃include＜reg51. h＞          //将特殊功能寄存器库包含到文件中
＃include＜stdio. h＞          //将 I/O 函数库包含到文件中
void main( )                  //主函数
{
int A,B                       //主函数内部变量类型说明
SCON＝0x52;                    //以下 4 条语句完成 51 单片机串行口的初始化
TMOD＝0x20
TH1＝0xF3;
TR1＝1;
printf("input A,B;\n");       //输出提示信息
scanf("％d％d",＆A,＆B);       //输入 A 和 B 的值
printf("％xH＋％xH＝％xH\n",A,B,A＋B); //按十六进制形式输出 A＋B 的值
}
```

（4）函数的调用

函数调用的一般格式如下：

函数名（实际参数列表）；

对于有参数的函数调用，若实际参数列表包含多个实际参数，各实际参数之间用逗号隔开。在主调函数中进行函数调用的形式有三种：

① 以语句的形式调用函数。即将被调用函数作为主调用函数的一个语句。

② 以函数表达式的形式调用函数。此时函数被放在一个表达式中，成为表达式中的一个运算对象。该函数要求带有返回语句，以返回一个明确的数值参加其所在表达式的运算。

③ 以参数的形式调用函数。即将被调用函数作为另一个函数的参数。

（5）函数的嵌套调用与递归调用

函数的嵌套调用是指在一个函数被调用的过程中又调用了另一个函数。C51 语言允许在一个函数的定义中出现对另一函数的调用。这样就出现了函数的嵌套调用，即在被调函数中又调用其他函数。例如，一个程序中主函数调用了 sum 函数，而在 sum 函数中又调用了 mul 函数，这种情况就是函数的嵌套调用。

函数的递归调用是嵌套调用的一个特殊情况。在调用一个函数的过程中直接或间接调用了该函数本身，就称为函数的递归调用。函数的递归调用中应通过条件控制结束递归调用，使得递归的次数有限，避免出现无终止的自身调用。

[例 7-4]　利用函数的递归调用求 n!。

```
#include<reg51.h>
#include<stdio.h>
int fun(int n);
main()
{
SCON=0x52;          // 51 单片机串行口初始化
   TMOD=0x20
   TH1=0xF3;
   TR1=1;
   int m
   int fun_ref;
   fun_ref=fun(m); //在主函数中调用 fun 函数
   printf("n=? \n"); //输出提示信息"n=?"
   scanf("%d",&m); //键盘输入数据 m
   printf("%d! =%d\n",m,fun_ref ); //按指定格式输出 m! 的值
}
int fun(int n)reentrant
{
   int ref;
   if(n==0)
     ref=1;              //如果 n=0,令 ref=1
```

```
else
    ref=n*fun(n-1);    //如果 n≠0,则执行递归调用,n 递减
    return(ref);               //返回 ref 继续执行循环体,直到 n=0 时结束循环
}
```

由于编译器通常是依靠堆栈进行参数传递的,而堆栈所在的片内 RAM 空间有限,当函数嵌套的层数过多时会导致堆栈空间不够而出错,因此函数的嵌套一般在几层以内。

7.4　C51 程序设计举例

7.4.1　单片机基本 I/O 口应用

[例 7-5]　通过 51 单片机的 P3 口输入数据,再通过 P1 口将该数据输出。

参考程序如下:

```
#include<reg51.h>
#include<stdio.h>
sfr P1=0x90;      //定义特殊功能寄存器 P1
sfr P3=0xB0;       //定义特殊功能寄存器 P3
void main(void)
{
    unsigned char temp;     // 定义临时变量 temp
    P3=0xFF;       //设置 P3 口的内容为 FFH,为输入做准备
while(1)
    {
        temp=P3;     //读 P3 口值到临时变量 temp
        P1=temp;           //将临时变量 temp 的值由 P3 口输出
    }
}
```

[例 7-6]　设 51 单片机 P1.0 引脚接一个开关 K1,当按下 K1 时,P1.0 为高电平;反之,P1.0 为低电平。同时,其 P1.7 引脚接至一个扬声器 SPK1 的一端,SPK1 的另一端接地。编程实现用 K1 控制扬声器 SPK1,使 SPK1 发出两种不同频率的声音模拟报警的效果。

参考程序如下:

```
#include<reg51.h>
sbit K1=P1^0;       //定义位变量 K1 为 P1.0 引脚
sbit SPK1=P1^7;        //定义位变量 SPK1 为 P1.7 引脚
void spk1_alarm(unsigned char m) //报警函数 spk1_alarm
{
    unsigned char i,j;
    for(i=0;i<200;i++) //外循环,循环 200 次
    {
        SPK1=~SPK1; //对位变量 SPK1 取反
```

```
        for(j=0;j<m;j++);//本例中,由内循环次数 m 形成不同的发声频率
    }
}
void main()
{
    SPK1=0;//关闭扬声器
    while(1)                //无限循环
    {
        if(K1==1)        //K1 按下时,扬声器发出两种不同频率的声音模拟报警效果
        {
            spk1_alarm (80);
            spk1_alarm (120);
        }
    }
}
```

7.4.2　访问外部数据存储器空间

51 单片机与外部扩展 RAM（或 I/O 接口）芯片之间硬件的主要连线有：①单片机 P0 口连接到扩展芯片的 8 位数据线；②单片机 P0 口通过锁存器（如 74LS373）连接扩展芯片的低 8 位地址线,锁存器的锁存控制端连接到单片机的 ALE 引脚；③单片机 P2 口接扩展芯片的高 8 位地址线；④单片机的读、写控制端对应地与扩展芯片的读、写允许控制端相连。

[例 7-7]　读取外部 RAM 从地址 1000H 开始的连续 3 个单元的内容。

参考程序 1：

```
#include<absacc.h>    //将允许直接访问51单片机不同存储区的宏定义包含到文件中
unsigned char data data1[3];  //定义数组 data1,含有 3 元素
data1[0]= XBYTE[0x1000];
data1[1]= XBYTE[0x1001];
data1[2]= XBYTE[0x1002];
```

参考程序 2：

```
#defineuchar unsigned char
uchar xdata XRAM[3] _at_ 0x1000;//声明 3 字节的数组 XRAM,其首地址为 0x1000
uchar data data2[3];
void main(void)
{
    uchar i;
    for(i=0;i<3;i++)
    {
        data2[i]=XRAM[i];
    }
}
```

[例 7-8] 将数据 50～100 依次送入外部数据存储器中以 0xD500 为首地址的连续区域。

参考程序 1：

```
void main(void)
{
    unsigned char xdata * data3；  //定义指向 xdata 区域中的值的指针变量 data3
data3＝0xD500；    //将地址 D500H 赋值给指针变量 data3
    for(i＝50;i＜＝100;i＋＋,data3＋＋)
      {
       * data3＝i；  //为外部 RAM 中以 0xD500 为首地址的连续 51 个单元赋值
      }
}
```

参考程序 2：

```
#include＜reg51. h＞
#include＜absacc. h＞
void main(void)
{
unsigned char data data4；
    P2＝0xD5；
    data4＝0x00；
    for(i＝101;i＜＝150;i＋＋,data4＋＋)
     {
          PBYTE[data4]＝i；    //利用 absacc. h 文件的宏命令访问外部 RAM
     }
}
```

7.4.3　外部中断的应用

[例 7-9] 51 单片机 P1.0～P1.7 引脚依次连接发光二极管 D0～D7，P3.3 引脚接入外部中断 1。编程实现每发生一次外部中断 1，循环移动点亮 8 个发光二极管中一位。

```
#include＜reg51. h＞
#include＜intrins. h＞
unsigned char led8；
void int_ex1(void) interrupt 1      /＊外部中断 1 中断服务子程序＊/
{
    P1＝ led8；
    led8 ＝_crol_( led8,1)；     // led8 循环移位一次
}
void main(void)
{
EA＝1；        //设置总中断允许
EX1＝1；        //设置外部中断 1 源允许
```

```
    IT1＝1;          //设置外部中断1为边沿触发方式
    led8 = 0x01;    //首先点亮发光二极管 D0
    while(1);        //无限循环,等待中断
}
```

7.4.4　定时器/计数器的应用

［例 7-10］　设 51 单片机所接晶振为 6MHz,试编程利用内部定时/计数器 T0 完成 1s 的延时任务,其中 T0 工作于方式 1 下。

参考程序如下:

```
#include<reg51.h>
#defineuchar unsigned char
void delay_100(uchar i)          //延时函数
{
    while(i)
    {
    //利用定时/计数器 T0 完成 100ms 的定时
    TH0=0x3C;          //装入 T0 计数初值 X＝2¹⁶－100000/2＝15536＝3CB0H
    TL0=0xB0;
    TR0=1;            //启动 T0
    while(! TF0);      //如果定时时间未到,继续 while 循环;否则,结束循环
    TF1=0;            //将 T0 中断请求标志位清零
    i--
    }
TR0=0;
}
void main()
{
    TMOD =ox01;       //设置 T0 为工作方式 1
    delay_100(10);     //在 T0 定时 100ms 的基础上,再循环 10 次得到 1s 的延时
}
```

［例 7-11］　某商品在其生产流水线的打包工位之前,安装有红外检测传感器（主要由红外发光二极管和红外光敏二极管电路组成）,工作原理如下:当没有商品通过时,光敏二极管可接收到生产线对面发光二极管发出的红外光,传感器输出为低电平;当该处有商品通过时,光敏二极管接收不到发光二极管发出的红外光,传感器输出为高电平,即每当有一个商品通过该位置,红外检测传感器将输出一个脉冲信号。若将此传感器的输出接至 51 单片机定时/计数器的计数脉冲输入端,则可以对通过此处的商品数进行统计。设单片机所接晶振的频率为 12MHz,试编程实现:①利用定时/计数器 T1 对商品进行计数,每当通过了 24 个商品时,通过 P1.1 引脚向外设发出一次启动打包装箱的命令;②对已经包装好的箱数进行记录。

参考程序如下:

```
#include<reg51.h>
unsigned int number;          //定义全局变量 number,用作箱数计数器
sbit P1_1= P1^1;
void main()
{
    P1_1=0;
    number =0;              //箱数计数器清零
    TMOD=0x60;          //设置定时/计数器 T1 为计数器方式,工作于方式 2 下
    TH1=0xE8;           //利用定时/计数器 T1 进行计数,计数值为 24
    TL1=0xE8;           //计数初值送计数器,其中计数初值 X=2^8-24=E8H
    EA=1;
ET1=1;
    TR1=1;
    while(1);
}
void time0_int(void) interrupt 1      //定时/计数器 T1 中断服务子程序
{
    unsigned char n;
    number = number +1;          //箱数计数器加 1
    P1_1=1;                      //启动外设,进行打包装箱操作
for(n=0;n<100;n++);          //给外设以足够时间
    P1_1=0;              //停止外设打包装箱的操作
}
```

7.4.5　串行口的应用

[例 7-12]　已知 A、B 两台 51 单片机所接晶振的频率均为 6MHz，A、B 两机通过本身的串行接口以工作方式 1 通信，由 A 机向 B 机发送一组数据，通信波特率为 1200bps。设 A 机要发送的数据存放于 buffer _ A[50] 中，B 机接收到该组数据后存将其存放于 buffer _ B[50] 中。试编程以中断方式实现 A、B 两机的串行通信。

① A 机发送程序如下：

```
#include<reg51.h>
unsigned char idata buffer_A [50];
unsigned int i;
void main()
{
    SCON=0x40;      //设置 A 机串口控制字
    PCON=0x00;      //设置 SMOD=0
//串口工作方式 1 采用定时/计数器 T1 作为波特率发生器,需初始化 T1
    TMOD=0x20;      //T1 设置为工作方式 2
```

```
    TH1=0xF3;        //装入计数初值 X,X=2^8-(f_osc/T1 溢出率×12)=F3H
    TL1=0xF3;
    EA=1;
    ES=1;            //允许串行口中断
    TR1=1;           //启动 T1,用作串行口波特率发生器
    SBUF=buffer_A [0];   //发送第一个数据
    i=1;
    while(1);        //无限循环,等待中断
}
void slinter_A (void) interrupt 4    //A 机串行口中断服务程序
{
    TI=0;            //清除中断标志
    if(i= =50)
    {
      ES=0;          //关闭串行口中断
    }
    else
    {
      SBUF= buffer_A [i];   //发送下一个数据
    i=i+1;
    }
}
```

② B 机接收程序如下：

```
#include<reg51. h>
unsigned char idata buffer_B [50];
unsigned int j;
void main()
{
    SCON=0x50;       //设置串行口为工作方式 1,且允许接收
    PCON=0x00;       //设置 SMOD=0
    TMOD=0x20;       //置定时/计数器 1 工作方式 2
    TH1=0xF3;        //装入计数初值 X=F3H
    TL1=0xF3;
    EA=1;
    ES=1;
    TR1=1;
    j=0;
    while(1);        //无限循环,等待中断
}
void slinter_B (void) interrupt 4    //B 机串行口中断服务程序
```

```
{
  RI＝0；              //清除中断标志
  if (j＝＝50)
  {
    ES＝0；            //关闭串行口中断
  }
  else
  {
  buffer_B [j]＝SBUF；     //接收下一个数据
  j＝j＋1；
  }
}
```

7.5　C51 语言与汇编语言的混合编程

　　C51 语言编程存在一些缺点，如对硬件操作不如汇编语言方便、效率没有汇编语言高、编写延时程序精确度不高等。因此，51 单片机系统开发时常采用 C51 语言与汇编语言混合编程，简称混合汇编。混合汇编包括两种情况：一是在汇编程序中访问 C51 的变量及函数；二是在 C51 程序中引用汇编，它又可以分为在 C51 中嵌入汇编程序和在 C51 中调用汇编程序两类。其中，在 C51 程序中引用汇编的情况是混合汇编的常见形式，即编程时，程序主体用 C51 编写，但一些使用频率高、要求执行效率高、延时精确的部分则采用汇编语言编写。

7.5.1　混合汇编的基本方式

(1)　在汇编程序中访问 C51 的变量及函数

　　汇编程序中能够访问到的变量和函数，必须是在 C51 程序被声明为外部变量的，即在 C51 中它们的定义语句中加上了 extern 前缀的情况。

　　① 访问 C51 程序中的变量时　对于一般变量，在汇编程序中可以用"＿变量名"来的访问它；对于数组元素，在汇编程序中可以用"＿数组名＋元素下标"来调用它。例如：在汇编程序中，采用"＿var"访问 C51 程序中已定义的变量"var"；采用"＿array＋2"访问 C51 程序中已定义的数组元素"array [2]"。

　　② 调用 C51 程序中的函数时　汇编程序访问 C51 程序中的函数，需要采用子程序调用指令（LCALL/ACALL 指令）来调用这些函数。对于不带参数的函数，在子程序调用指令中直接用"函数名"作为子程序名来调用它；对于带有参数的函数，在子程序调用指令中则用"＿函数名"作为子程序名来调用它。例如：在汇编程序中，用指令"ACALL funA"调用 C51 程序中已定义的无参数函数"funA"；用指令"LCALL funB"调用 C51 程序中已定义的带参数函数"funB"。注意，访问带有参数的函数时，汇编程序在调用函数之前要准备好相应参数。

(2)　在 C51 中嵌入汇编程序

　　在 C51 中嵌入汇编程序主要是用于实现延时或中断处理，以生成精练的代码减少运行时间。嵌入式汇编通常用在当汇编函数不大，且内部没有复杂的跳转的时候。在 C51 中嵌入汇编程序需用预处理命令 ♯ pragma asm/endasm 来实现，其应用格式如下：

　　♯ pragma asm

　　汇编程序代码

　　♯ pragma endasm

C51 编译器对于 ♯ pragma asm 和 ♯ pragma endasm 之间的语句行不进行编译。

(3) 在 C51 中调用汇编程序

这是混合编程应用最多的方式，先分别用 C51 与 A51 对源程序进行编译，然后再用 L51 将 obj 文件连接起来即可。关键问题在于 C51 函数与汇编程序之间的参数传递和得到正确返回值，它们必须有完整的约定以保证模块间的数据交换。

7.5.2　C51 与汇编之间的参数传递

(1) 汇编程序调用 C51 函数时的参数传递

汇编程序如果要调用带有参数的 C51 函数需事先准备好参数，此时 C51 函数最左边的参数由累加器 A 传递，其他参数则按依次通过堆栈传送。

被调用的 C51 函数，其返回值是返回到累加器 A 或者是返回到由累加器 A 给出的地址。

(2) C51 中嵌入汇编程序时的参数传递

C51 编译器对于 ♯ pragma asm 和 ♯ pragma endasm 语句之间嵌入的汇编程序不编译，也不做其他任何处理，因此不存在函数调用时的参数传递和返回值问题。这种情况下如要在 C51 和汇编之间进行数据传递，可通过变量或特殊功能寄存器来实现。例如：当在 C51 程序中定义了变量 var1，则在 C51 程序和汇编程序中都可以访问共同的变量 var1，从而 C51 程序可通过该变量把参数传递给汇编程序，汇编程序也可通过该变量把参数返回给 C51 程序。

(3) C51 中调用汇编程序时的参数传递

C51 中调用汇编程序是通过函数调用的形式实现，由于 C51 程序函数有明确的参数和返回值约定，因此其参数传递必须严格遵守 C51 函数的参数和返回值相关约定。

C51 中调用汇编程序时参数传递的方式有通过寄存器和通过固定存储区两种方式。C51 规定调用函数最多可通过 51 单片机的工作寄存器传递 3 个参数，其余参数通过固定存储区传递。可以用 "NOREGPARMS" 命令取消用寄存器传递参数，此时参数需通过固定存储区传递。通过寄存器传递参数的函数，生成代码时 C51 编译器将在函数名前加上下划线 "＿" 前缀；而通过固定存储区传递参数的函数则没有下划线前缀。

① 通过寄存器传递参数　不同参数用到的寄存器不同，而且不同数据类型用到的寄存器也不同。通过寄存器传递参数的情况见表 7-7 所示。

表 7-7　参数传递使用的寄存器

参数类型	char	int	long/float	通用指针
第 1 个	R7	R6、R7	R4～R7	R1、R2、R3
第 2 个	R5	R4、R5	R4～R7	R1、R2、R3
第 3 个	R3	R2、R3	无	R1、R2、R3

例如，C51 函数 func(int ∗ x,float y,char z) 将其参数传递给汇编程序时，第一参数 x 采用 R1～R3 传递；第二参数 y 采用 R4～R7 传递；第三参数 z 则不能采用寄存器传递，因为 char 类型可用的寄存器已经被参数 x 所用，所以参数 z 要采用固定存储区进行传递。

② 通过固定存储区传递参数　由存储模式决定，用做传递参数的固定存储区可以是内部数据存储区或外部数据存储区。Small 模式下用内部数据存储区，Compact 和 Large 模式下则是用外部数据存储区。

用固定存储区传递参数给汇编程序时，参数段首地址用段名 "？ 函数名？ BYTE" 和 "？ 函数名？ BIT" 保存。其中，"？ 函数名？ BIT" 用于保存位参数段首地址，"？ 函数名？ BYTE" 则用于保存别的参数段首地址。即使是通过寄存器传递参数，参数也将在这些段中分配空间，并按参数声明的先后次序在每个段中顺序保存。

③ 函数返回值的传递　函数返回值通常用寄存器传递，可用寄存器的情况见表 7-8。

表 7-8　函数返回值传递使用的寄存器

返回值类型	寄存器	说　明
Bit	C	由位运算器 C 返回
(unsigned)char	R7	在 R7 返回单个字节
(unsigned)int	R6、R7	高位在 R6，低位在 R7
(unsigned)long	R4～R7	高位在 R4，低位在 R7
float	R4～R7	32 位 IEEE 格式
通用指针	R1、R2、R3	存储类型在 R3，高位在 R2，低位在 R1

7.5.3　混合汇编的实现方法

(1) 在 C51 中嵌入汇编程序的实现方法

① 在 C51 文件中以下面的形式嵌入汇编程序

♯ pragma asm

汇编程序代码

♯ pragma endasm

② 在 Keil 软件的 Project 窗口右键单击嵌入汇编程序的 C51 文件，选择弹出快捷菜单中的 Options for…命令，点击右边的 Generate Assembler SRC File 和 Assemble SRC File，使检查框由灰色（无效状态）变成黑色（有效状态）。

③ 根据所选编译模式把相应的库文件加入到工程中，该库文件必须作为工程的最后文件。编译模式与库文件的关系见表 7-9。

表 7-9　各种编译模式对应的库文件

编译模式	库文件	编译模式	库文件
不带浮点运算的 Small model	Keil\C51\Lib\C51S. Lib	带浮点运算的 Compact model	Keil\C51\Lib\C51FPC. Lib
带浮点运算的 Small model	Keil\C51\Lib\C51FPS. Lib	不带浮点运算的 Large model	Keil\C51\Lib\C51L. Lib
不带浮点运算的 Compact model	Keil\C51\Lib\C51C. Lib	带浮点运算的 Large model	Keil\C51\Lib\C51FPL. Lib

④ 对文件进行编译生成目标代码。

(2) 在 C51 中调用汇编程序的实现方法

在 C51 程序中调用汇编程序时，除参数须按前述规定的寄存器或存储器区传送外，其函数及相关段也需要满足相应的规则。这些规则比较繁琐，因此在 C51 中调用汇编程序往往按如下 5 个步骤实现。

①　用 C51 语言编写出程序框架，此 C51 源程序模块的文件扩展名为 ".c"。

②　在 Keil 软件的 Project 窗口右键单击该 C51 文件，选择弹出快捷菜单中的 Options for…命令，点击右边的 Generate Assembler SRC File 和 Assemble SRC File，使检查框由灰色（无效状态）变成黑色（有效状态）。

③　根据所选编译模式把相应的库文件加入到工程中，该库文件必须作为工程的最后文件。

④　对 C51 源程序模块进行编译形成 SRC 文件（在该 SRC 文件中，C51 源程序的每一个函数都会以 "? PR? 函数名? 模块名" 为名的命名规则分配到一个独立的 CODE 段。如果函数中包含有 data 和 bit 对象的局部变量，编译器还将按 "? 函数名? BYTE 和? 函数名? BIT" 命令规则建立一个 data 和 bit 段，代表要传递参数的起始位置。），将该 SRC 文件的扩展名改为 ".asm"，这样就使它变成了可供 C51 程序调用的汇编程序。以后，就可以在该文件的代码段中加入所需的指令代码。

⑤　将该汇编程序与调用它的主程序一起加到 Keil 的工程文件中。此时工程文件中不再需要原来的 C51 语言文件和库文件，主程序只需用 EXTERN 对所调用的汇编程序中的函数进行声明，则在主程序中就可以调用汇编程序中的函数了。

 思考题

7-1　简述 C51 程序结构的特点。

7-2　什么是 C51 库函数？它们在应用上有何特点？本征库函数和非本征库函数有何区别？

7-3　C51 预处理命令的作用是什么？预处理命令与一般程序语句有什么区别？

7-4　C51 复杂数据类型与基本数据类型有何关系？复杂数据类型包括哪些？

7-5　C51 中变量的存储种类有哪几种？各有何特点？

7-6　C51 支持的存储器类型有哪些？各存储模式对变量默认的存储器类型是什么？

7-7　C51 规定对所有用到的变量要先定义后使用，这样做有何好处？

7-8　C51 中如何定义 51 单片机特殊功能寄存器和位单元变量？试举例说明。

7-9　求下列表达式的值：

①15.0/10.0；②22/20；③5%3；④5＞3；⑤! 8；⑥7&&3。

7-10　设已知 x＝0x54，y＝0x30，则以下表达式的值分别是多少？

①a&b；②a|b；③a^b；④~a；⑤a≪1；⑥b≫2。

7-11　什么是空语句？C51 中在什么情况下需要用到空语句？

7-12　C51 中 while 和 do-while 的不同点是什么？

7-13　简述 C51 中函数定义的一般格式及其各组成部分的含义。

7-14　设 80C51 单片机的 P3.0～P3.7 引脚依次连接了 8 个发光二极管 LED0～LED7，试编写产生走马灯效果（从上到下依次循环点亮一个发光二极管）的程序。设所接晶振频率为 12MHz，要求用软件延时实现每个发光二极点亮 50ms 的时间。

7-15　试编程从 80C51 单片机的 P1 口每隔 10ms 连续输入 20 个数据，依次存放于外部

RAM 首地址为 0xA000 开始的区域。设所接晶振频率为 6MHz，利用定时/计数器 T1 完成上述 10ms 的定时。

7-16 试编程实现 80C51 单片机通过串行口每隔 5ms 向 PC 机发送字符串"HAPPY"，设 80C51 所接晶振频率为 12MHz，通信波特率为 2400bps。

已知 A、B 两台 51 单片机所接晶振的频率均为 12MHz，A、B 两机通过本身的串行接口以工作方式 1 通信，由 A 机向 B 机发送一组数据，设 A 机要发送的数据存放于 buffer _ A [50] 中，B 机接收到该组数据后存将其存放于 buffer _ B [50] 中。

7-17 简述 51 单片机混合汇编的实现方法。

第8章 51 单片机应用系统开发

单片机应用系统开发是指根据实际控制任务要求，设计并构建以单片机为核心配以外围器件组成系统硬件，并编写满足要求的软件程序，最终开发出能实现特定功能的计算机应用系统。单片机应用系统的开发一般包括总体方案设计、硬件设计、软件设计、仿真调试、软硬件联合调试、系统试运行及修改完善、产品化等一系列的流程，如图 8-1 所示。需要注意的是，上述几个设计阶段相互联系、相辅相成，应综合进行考虑、各阶段交叉进行设计。

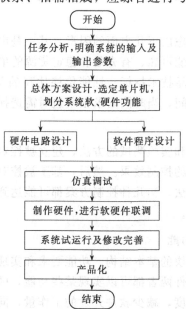

图 8-1　单片机应用系统开发的一般流程

单片机应用系统开发主要有系统总体方案设计、硬件设计、软件设计、可靠性设计、系统调试几个方面的内容。

8.1　系统总体方案设计

（1）任务分析

首先，通过对被控对象工作过程和工艺要求的分析，明确单片机应用系统的设计任务与要求。从系统的先进性、可靠性及经济效益等方面综合考虑，拟定预期技术和经济性能指标。

然后，由被控对象的工艺要求和系统预期性能指标要求，确定系统的控制方式、控制结构及系统的输入量和输出量（即系统 I/O 点数）。若控制精度要求不高且系统稳定性较好，可选择开环控制；若控制精度要求较高，且系统有较大惯性和干扰，则考虑采用闭环控制；根据对控制目标起主要作用的输入量和输出量的情况，考虑设计单回路控制系统或多回路控制系统。

（2）选定检测和执行装置

根据系统的控制精度和被测参数选择合适的检测元件，例如位移、速度、温度、压力、流量、液位等常见参数的检测传感器和变送器。检测元件的精度必须满足整个系统控制精度的要求。

单片机应用系统中常用的执行装置有步进电机、电动执行机构、液压执行机构和气动调节阀等。其中，步进电机可直接接收数字信号并将其转换成角位移输出；电动执行机构可将 4～20mA 的标准电信号转换为角位移或线位移，带动挡板或者阀门等负载动作；液压执行机构可将油液压力转换成机械能，驱动负载完成直线或回转运动；气动调节阀可将 0.02～0.1MPa 的标准气压信号转换为阀门位置，以实现阀门的正确定位。选用执行机构需要根据实际情况，考虑其与被控对象和控制器的匹配。

（3）确定单片机型号

单片机的选型一般需要考虑以下几方面的因素：其一是市场货源，对于作为产品生产的系统，应该选择较为流行、性能可靠、有充足和稳定货源的单片机型号；其二是单片机性能价格，一般选择最容易实现产品技术指标、性能价格比高的单片机型号；其三是研制周期，应考虑尽量缩短产品的研制时间，当时间要求很紧迫时需选择开发者最熟悉的单片机型号。

（4）确定系统控制算法

首先，通过理论分析或者和实验测试的方法，建立被控对象的数学模型。数学模型的准确性将在很大程度上影响系统的控制效果。然后，基于被控对象的数学模型和系统性能指标要求，进而确定系统的控制算法。当几种控制方案都可能达到较好的控制效果时，通常需要采用试验比较的方法进行确定。

（5）划分系统软、硬件功能

确定系统整体和各单元模块的基本结构、功能要求和实现方法，划分系统硬件和软件的功能。一些场合中，硬件和软件两者都可以实现某些功能，区别在于：若交由硬件承担这些功能，可以使系统有更快的速度，减少软件开发的工作量，同时还能提高可靠性，缺点是这样会增加硬件的成本及日后维护的工作量；反之，若用软件实现这些功能，则可以节省硬件投入，代价是软件的复杂性增加。因此，需要合理分配系统软、硬件的功能。一般来说，当产品批量较大时，由于软件开发是一次性投资，为了简化硬件结构，降低生产成本，能够用软件实现的功能多数由软件来完成。

8.2 硬件设计

硬件设计是指根据系统总体设计要求，以选定的单片机为核心，完成系统各功能模块的硬件电路设计。单片机应用系统常用的功能模块有存储器扩展、模拟量 I/O 接口、数字量 I/O 接口以及人机交互接口等模块。

(1) 存储器扩展

当单片机内部程序存储器不够用时，需要扩展外部程序存储器，通常选用非易失性存储器芯片进行扩展，例如 EPROM、E^2PROM 和 FLASHROM 等。优先考虑速度快、容量大的芯片，这样可以简化系统的译码电路，同时也为软件扩展留有余地。

数据存储器扩展的方面，由于不同的单片机应用系统在数据存储器容量上的要求差别较大，而单片机片内 RAM 的数量是较少的，一般对于只需要少量数据存储器的系统，在总体方案设计时应尽量选用片内 RAM 容量符合要求的单片机；对于需要数据存储器容量较大的系统，原则是尽可能减少扩展 RAM 芯片的数量。

(2) 模拟量 I/O 接口

模拟量 I/O 接口设计的关键是 A/D 转换器和 D/A 转换器的选用，在满足系统控制精度要求的前提下，一般选用位数较低、价格较低的 A/D 或 D/A 芯片。另外，有些数据采集芯片，集成了多路转换开关、放大器、采样保持器 S/H 和模数转换器 A/D 等多种电路，虽然价格较高但由于使用方便、有利于简化电路，也常被应用。

此外，模拟量 I/O 接口还应该根据设计要求的不同而采用不同的配置模式。模拟量输入接口的配置模式一般有两种：一种是各输入通道分别配置 S/H、所有通道共享 A/D 的模式，这样系统可以采样同一时刻各通道的参数；另一种是各输入通道经由一个多路开关，共享 S/H 和 A/D 的模式，此模式可以节省硬件资源。模拟量输出接口的配置也有两种模式：一种是各输出通道分别设置 D/A 的模式，这样的接口速度快、可靠性高；另一种是各输出通道共享一个 D/A 的模式，此模式可以节省 D/A 数量，适用于速度和可靠性要求不高的情况。

(3) 数字量 I/O 接口

数字信号在送到单片机之前，一般需要经过输入调理电路对其进行保护、滤波、隔离转换等处理。大功率输入调理电路常采用光电隔离器；小功率输入调理电路常用用单稳态触发器或滤波电路。

单片机输出的数字信号，其功率通常不足以驱动后续负载，需要在数字量输出通道中配备输出驱动电路以增强其驱动能力。大功率输出驱动电路常采用固态继电器；小功率输出驱动继电器的电路常见的有晶体管输出驱动电路及达林顿阵列输出驱动电路等。

(4) 人机交互接口

键盘和显示器是单片机应用系统必不可少的人机交互设备，操作者可以通过键盘选择工作方式、输入或修改参数、发出简单控制命令等；通过显示器输出各项被控参数的实时数据。键盘有单列按键和矩阵键盘，矩阵键盘又分为编码式和非编码式两类；显示器常用的有发光二极管、LED 数码显示器、LCD 显示器等，设计时一般应选择既能满足任务要求且经济性较好的类型。键盘或显示器接口设计时常选用功能较强、与单片机连接简便、可靠性高且对总线负载小的标准接口芯片，例如可编程并行接口 8155、8255A 等，当然也可以选用专用控制芯片，比如键盘及显示器专用接口 8279。

此外，硬件电路设计还应考虑例如面板、配线、接插件等的工艺性，使得系统安装、调试和维修方便。

8.3 软件设计

软件设计是单片机应用系统开发中工作量最大的一项任务,软件设计的一般步骤如下。

(1) 确定控制界面

控制界面是单片机应用系统与用户交流信息的通道,它可以分为输入和输出两大部分,这两部分的定义均与软件的编制密切相关,软件设计之初应预先定义系统的控制界面。控制界面的输入部分主要由开关、按键等组成,用于输入各类系统控制量;控制界面的输出部分一般包含各种显示器件,用于显示系统运行的过程、运算的结果等信息。面板开关、按键等控制输入量的系统运行过程的显示、运算结果的显示、正常运行和出错显示等也是由软件编制,所以事先也必须给以定义,作为编程的依据。

(2) 确定软件总体方案

首先,确定软件总体结构。较简单的应用系统一般采用顺序结构,由一个主程序和若干中断服务子程序组成,根据系统各操作的性质合理分配由主程序、各中断服务子程序分别完成的工作。较复杂的应用系统,由于要求同时对一个以上的对象进行实时控制,则往往需要采用实时多任务的软件结构。实时多任务系统中的任务有运行、就绪、挂起和冬眠四种状态,其中:运行状态指的是任务获得 CPU 控制权和资源使用权;就绪状态指的是任务进入到任务等待队列,通过调度后可转为运行状态;挂起状态指的是当任务发生阻塞时,将其移出任务等待队列,等待系统实时事件的发生而将其唤醒转为就绪或运行状态;冬眠状态指的是任务由于已经完成或出现错误等原因而被清除,可以认为是系统中不存在了的任务。实时多任务系统中只能有一个任务处在运行状态,各任务按级别通过时间片分别获得对 CPU 的访问权和资源使用权。实时多任务的软件结构应具备实时控制、任务调度及多个系统并行等功能。

其次,确定程序设计的方法。常用的程序设计方法有自上而下和模块化两种。自上而下设计方法的思路是首先设计主程序,然后根据已完成的主程序中的安排来编制各级子程序,再然后是编制子程序的下级子程序等,这样自上而下地层层进行细化,最终完成整个程序的设计。自上而下法的设计思路较易于理解,其缺点是上一级的程序如果有错将会影响到后级的所有程序。模块化设计方法的思路则是对整体任务进行分解,将应用程序划分为若干个功能相对独立的程序模块,各模块的编制和调试可以独立地分别进行,最后再将所有程序模块连接成为一个完整的应用程序。采用模块化的设计方法,各程序模块可以互不影响地分别进行设计,从而更易于完成;其缺点是当各个模块之间进行连接时会有一定难度。

(3) 系统资源分配

细化系统中各 I/O 端口的功能、信号类型、电平范围等,明确各 I/O 端口与单片机的连接方式及信息的输入和读取方式。在此基础上完成系统资源分配的工作。

① 明确系统全部 I/O 端口的地址,包括单片机内部端口和外部扩展端口的地址。

② 为主程序、常用表格及各功能子程序块等合理分配其在系统程序存储器空间中的存放区域,编制入口地址表。

③ 根据软件设计的需要，合理分配系统存储器、定时器/计数器、中断源等资源。其中最主要的是对片内 RAM 区（地址为 00H～FFH 的 128 个字节单元）的功能分配，包括所需字节数据和位数据的暂存单元的功能分配，以及堆栈区的设置。若系统扩展了外部RAM，为提高处理的速度，应将使用频率最高的数据缓冲器安排在片内 RAM 中。

当系统资源规划好后，应列出详细地址及功能的分配表，以便于编程时进行查用。

（4）绘制流程图并编写程序

绘制程序流程图是程序设计的一个很重要的步骤，一个好的程序流程图可以大大节约编制源程序的时间。一般，先根据系统的操作过程绘制出粗略的程序流程图；然后结合前述对系统中寄存器、存储器单元以及位单元等的具体地址及功能分配表，对程序流程粗略图进行扩充和具体化，从而绘制出详细的程序流程图。

程序流程图绘制完成后，就可以在它的指导下开始源程序编写。51 单片机应用系统的源程序一般采用汇编语言或 C51 语言编写，源程序编写完后须汇编成 80C51 的目标代码程序，经过调试可正常运行后将目标代码固化到系统的程序存储器中，至此即完成了全部的程序设计任务。

8.4　可靠性设计

单片机应用系统在结构设计、制造工艺、元器件的选用和安装上存在的问题，以及系统外部工作环境中的振动、噪声及各种电气干扰，都可能影响到系统的正常运行。这些干扰因素导致的系统运行失常将影响产品品质，严重时甚至会引发事故。因此，为保证单片机应用系统工作稳定可靠，系统设计中抗干扰技术的应用非常重要。下面介绍常用的抗干扰技术。

（1）常用硬件抗干扰技术

针对形成干扰的三个要素：干扰源、传播路径和敏感器件，硬件抗干扰主要有以下方法。

① 抑制干扰源的措施

a. 为减小 IC 对电源的影响，应该给电路板上每一个 IC 并接一个高频电容（0.01～0.1μF）。高频电容的连线应靠近电源端并且尽量粗短，以免增大电容的等效串联电阻而影响到滤波的效果。

b. 为减少高频噪声发射，电路板在布线上应尽量避免 90°的折线。

c. 给电机加滤波电路，滤波电路中的电容、电感的引线应尽量短。

d. 为避免可控硅被击穿，应在可控硅两端并接 RC 抑制电路以减小可控硅产生的噪声。

e. 为继电器线圈增加续流二极管以消除线圈断开时产生的反电动势干扰；在继电器接点两端并接 RC 串联电路（电容 0.01μF，电阻为几千欧至几十千欧）减小和抑制电火花的影响。

② 切断干扰传播路径的措施

a. 为减小电源噪声对单片机的干扰，需要给单片机电源增加稳压器或者滤波电路，滤波电路常用电容和电阻组成 π 形滤波电路，当条件要求高时可用磁珠替代其中的电阻。

b. 晶振应与单片机尽量靠近，晶振外壳应接地并固定，时钟区用地线隔离；大功率器件尽量放置在电路板边缘，且单片机和大功率器件要单独接地。

c. 电路板上的弱电与强电信号合理分区；数字地与模拟地相分离，在一点最后接于电源地；数字区与模拟区用地线隔离。

d. 尽可能将电机、继电器等干扰源与单片机、数字 IC 等敏感元件远离。单片机的 I/O 口如用于控制电机等噪声源器件，应在两者之间增加 π 形滤波电路起隔离作用。

e. 可在单片机 I/O 口、电源线等关键地方使用磁珠、磁环、电源滤波器、屏蔽罩等抗干扰元件，这样可以显著提高电路的抗干扰能力。

③ 提高敏感器件抗干扰性的措施

a. 电路板布线时为降低对敏感器件的感应耦合噪声，电源线和地线应尽量粗，并且要尽量减小回路环的面积。

b. 满足速度要求的前提下，尽量选用低速数字电路和降低晶振频率。应与单片机尽量靠近，晶振外壳应接地并固定，时钟区用地线隔离；大功率器件尽量放置在电路板边缘，且单片机和大功率器件要单独接地。

c. 少用 IC 座，IC 元件尽量直接焊接在电路板上；系统中闲置的 I/O 口尽量接地或者接电源，不要悬空。

(2) 常用软件抗干扰技术

① 指令冗余技术 单片机系统程序运行的过程是由 PC 控制的，一旦 PC 的内容受干扰影响，程序运行就会脱离正轨出现"跑飞"，发生操作数被改变或者误将操作数认作操作码等一些错误。指令冗余技术，简而言之，就是为了使"跑飞"的程序迅速纳入正轨而采取在编程时重复书写特定指令的一些措施。指令冗余技术可减少程序出现错误跳转的次数，但不能保证程序在失控期间不干坏事。指令冗余技术的应用是有条件的，即："跑飞"的 PC 仍然指向程序运行区，且执行到冗余指令。另外，为免降低程序正常运行的效率，也不能人为加入太多的冗余指令。

以下是一些具体的指令冗余方法和措施。

a. 重要的单字节指令重写几次；对一些重要的标志字和参数寄存器常进行刷新。

b. NOP 指令的冗余使用：在程序关键的地方插入一些 NOP 指令，当程序跑飞到这些冗余指令时引导系统自动纳入正轨；在双字节、三字节指令之后插入两条 NOP 指令，以避免后续指令不被拆散；在 LJMP、ACALL、JZ、RET 等程序转移指令以及 EA、SETB 等对系统状态起决定影响的指令之前，插入两、三条 NOP 指令，以引导"跑飞"的程序迅速回复到正轨。

c. 在 LJMP、ACALL、JZ、RET 等程序转移指令以及 EA、SETB 等对系统状态起决定影响的指令的后面重复写这些指令，以确保它们可以正确执行。

d. 使用中断时，不仅要在程序初始化时将中断设置好，还应该在主程序中适当的地方定期刷新设置以免中断被挂起。

② 软件陷阱技术 如前所述，"跑飞"的程序如果进入到非程序区或表格区，则无法通过冗余指令使其恢复正轨。此时，可利用编写好的软件陷阱来拦截"跑飞"的程序，迅速将其引向指定位置去执行出错处理程序，从而使程序回归正轨，这就是软件陷阱技术。根据"跑飞"程序落入的陷阱区的不同，常用软件陷阱形式如下。

a. 未使用的 ROM 空间设置软件陷阱。系统的 ROM 空间很少全部用完，未使用的 ROM 空间一般全是 0FFH（即单字节指令 MOV R7，A），为了捕获跑飞到该区域的程序，一般在一些固定地址加入软件陷阱。

```
ORG xxxxH    ;xxxxH 为未使用的 ROM 空间地址,例如 5000H、6FFEH 等
NOP
NOP
LJMP ERR     ;ERR 为陷阱子程序,应当重新设定堆栈等一些初始化参数
```

b. 子程序之后以及在一些长跳转的断裂点处设置软件陷阱。

```
XXXX:……
……
……
RET
NOP
NOP
LJMP ERR     ;ERR 为陷阱子程序
```

c. 中断服务程序区设置软件陷阱。在中断服务程序中设置软件陷阱,当未使用的中断因干扰而开放时可以及时捕捉错误。假设用户主程序运行在 add1~add2 区间,已设定时器 T0 产生定时中断。当程序跑飞落入到 add1~add2 区间外并发生了定时中断后,可在该中断服务程序中判断断点地址 add×,由于 add×>add2 或 add×<add1,说明程序已经跑飞,此时一般是使程序返回到初始地址 0000H,将跑飞的程序引回正轨。中断服务程序如下:

```
NOP
NOP
POP direct1    ;将原断点弹出到某未使用的单元
POP direct2
PUSH 00H    ;将断点地址改为 0000H
PUSH 00H
RETI
```

(3)"看门狗"自动复位技术

"看门狗"技术能够有效地处理由于干扰引发的系统运行失控,防止程序跑飞或死循环,是一项可靠的系统自动复位技术。"看门狗"(WatchDog Timer,WDT)实质上是一个独立的定时器,需要设定定时时间(称为"开狗"),"看门狗"启动后只能被清零而不能改变其定时时间常数。工作原理:当系统工作正常时,CPU 每隔一定时间向"看门狗"输出一个清零脉冲(即"喂狗"),系统运行保持正常状态;如果系统受到干扰致使程序不能正常运行(例如程序跑飞或进入死循环)则无法按时"喂狗",在规定的时间内得不到清零信号的"看门狗"就将发送一个复信号至单片机,迫使系统自动复位,应用程序回归到 0000H 起始单元重新执行。"看门狗"既可采用外部硬件电路实现,也可利用内部定时器/计数器通过软件实现,下面对两种实现方法分别予以介绍。

① 硬件"看门狗"　图 8-2 所示为一种常见的"看门狗"硬件电路,利用 MAX706 芯片实现其功能。MAX706 内部有一个定时器,当定时时间到 MAX706 的 RESET 端会输出一个负脉冲,取反后送至 51 单片机 RESET 端。当系统正常工作时,单片机每隔一定时间由 P1.X 端向 MAX706 的 WDI 端输出一个清零脉冲,使得"看门狗"定时器从零开

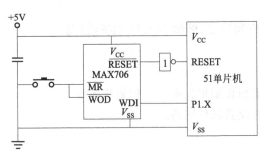

图 8-2 "看门狗"硬件电路实现

始重新计数，因而不会向单片机输出复位脉冲。一旦系统受到干扰不能正常工作时，单片机不能在规定时间内"喂狗"，则 MAX706 将在定时时间到后使单片机复位，系统从而可以摆脱混乱恢复到正轨。除 MAX706 以外，常用的 WDT 芯片还有 MAX813、5045、IMP 813 等。

② 软件"看门狗" 原理类似于硬件"看门狗"，只不过是利用单片机的内部定时/计数器通过编程来实现其功能的。下面介绍软件"看门狗"的设计思路，此处用到了 51 单片机的两个内部定时/计数器 T0 和 T1。

a. 考虑各功能模块及其循环次数，计算主控程序循环一次所耗的时间 t。

b. 在主控程序的初始化程序块中对定时/计数器 T0 和 T1 分别进行设置。T0、T1 均设为定时方式，并开启中断和计数。注意：T0 的定时值 t_0 要大于 t；T1 的定时值 t_1 要小于 t。

c. T0 监控主控程序运行。主控程序运行每经过 t1 的时间定时器 T1 就会产生溢出中断，并在 T1 中断服务程序中刷新 T0 的初值使其复位。如果系统受到干扰，T1 中断不正常，T0 长时间不能被复位至到达其定时值 t_0 后，T0 将溢出产生中断并在其中断服务程序中使单片机复位。因此，T0 中断服务程序只需一条无条件转移指令，使整个程序回到 0000H 单元，系统重新进行初始化并获得正确的执行顺序。

d. T1 发生定时中断时不仅复位 T0，同时还对某个变量（该变量在主控程序运行之初已赋予了初值）进行赋值。主控程序运行到尾部时将判断该变量的值，如果变量值发生了预期的改变，说明 T1 中断是正常的；如果该变量值没有预期的改变，则说明 T1 中断不正常，此时应该使得主控程序复位。

e. 如此，T1 定时中断子程序监视 T0 中断是否正常，T0 则监视主控程序，主控程序又监视 T1，这样构成一个循环，从而保证单片机应用系统的稳定运行。

8.5 系统调试

单片机应用系统并非一次就可以正确无误地设计出来，必须经过系统调试才能保证其正确无误，系统调试工作量较大，一般占到了总开发时间的 1/3 以上。系统调试的目的是查出用户系统硬件设计和软件设计中存在的错误及可能不协调的问题，以便修改设计，最终使系统能够正确可靠地运行。

(1) 系统调试的内容及常用调试工具

根据调试环境不同，单片机应用系统的调试可以分为模拟调试和现场调试。模拟调试是在模拟运行环境下进行的调试，目的是检查和修改用户系统硬件和软件本身的错误，没有或者较少考虑到实际现场环境对用户系统工作的影响。现场调试是在复杂的实际工作现场进行的系统调试，主要目的是发现环境给系统运行造成的不良影响和问题，找出相应的解决方法。当用户系统的硬件、软件设计和硬件组装完成后，首先进行模拟调试，通过了模拟调试后再进行现场调试，确保用户系统能够正确、可靠、稳定地运行。

模拟调试和现场调试在具体调试方法和过程上类似，一般需要经过硬件调试、软件调试及软硬件联合调试三个阶段。

单片机本身是没有自开发能力的，因为它不具备输入程序的能力，也不带有任何编辑、汇编及调试的软件，所以用户单片机应用系统（简称用户系统）的调试工作必须借助于单片机仿真开发系统（简称仿真开发系统）。早期的仿真开发系统一般都采用硬件在线仿真器，例如美国 Intel 公司的 ICE-5100/252 单片机仿真器、国内上海复旦大学研制的 SICE 通用单片机在线仿真器等，硬件在线仿真器通过仿真插头和用户系统连接，同时又通过 RS232 串行接口与 PC 机相连，用户可通过 PC 机的键盘输入各种命令进行应用系统的软、硬件调试，实现在线仿真。目前，仿真开发系统发展到了纯软件时代，各种仿真开发软件已经取代了以前的硬件仿真器。此外，单片机应用系统调试中还需万用表、示波器、信号发生器、逻辑笔等常用硬件电路测试工具。

仿真开发软件可以模拟用户使用的单片机系统，可以随时观察仿真运行的中间过程和结果，通过数据下载线将用户系统与安装有仿真开发软件的 PC 机相连，就可以在 PC 机上方便快捷地进行系统仿真调试。目前，集成仿真开发软件 Keil μVision 和集成化电路虚拟仿真软件 Proteus 是最受用户欢迎的 51 单片机应用系统开发工具，此两者的结合应用可以满足当前应用系统模拟开发的要求。

① Keil μVision 软件简介　Keil μVision 是美国 Keil software 公司（2005 年被 ARM 公司收购）开发的基于 51 单片机的集成开发仿真平台，内嵌多种开发工具，可完成从工程建立、汇编/编译、链接、生成目标代码、程序仿真调试的完整开发过程。该软件的 C 编译工具在产生代码的效率和准确性方面达到了较高水平，且附有灵活的选项，使得它成为了开发大型项目的理想选择。Keil μVision 软件的主要功能如下。

a. 提供的集成开发环境将工程管理、源程序编辑、程序仿真调试集成在一起，非常有利于项目开发工作。

b. 内含 A51 编译器，可实现从 51 的汇编源代码生成可重定位的目标代码。

c. 内含 C51 交叉编译器，可实现从 C51 源代码生成可重定位的目标代码。

d. 内含 BL51 连接定位器，可组合 A51 和 C51 生成目标代码形成绝对目标模块。

e. 内含 LIB51 库管理器，可实现从目标模块生成链接器可使用的库文件。

f. 内含目标文件到 HEX 格式的转换器，将绝对目标模块生成 HEX 文件。

g. 内含 RTX-51 实时操作系统，运用它可以简化实时应用软件的开发与调试过程。

② Proteus 软件简介　Proteus 软件是英国 Lab Center Electronics 公司出品的 EDA 工具软件，它将电路仿真、PCB 设计和虚拟模型仿真三者合而为一，可以仿真 51 系列、AVR、PIC、ARM 等常用主流单片机，是深受单片机开发者青睐的仿真单片机及外围器件的工具软件。Proteus 软件的主要功能如下。

a. 智能原理图设计功能。具有超过 27000 种元器件的丰富器件库；可通过模糊搜索快速定位所需要的器件，实现智能的器件搜索；具有简单快捷的自动连线功能；采用总线器件和总线布线，使电路设计简明清晰。

b. 电路仿真功能。具有超过 27000 个仿真器件并在不断地发布新的仿真器件；可通过内部原型或使用厂家的 SPICE 文件自行设计仿真器件；可以实现数字/模拟电路的混合仿真；提供直流、正弦、脉冲、wav 音频文件、单频 FM、数字时钟等多样的激励源；提供信号发生器、示波器、逻辑分析仪、直流（及交流）电压/电流表、虚拟终端等丰富的虚拟仪器；结合按钮、电机、显示器件等动态器件的动态直观的仿真显示；可精确分析工作点、瞬态特性、频率特性、传输特性、噪声等多项电路指标。

c. 单片机协同仿真功能。支持各种主流的 CPU 类型和通用外设模型；支持 UART、中断、SPI/I²C、PSP 等方式的实时仿真；内含 8051、AVR、PIC 的汇编及编译器，可进行源码级仿真和调试。

d. 完整的 PCB 设计功能。具有从原理图到 PCB 设计环境的一键快速通道；支持人工布线及各种先进的自动布局/布线功能；提供自动设计规则检查，可进行 3D 可视化预览；可输出多种格式文件，利于与 Protel 等其他 PCB 设计工具互转。

(2) 硬件调试

用户系统常见的硬件故障包括设计性和工艺性错误，主要有电源故障、电路逻辑错误、元件失效以及电路可靠性低等方面的故障。硬件调试的任务是排除系统的上述硬件故障，硬件调试可分为脱机调试和联机调试两个步骤。

① 脱机调试　脱机调试是在用户系统未工作运行时进行的硬件调试。脱机调试一般包括以下过程。

a. 目测。仔细地检查已加工完成的印制电路板及所有连线，检查有无断线、短路、金属化孔有无连通等质量问题；对用户系统的设备和电路板上焊接的所有元器件逐一核对型号，检查设备外部连线及芯片引脚是否受损。目测可以排查出明显的硬件安装及连接错误。

b. 采用硬件测试工具进行测试。用万用表、示波器、信号发生器、逻辑笔等工具检查目测过程中有疑问的地方，对照电路原理图检查线路及连接点的正确性。特别注意是否有电源故障，防止电源线与地线之间的短路错误，检查其极性、电压值和负载能力是否符合要求，确保在系统加电前排除这些故障。

c. 加电检查。首先，在不插芯片的情况下给印制板加电，检查印制板上所有器件引脚或插座的电源端、接地端以及接固定电平的引脚其电压值是否正确；然后，在断电状态下将逐个插入印制板上相应的 IC 座，每次插入芯片时重复前述检查电压的步骤，直至全部芯片检查完毕；接着，取下全部芯片，将其他器件逐一焊接到印制板上，重复前述检查电压的步骤，逐个排除因器件损坏导致的短路或其他错误。

② 联机调试　通过脱机调试可以排除应用系统的明显硬件故障，但是部件内部故障以及部件之间逻揖连接的错误则要靠联机调试才能发现。联机调试是在用户系统工作运行时进行的硬件调试。

联机调试一般是先按逻辑功能将用户系统电路划分为若干电路模块（例如，存储器模块、I/O 端口模块、键盘模块、显示模块、输出驱动模块、A/D 及 D/A 模块等），先进行各模块的分别调试，再逐步将各模块连接起来扩大调试部件范围，直至全部电路调试完成。

在各模块电路分别调试时应将与它无关的器件全部去掉，从而将故障范围限定于某局部电路。在开发系统上运行为各模块编制的测试程序，采用示波器观察有关波形（例如，地址数据波形、译码器输出波形、读/写等有关控制信号的电平的控制等），通过波形分析，判断相应模块的工作情况是否符合预期的要求，如果不符合则找到故障原因，并将其排除。对于较为复杂庞大的功能模块，可依据被处理信号的流向将信号流经的各器件按其距单片机的逻辑距离进行分层，由近及远进行逐层依次调试，可以将可能的故障定位在具体器件上，这样有利于故障的发现和排除。

　　所有模块单独调试至无故障后，将它们逐个加入系统中，对各模块功能及其相互联系进行试验（比如，模块间信息交互的联络正确与否、时序能否满足技术要求等），直至所有模块加入后系统仍能正确工作为止。此时，大部分硬件故障基本可被排除。

（3）软件调试

　　软件调试是利用仿真开发工具对用户系统的软件在线仿真调试，通过汇编、连接、执行用户程序，检查系统 CPU 现场、RAM 单元、寄存器和 I/O 端口的内容是否符合设计要求，目的是发现和清除软件中存在的语法及逻辑错误。另外，软件调试也可排除一些硬件故障。

　　用户软件的设计常采用模块化和实时多任务两种程序结构，两者在仿真调试上的区别在于：对于模块化程序结构的软件，首先逐个调试所有的子程序模块直至所有模块调试通过后，再进行程序总体调试的通过；对于实时多任务程序结构的软件，则首先以任务为单位逐个任务进行调试，调试每一个任务的同时也调试与其相关的子程序、中断服务程序和一些操作系统的程序，待所有任务调试通过后最后使各个任务同时运行，一般如果操作系统没有错误则用户软件可以正常运行。需要强调的是，调试每一个模块（或任务）时，必须使得仿真现场的环境符合该模块（或任务）的入口和出口条件。

　　对单个模块（或任务）进行仿真调试时一般遵循"先单步运行、后连续运行"的调试方法。单步运行可以了解程序中逐条指令执行的情况，通过仿真硬件的响应分析指令运行结果是否正确，发现并确定错误原因是源自数据、算法设计还是硬件设计的问题，将它们及时排除。但是，若所有应用程序都只用单步方式查错则效率太低；另外，中断等一些实时操作其中的错误在单步执行情况下会被掩盖，无法利用单步运行方式查错。因此，为提高仿真调试的速度和准确性，可先采用连续运行加断点的调试方式，在连续运行时利用断点位置的变化，逐步缩小故障范围，将故障定位在一个个较小的程序段范围内，然后再针对出错程序段采用单步运行方式精确定位错误并加以排除。

　　各模块（或任务）调试通过后，将它们联合起来进行整体程序综合调试。此阶段若发生故障，可以从以下方面进行检查：堆栈区域是否存在溢出、缓冲单元是否发生冲突、标志位的建立和清除在设计上是否有失误等。程序综合调试时还应观察用户系统的操作是否合理以及它们与设计要求是否符合，同时通过反复多次运行用户程序观察其稳定性，必要时应进行适当修改。

（4）系统联调

　　系统联调是让用户系统软件实际运行在其硬件上，进行软、硬件联合调试。首先采用单步、断点及连续运行的调试方式，按各独立功能模块检验相关软、硬件的配合情况；接着采用全速断点、连续运行方式，按系统要求综合进行总体调试。系统联调用于发现和解决以下问题：硬件是否存在设计时难以预料的错误（比如因布线不合理造成信号串扰、因某元件延时太长使得系统工作时序不满足要求等）；系统的运行速度、精度等动态性能指标是否能满足设计要求，结合软件、硬件两方面找出问题所在并予以解决。

　　系统联调中可能需要对硬件或软件进行调整、修改，直到它们完全满足系统功能要求。系统联调通过以后，才可将用户软件固化到单片机系统的程序存储器中，投入现场运行使用。

8.6 51单片机应用系统设计实例

8.6.1 四相步进电机控制系统设计

步进电机是一种将电脉冲转化为角位移或线位移的执行机构，每收到一个驱动脉冲信号，步进电机就将按设定方向转动一个固定的步距角。这一线性关系的存在，加上步进电机只有周期性的误差而无累积误差等特点，使得步进电机在速度、位置等控制领域应用广泛。

步进电机由输入驱动脉冲信号进行控制，非超载情况下，步进电机的角位移量（即总转动角度）由驱动脉冲的数量决定；步进电机的转速则由驱动脉冲信号的频率来决定。

四相步进电机按 A、B、C、D 各相通电顺序不同，分为单四拍（A→B→C→D）、双四拍（AD→AB→BC→CD）、八拍（AD→A→AB→B→BC→C→CD→D）3 种工作方式。各工作方式的电源通电时序与波形如图 8-3 所示。

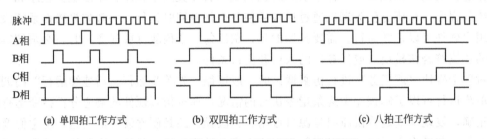

| (a) 单四拍工作方式 | (b) 双四拍工作方式 | (c) 八拍工作方式 |

图 8-3 四相步进电机正转的通电时序与波形

本例阐述一种基于80C51单片机的四相步进电机控制系统的设计过程。

(1) 总体设计思路

系统总体结构如图 8-4 所示，本系统主要实现以下功能。

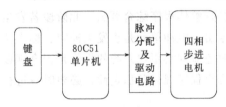

图 8-4 控制系统总体结构

① 控制步进电机的通电换相顺序，使其按要求的工作方式及转向运转。图 8-3 所示为使步进电机正转的通电换相顺序；如需使得步进电机反转，则应按与图 8-3 所示相反的通电换相顺序来分配一个周期内的脉冲。

② 控制步进电机的转速。如果给步进电机的驱动脉冲之间间隔时间越短，它将转得越快。因此，通过调整单片机发出驱动脉冲的频率来调节步进电机的转速。

(2) 硬件电路设计

本系统硬件由单片机及键盘电路、步进电机脉冲分配及驱动电路两大部分组成。

① 单片机及键盘电路 图 8-5 为单片机及键盘电路原理图。80C51连接好其外部电源电路、晶振电路及复位电路后即构成了单片机最小应用系统。键盘电路由 4 个按键 SB1～SB4 组成，其输出分别连到80C51的 P2.7、P2.6、P2.1 和 P1.0 引脚，用于输入步进电机正转、反转、加速和减速的控制要求。80C51对接收到的按键命令进行处理，经由 P1.0 和 P1.1 引脚发出相应的步进脉冲信号 CLK 和转向控制信号 CWB。

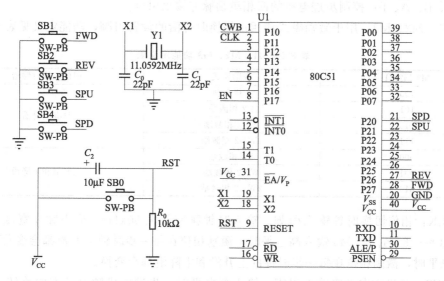

图 8-5　单片机及键盘电路原理图

② 步进电机脉冲分配及驱动电路　图 8-6 为步进电机脉冲分配及驱动电路原理图。脉冲分配电路的作用是在步进脉冲 CLK 和转向控制信号 CWB 二者的共同作用下产生要求的四相激励信号，用于控制步进电机以设定的方式和速度运转。因为脉冲分配电路输出的激励信号驱动能力有限，不足以直接驱动步进电机，所以需要经由驱动电路实现功率放大后再送至步进电机的各相绕组。

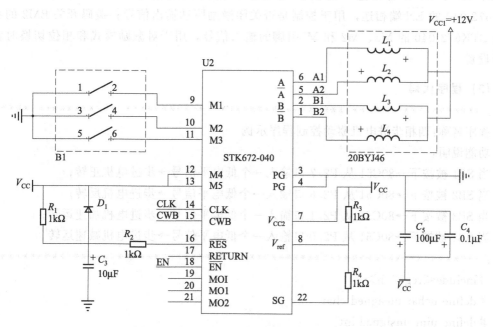

图 8-6　步进电机脉冲分配及驱动电路原理图

本例选用 SANYO 公司的 STK672-040 芯片作为步进电机脉冲分配与驱动控制器，其输入电压为直流 5V，负载电压范围为 10～45V，最大输出电流为 1.5A。STK672-040 为 22 引脚直插 IC 芯片，以下对其主要控制引脚的功能进行说明：

- A、B、$\overline{A}$、$\overline{B}$：控制步进电机的四相激励脉冲输出引脚。
- M1、M2、M3：用于激励模式和相位切换时钟沿的设置引脚，功能定义见表 8-1。

表 8-1　M1、M2、M3 功能定义表

M3 M2M1	激励模式	相位切换时钟沿
100	2 相激励	只有上升沿
101	1-2 相激励	
110	W1-2 相激励	
111	2W1-2 相激励	
000	1-2 相激励	上升沿和下降沿
001	W1-2 相激励	
010	2W1-2 相激励	

- CLK：相位切换时钟输入引脚。输入时钟频率最大 50kHz，最小脉冲宽度为 $10\mu s$，占空比 40%～60%。当 M3 输入高电平时，激励相位在每一步时钟上升沿都会变化；当 M3 输入低电平时，激励相位在每一步时钟的上升沿和下降沿都会变换。
- CWB：步进方向设置输入引脚。输入高电平时，步进电机顺时针方向旋转；输入低电平时，步进电机逆时针方向旋转。
- $\overline{EN}$：激励驱动输出关闭使能引脚，低电平有效。正常运行时应置为高电平状态；当它接入低电平有效时会切断激励驱动输出 A、B、$\overline{A}$ 和 $\overline{B}$。

图 8-6 中，STK672-040 经由其 A、B、$\overline{A}$、$\overline{B}$ 引脚分别输出四相激励脉冲至步进电机同名端子，使步进电机按设定要求进行运转；80C51 的 P1.0、P1.1 引脚分别与 STK672-040 的 CLK、CWB 端相连，提供步进脉冲和转向控制信号；80C51 的 P1.7 引脚与 STK672-040 的 $\overline{EN}$ 端相连，用于控制是否关闭激励驱动输出信号；拨码开关 BM2 的状态决定 STK672-040 的 M3、M2 和 M1 引脚的输入信号，用于对激励模式和相位切换时钟沿进行设置。

(3) 程序代码

```
/********************************************************
程序名称:四相步进电机驱动控制程序示例
功能说明:
当 SB1 被按下→80C51 从 P2.7 口输入一个低电平信号→步进电机正转;
当 SB2 被按下→80C51 从 P2.6 口输入一个低电平信号→步进电机反转;
当 SB3 被按下→80C51 从 P2.1 口输入一个低电平信号→步进电机加速运转;
当 SB4 被按下→80C51 从 P2.0 口输入一个低电平信号→步进电机减速运转。
/********************************************************/
#include<reg52. h>
# define uchar unsigned char
# define uint unsigned int
uchar X=10; //步进电机转速初始化
/*****************定义位变量******************/
sbit EN=P1^7;   //使能控制位
sbit CWB=P1^0; //旋转方向控制位
```

```
sbit CLK=P1^1;    //脉冲控制位
sbit FWD=P2^7;    //正转控制位
sbit REV=P2^6;    //反转控制位
sbit SPU=P2^1;    //加速控制位
sbit SPD=P2^0;    //减速控制位
/***************************主函数***************************/
main()
{
    EN=0;    //关闭 STK672-040 的激励驱动输出
    CWB=1;   //设置步进电机为顺时针方向旋转
    CLK=1;   //设置时钟输入控制位为高电平
  while(1)
  {                    //检查按键输入,完成相应的设置和处理
    if(FWD==0){EN=1;CWB=1;}
    if(REV==0){EN=1;CWB=0;}
    if(SPU==0){Delay(10);while(! SPU);spu();}
    if(SPD==0){Delay(10);while(! SPD);spd();}
    CLK=~CLK;    //输出时钟脉冲信号
    Delay(X);        //延时,X 的数值越小则步进电机转速越快
  }
}
/***************************加速函数***************************/
void spu()
{
X=X-1;
if(X<=1){X=1;}    //如果速度值小于或等于1,则保持值为1
}
/***************************减速函数***************************/
void spd()
{
X=X+1;
if(X>=100){X=100;}  //如果速度值大于或等于100,则保持值为100
}
/***************************延时函数***************************/
void Delay(uchar i)
{
    uchar j,k;
    for(j=0;j<i;j++)
    for(k=0;k<180;k++);
}
```

8.6.2　十字路口交通信号控制系统设计

交通信号控制系统是十字路口交通管理的重要设备，主要用于疏导车辆、行人有序通过路口。本例阐述一种基于51单片机的交通信号模拟控制系统的设计过程，该控制系统不仅具有交通高峰时期车辆通行时间自动调整、通行时间倒计时显示的功能，还具有根据车流量检测值自动调整通行时间、按键手动调整通行时间以及紧急状态通行处理等功能，从而能够灵活合理地管理和控制十字路口的交通状况，提高道路通行效率。

（1）系统总体设计思路

十字路口交通控制信号布局如图8-7所示。行人通道指示信号：①共有8组，分别布置于4个通道每通道的上、下行方向上，每组包含红、绿指示灯各1个；②布置于同一方向（东西或南北两方向）的4组指示灯显示状态相同。车辆通行控制信号：①共有4组，分别布置于东→西、西→东、南→北、北→南4个车辆通行方向上，每组包含红、黄、绿指示灯各1个以及用于通行时间倒计时的2个数码管；②布置同一方向（东西或南北两方向）的2组指示灯显示状态相同；③4组数码管的显示状态相同。

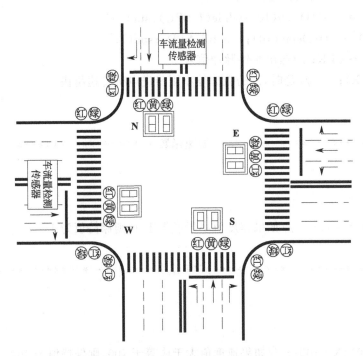

图 8-7　十字路口交通控制信号布局图

交通信号控制系统硬件如图8-8所示，结合软件编程该系统可实现以下主要功能。

① 初始化结束后系统进入到按默认通行时间周期控制各方向指示灯、倒计时数码管的循环显示。首先执行东西（方向）通行周期的控制，然后再执行南北（方向）通行周期的控制，接下来又回到东西通行周期的控制……系统周而复始地进行上述两通行周期的循环控制。本例默认东西、南北通行时间周期分别为30s和35s，在一个控制循环内：4组数码管显示的是当前通行周期的倒计时时间；各方向指示灯的状态则按表8-2的设定进行。

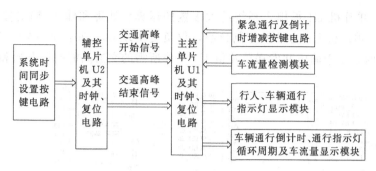

图 8-8　交通信号控制系统硬件结构

表 8-2　一个控制循环内指示灯状态变化表

指示灯 通行周期		东西方向指示灯					南北方向指示灯				
		车行 红灯	车行 黄灯	车行 绿灯	人行 红灯	人行 绿灯	车行 红灯	车行 黄灯	车行 绿灯	人行 红灯	人行 绿灯
东西通行周期	0～25s	灭	灭	亮	灭	亮	亮	灭	灭	亮	灭
（30s）	26～30s		闪烁	灭		闪烁					
南北通行周期	0～30s	亮	灭	灭	亮	灭	灭	灭	亮	灭	亮
（35s）	31～35s							闪烁	灭		闪烁

② 根据车流量检测情况自动调整下一通行周期时间。利用传感器自动检测当前通行周期内东西、南北方向的车流量，在当前通行周期倒计时计到"1"时对两方向车流数值进行比较，并调整下一通行周期的时间。例如，当前为东西通行周期，系统将自动调整下一南北通行周期的时间，基本思路是：若东西方向车流数大于南北方向车流数，则下一周期南北方向绿灯亮的时长减少；反之，则下一周期南北方向绿灯亮的时长增加。

③ 在每日交通高峰时段内，设置东西、南北通行周期的时间比平时延长 10s，以提高车辆通行效率。系统默认交通高峰时段为北京时间 7:00～8:00 以及 17:00～18:00。

④ 通行周期时间增、减的手动调整。表 8-2 所列为开机默认的数值，用户可以对其进行调整：每按下通行周期时间加 1（或减 1）控制按键一次，系统将对下一通行周期的时间在本周期的基础上增加（或减少）1s 的时长。

⑤ 紧急通行模式控制功能。系统配备的紧急通行控制开关为带自锁功能的常开按键，按下一次时启动紧急通行模式，再按一次时则取消紧急通行模式。紧急通行模式下，图 8-7 中所有的红灯呈现闪烁状态，4 组数码管则全部显示"--"，标志着紧急状态下行人和车辆的通行由交警人工指挥。

⑥ 系统时间同步设置功能。图 8-8 中单片机 U2 负责 24 小时循环计时，为系统工作提供正确的时钟。系统开机默认从 00:00:00 时开始计时，可以通过按键设置系统时间，使其同步于当前北京时间。系统时间同步设置模块包括 3 个按键，工作原理如下：a. 按下设置键一次，用于设定系统时间的"秒"：此时，每按下时间增加键 1 次，系统时间增加 1 秒；每按下时间减少键 1 次，系统时间减少 1 秒。b. 同理，按下设置键两次、三次分别用于设定系统时间的"分钟"和"小时"。c. 按下设置键四次，系统时间设置结束。

（2）控制系统硬件电路

① 51 单片机主控及辅助控制单元

本系统两个控制核心均选用 AT89S52 单片机，+5V 供电，两片单片机及其常规电路如图 8-9 所示。单片机 U1 承担了系统绝大多数的运算、处理和输入/输出控制任务，是系统的主控核心；单片机 U2 为辅助控制核心，仅负责实现 00：00：00～23：59：59 的系统 24 小时循环计时，用于确定并发送单片机 U1 工作所需的交通高峰时段起始和结束信号。

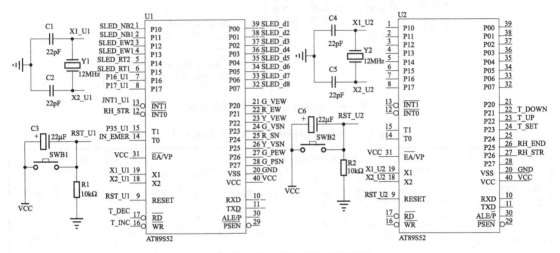

图 8-9　单片机及其常规电路原理图

② 车流量检测电路

车流量检测电路如图 8-10 所示。2 个对射式红外传感器分别用于检测东西、南北方向的车流量，传感器输出的开关量信号送至单片机 U1，编程计数两方向的车流量并将两数值者进行比较运算，从而实现对下一通行周期时间的自动调整。

为了能高效利用单片机的外部中断资源，本设计结合硬件和软件对单片机 U1 的外部中断 1 进行了扩展。因此图 8-10 中车流量检测电路的两个输出信号 ITR_EW 和 ITR_SN，一方面分别控制二极管 D4 和 D5 的导通/截止，两二极管的阳极端输出信号共同送至单片机 U1 的 $\overline{INT1}$ 引脚，用以触发中断；另一方面又分别送至单片机 U1 的 P1.6、P1.7 引脚，用于在中断服务程序中作为判断程序走向的选择信号。

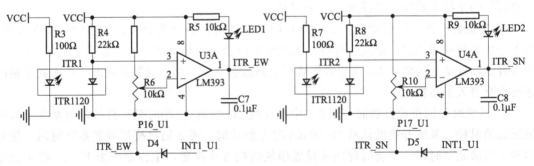

图 8-10　东西、南北方向车流量检测电路

③ 通行周期时间手动调整输入电路

该部分电路如图 8-11 所示。按键 S1 和 S2 分别用作对下一通行周期时间的增加和减少手动调整控制，电路输出信号的处理采用了与前述车流量检测电路相同的原理，两个按键控制回路的输出一方面都送至单片机 U1 的 $\overline{INT1}$ 引脚，用以触发中断；另一方面又分别送至单片机 U1 的 P3.6、P3.7 引脚，用于在中断服务程序中作为判断程序走向的选择信号。

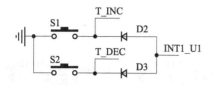

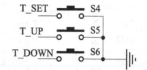

图 8-11　通行周期时间手动调整输入电路　　　图 8-12　系统时间同步设置按键输入电路

④ 系统时间同步设置按键输入电路

该部分电路如图 8-12 所示，按键 S4、S5 和 S6 所在回路的输出分别送至单片机 U2 的 P2.3、P2.2 和 P2.1 引脚。其中，S4 为操作方式设置键，按下该键一次、两次和三次分别用于设定系统时间的"秒"、"分钟"和"小时"，按下该键四次则表示本次系统时间设置过程结束。S5、S6 则分别用于上述各操作方式下系统时间对应项数值的加"1"和减"1"设置。

⑤ 紧急通行模式按键输入电路

该部分电路如图 8-13 所示。采用按键 S3 作为紧急通行模式的控制开关，该电路的输出送至单片机 U1 的 P3.4 引脚。

图 8-13　紧急通行模式按键输入电路　　　图 8-14　交通高峰时段控制信号输出电路

⑥ 交通高峰时段控制信号输出电路

该部分电路如图 8-14 所示。在交通高峰时段的起始和结束时刻，单片机 U2 将分别通过 P2.6、P2.7 引脚输出脉冲信号 RH_STR 和 RH_END。RH_STR 信号直接输入到单片机 U1 的 $\overline{INT0}$ 引脚，触发外部中断 0。RH_END 信号则一方面送至单片机 U1 的 $\overline{INT1}$ 引脚，用以触发外部中断 1；另一方面又送至单片机 U1 的 P3.5 引脚，用于在外部中断 1 的服务程序中作为判断程序走向的选择信号。

⑦ 行人、车辆通行指示灯显示模块

该模块电路如图 8-15 所示，由单片机 U1 的 P2 口发出各指示灯的控制信号。其中：① P2.1 引脚发出行人、车辆通行东西方向红灯的控制信号 R_EW。②P2.4 引脚发出行人、车辆通行南北方向红灯的控制信号 R_SN。③P2.6、P2.7 引脚分别发出行人通行东西、南北方向绿灯控制信号 G_PEW 和 G_PSN。④P2.0、P2.2 引脚分别发出车辆通行东西方向绿灯和黄灯控制信号 G_VEW 和 Y_VEW。⑤P2.3、P2.5 引脚分别发出车辆通行南北方向绿灯和黄灯控制信号 G_VSN 和 Y_VSN。

⑧ 当前通行时间倒计时及下一通行周期时间的数码显示电路

该部分电路如图 8-16 所示，采用 10 个共阴极 7 段数码管作为显示设备，SLED1～SLED8 用于显示当前通行时间倒计时，SLED9、SLED10 用于显示下一通行周期时间。数码管采用动态连接方式，使用单片机 U1 的 P0、P1 口分别作为其段控端口和位控端口。其中，P1.0、P1.1 分别是南北通行时间十位、个位显示用数码管的位控引脚；P1.2、P1.3 分别是东西通行时间十位、个位显示用数码管的位控引脚；P1.4、P1.5 分别是下一通行周期时间十位、个位显示用数码管的位控引脚。

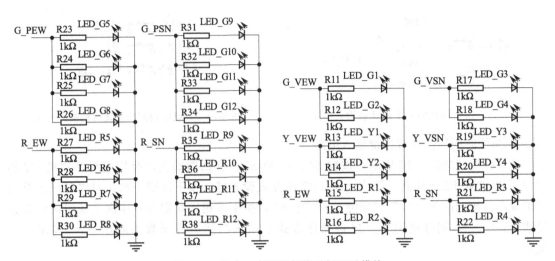

图 8-15　行人、车辆通行指示灯显示模块

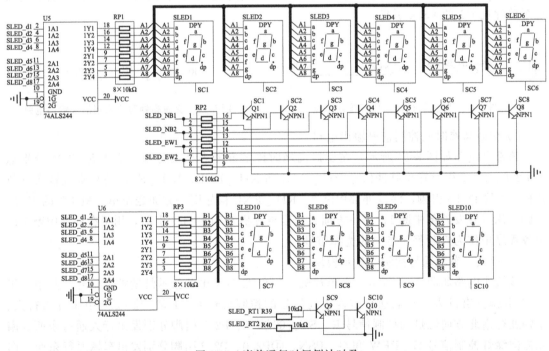

图 8-16　当前通行时间倒计时及
下一通行周期时间的数码显示电路

(3) 控制系统完整程序代码

① 单片机 U1 的程序代码

```
/**************************************************************************/
#include <reg52.h>//头文件
#define uchar unsigned char
uchar data time_nb=35;//南北方向通行时间默认初值
uchar data time_dx=30;//东西方向通行时间默认初值
```

```c
uchar data DX=30;  //设置东西方向的通行时间
uchar data NB=35;  //设置南北方向的通行时间
uchar data countt0,countt1;  //定时器中断次数
char count2,count3;  //东西南北车流量计数
float count4,count5;  //由于显示时需进行取余运算,故 count2,count3 不能定义为浮点
型,而比较东西南北车流量时要求比值为小数,所以此处另定义两个浮点型数据进行转换。
char data h,l;  //数码管位数值
float p;  //车流量比值
int n;  //开机动画循环次数
/************************* 定义开关量 ***************************/
sbit  k5=P3^5;  //高峰期退出
sbit  k1=P3^6;  //时间加
sbit  k2=P3^7;  //时间减
sbit  k3=P3^4;  //紧急通行模式
sbit  k4=P3^2;  //高峰期进入
/************************* 定义标志位 ***************************
*/sbit LED2=P1^5;  //下一周期通行时间十位控制位
sbit LED1=P1^4;  //下一周期通行时间个位控制位
sbit LED3=P3^0;  //车流量十位控制位
sbit LED4=P3^1;  //车流量个位控制位
sbit EW_LED2=P1^3;  //东西个位
sbit EW_LED1=P1^2;  //东西十位
sbit SN_LED2=P1^1;  //南北个位
sbit SN_LED1=P1^0;  //南北十位
sbit red_nb=P2^4;  //南北红灯标志
sbit yellow_nb=P2^5;  //南北黄灯标志
sbit green_nb=P2^3;  //南北绿灯标志
sbit red_dx=P2^1;  //东西红灯标志
sbit yellow_dx=P2^2;  //东西黄灯标志
sbit green_dx=P2^0;  //东西绿灯标志
sbit green_r_dx=P2^6;  //东西人行绿灯标志
sbit green_r_nb=P2^7;  //南北人行绿灯标志
sbit dx=P1^6;  //东西车流量标志位
sbit nb=P1^7;  //南北车流量标志位
bit dx_nb=0;  //东西南北方向控制位,0 为东西,1 为南北
uchar code table [10] = {0x3f, 0x06, 0x5b, 0x4f, 0x66, 0x6d, 0x7d, 0x07, 0x7f,
0x6f};
/************************* 函数声明 ***************************/
void key ();  //按键扫描子程序
void display ();  //显示子程序
```

```
void logo (); //开机 LOGO
void main (); //主程序
void zifu (); //循环显示内部程序
/ ***************************** 延时子程序 *****************************/
void delay (uchar m)
{
    uchar j, k;
    for (j=0; j<m; j++) //延时
        for (k=0; k<124; k++);
}
/ ***************************** 显示子程序 *****************************
*/void display ()
{
  if (dx _ nb==0)
      {
          h=time _ dx/10;
          l=time _ dx%10;
          P0=table [l];
          EW _ LED2=0;
          SN _ LED2=0;
          delay (2);
          EW _ LED2=1;
          SN _ LED2=1;
          P0=table [h];
          EW _ LED1=0;
          SN _ LED1=0;
          delay (2);
          EW _ LED1=1;
          SN _ LED1=1;

          h=NB/10;
          l=NB%10;
          P0=table [l];
          LED1=0;
          delay (2);
          LED1=1;
          P0=table [h];
          LED2=0;
          delay (2);
          LED2=1;
```

```
        }
    if (dx_nb==1)
        {
            h=time_nb/10;
            l=time_nb%10;
            P0=table [l];
            EW_LED2=0;
            SN_LED2=0;
            delay (2);
            EW_LED2=1;
            SN_LED2=1;
            P0=table [h];
            EW_LED1=0;
            SN_LED1=0;
            delay (2);
            EW_LED1=1;
            SN_LED1=1;

            h=DX/10;
            l=DX%10;
            P0=table [l];
            LED1=0;
            delay (2);
            LED1=1;
            P0=table [h];
            LED2=0;
            delay (2);
            LED2=1;
        }
}
/*************************** 主程序 ***************************/
void main ()
{
        IT0=1; //INT0 负跳变触发
        IT1=1; //INT1 负跳变触发
        TMOD=0x01; //定时器设置
        TH1= (65536-5000) /256; //定时器 0 置初值
        TL1= (65536-5000)%256;
        TH0= (65536-5000) /256; //定时器 0 置初值
        TL0= (65536-5000)%256;
```

```
        EA＝1；//开总中断
        ET0＝1；//定时器 0 中断开启
        ET1＝1；//定时器 1 中断开启
        TR0＝1；//启动定时 0
        TR1＝0；//关闭定时 1
        EX1＝1；//开外部中断 1
        EX0＝1；//开外部中断 0
        logo（）；//开机动画
        dx＝1；//车流量检测端口置高电平状态
        nb＝1；
        P2＝0x00；//P2 口置初值
        P3＝0xff；//P3 口置初值
        count2＝0；
        count3＝0；
        while（1）//主循环
          {
                display（）；//调用显示程序
                key（）；//调用按键扫描程序
          }
}
/ ***************************** 按键扫描子程序 *****************************/
void key（）
{
    if（k3＝＝0）//紧急通行模式
      {
        TR1＝1；//定时器 1 启动
        TR0＝0；//定时器 0 关闭
        while（k3＝＝0）//循环显示 "----"
        zifu（）；
      }
    if（k3！＝0）
      {
        TR1＝0；
        TR0＝1；
      }
}
/ *************************** 定时器 0 中断子程序 ***********************/
void time0（void）interrupt 1 using 0
{
        TH0＝0x3C；//重赋初值
```

```
        TL0＝0xB0；//12MHz 晶振 50ms//重赋初值
        TR0＝1；//重新启动定时器
        countt0＋＋；//软件计数加 1
        if（countt0＝＝10）//加到 10 也就是半秒
          {
            if（time_dx＜＝5＆＆dx_nb＝＝0）//东西黄灯关
              {
                green_dx＝0；
                yellow_dx＝0；
                green_r_dx＝0；
              }
            if（time_nb＜＝5＆＆dx_nb＝＝1）//南北黄灯关
              {
                green_nb＝0；
                yellow_nb＝0；
                green_r_nb＝0；
              }
          }
    if（countt0＝＝20）// 定时器中断次数＝20 时（即 1 秒时）
    {
            countt0＝0；//清零计数器
            time_dx--；//东西时间减 1
            time_nb--；//南北时间减 1
            P2＝0x00；
            if（time_dx＜＝5＆＆dx_nb＝＝0）//东西黄灯闪
              {
                yellow_dx＝1；
                red_nb＝1；
                green_r_dx＝1；//东西人行绿灯闪
    }
    if（time_nb＜＝5＆＆dx_nb＝＝1）//南北黄灯闪
     {
                yellow_nb＝1；
                red_dx＝1；
                green_r_nb＝1；//南北人行绿灯闪
    }
    if（time_dx＞5＆＆dx_nb＝＝0）//东西绿灯，南北红灯
     {
                green_dx＝1；
                red_nb＝1；
```

```
        green_r_dx=1; //东西人行绿灯开
    }
    if (time_nb>5&&dx_nb==1) //南北绿灯，东西红灯
     {
        green_nb=1;
        red_dx=1;
        green_r_nb=1; //南北人行绿灯闪
    }
    if (dx_nb==0&&time_dx==1) //比较两方向车流量数值，调整下一周期南北绿灯时长
     {
    if (count3==0&&count2==0);
    if (count3==0&&count2>0&&count2<=5) //南北没车，东西车流量为1~5
        NB=NB-5;
    if (count3==0&&count2>5&&count2<=10) //南北没车，东西车流量为6~10
        NB=NB-10;
    if (count3==0&&count2>10) //南北没车，东西车流量大于10
        NB=NB-15;
    if (count2==0&&count3<=5&&count3>0) //东西没车，南北车流量为1~5
        NB=NB+5;
    if (count2==0&&count3>5&&count3<=10) //东西没车，南北车流量为6~10
        NB=NB+10;
    if (count2==0&&count3>10) //东西方向没车，南北车流量大于10
        NB=NB+15;
    if (count2!=0&&count3!=0) //东西、南北都有车
        {
        count4=count2;
        count5=count3;
        p=(count4/count5)*10;
        if (p<=5)
          NB=NB+10;
        if (p<10&&p>5)
          NB=NB+5;
        if (p==10);
        if (p<=15&&p>10)
          NB=NB-5;
        if (p<=20&&p>15)
          NB=NB-10;
        if (p>20)
          NB=NB-15;
        }
```

```
}
if (dx_nb==1&&time_nb==1) //比较两方向车流量值，调整下一周期东西绿灯时长
 {
if (count3==0&&count2==0);
if (count3==0&&count2>0&&count2<=5) //南北没车，东西车流量为1～5
    DX=DX+5;
if (count3==0&&count2>5&&count2<=10) //南北没车，东西车流量为6～10
    DX=DX+10;
if (count3==0&&count2>10) //南北没车，东西车流量大于10
    DX=DX+15;
if (count2==0&&count3>0&&count3<=5) //东西没车，南北车流量为1～5
    DX=DX-5;
if (count2==0&&count3>5&&count3<=10) //东西没车，南北车流量为6～10
    DX=DX-10;
if (count2==0&&count3>10) //东西没车，南北车流量大于10
    DX=DX-15;
    if (count2!=0&&count3!=0) //东西南北都有车
     {
      count4=count2;
      count5=count3;
      p=(count4/count5)*10;
      if (p<=5)
        DX=DX-10;
      if (p<10&&p>5)
        DX=DX-5;
      if (p==10);
      if (p<=15&&p>10)
        DX=DX+5;
      if (p<=20&&p>15)
        DX=NB+10;
      if (p>20)
        DX=DX+15;
     }
 }
if (dx_nb==1&&time_nb==0) //当南北方向黄灯闪烁时间到0时
 {
    P2=0x00; //重置东西南北的红绿灯状态
    count2=0;
    count3=0;
    red_nb=1; //南北红灯亮
```

```
            green _ r _ dx＝1；
            dx _ nb＝! dx _ nb；//取反
            time _ nb＝NB；//重赋南北方向的周期值
            time _ dx＝DX；//重赋东西方向的周期值
    }
    if (dx _ nb＝＝0&＆time _ dx＝＝0) //当东西方向黄灯闪烁时间倒计时到0时
     {
            P2＝0x00；//重置东西南北方向的红绿灯状态
            count2＝0；
            count3＝0；
            red _ dx＝1；
            green _ r _ nb＝1；
            dx _ nb＝! dx _ nb；
            time _ nb＝NB；//重赋南北方向的周期值
            time _ dx＝DX；//重赋东西方向的周期值
        }
    }
}
/ ************************ 定时器1中断子程序 ************************/
void time1 (void) interrupt 3 using 0
{
    TH1＝0x3C；//重赋初值
    TL1＝0xB0；//12m 晶振 50ms
    countt1＋＋；//软件计数加1
    green _ nb＝0；//南北方向绿灯灭
    green _ dx＝0；//东西方向绿灯灭
    green _ r _ nb＝0；//南北方向人行绿灯灭
    green _ r _ dx＝0；//东西方向人行绿灯灭
    yellow _ nb＝0；//南北方向黄灯灭
    yellow _ dx＝0；//东西方向黄灯灭
    if (countt1＝＝40) // 定时器中断次数＝10时（即0.5秒）
     {
        red _ nb＝0；//南北红灯灭
        red _ dx＝0；//东西红灯灭
    }
    if (countt1＝＝120) // 定时器中断次数＝20时（即1秒时）
     {
        countt1＝0；//清零计数器
        red _ nb＝1；//南北红灯亮
        red _ dx＝1；//东西红灯亮
```

```
    }
}
/ *************************** 外部中断 0 中断子程序 ***************************/
void int0 (void) interrupt 0 using 0
{
    EX0＝0；//关中断
    if (k4＝＝0) //高峰期进入
     {
      DX＝DX＋10；
      NB＝NB＋10；
     }
    EX0＝1；//开中断
}
/ *************************** 外部中断 1 中断子程序 ***************************/
void int1 (void) interrupt 2 using 0
{
    if (k1＝＝0&&dx_nb＝＝1) //东西方向绿灯时间加
     {
        delay (5)；
        DX＋＝1；
        if (DX＞＝99)
        DX＝60；
     }
    if (k2＝＝0&&dx_nb＝＝1) //东西方向绿灯时间减
     {
        delay (5)；
        DX－＝1；
        if (DX＜＝1)
           DX＝60；
     }
    if (k1＝＝0&&dx_nb＝＝0) //南北方向绿灯时间加
     {
        delay (5)；
        NB＋＝1；
        if (NB＞＝99)
           NB＝60；
     }
    if (k2＝＝0&&dx_nb＝＝0) //南北方向绿灯时间减
     {
        delay (5)；
```

```
            NB-=1;
            if（NB<=1）
              NB=60；
      }
  if（dx==0）//东西方向车流量检测信号
   {
     count2++；//东西方向车流量计数
   }
  if（nb==0）//南北方向车流量检测信号
   {
     count3++；//南北方向车流量计数
   }
  if（k5==0）//高峰期退出
   {
  DX=DX-10；
  NB=NB-10；
   }
}
```

/ ************************ 开机的 Logo " ----" 子程序 ************************ */

```
void logo（）
{
    for（n=0；n<50；n++）//循环显示----50 次
     {
       zifu（）；
     }
     }
```

/ ************************ 字符显示子程序 ************************/

```
void zifu（）
{
    P0=0x40；//送形
    SN _ LED1=0；//第一位显示
    delay（10）；//延时
    SN _ LED2=0；//第二位显示
    delay（10）；//延时
    EW _ LED1=0；//第三位显示
    delay（10）；//延时
    EW _ LED2=0；//第四位显示
    delay（10）；//延时
    LED2=0；//第五位显示
```

```
    delay (10)；//延时
    LED1＝0；//第六位显示
    delay (10)；//延时
    LED3＝0；//第七位显示
    delay (10)；//延时
    LED4＝0；//第八位显示
    delay (10)；//延时
    P1＝0x3f；//灭显示
}
```

② 单片机 U2 的程序代码

```
/ *****************************************************************/
#include<reg52.h>
#define uchar unsigned char
#define uint unsigned int
#define ON 1
uchar code table [] = {0x3f, 0x06, 0x5b, 0x4f, 0x66, 0x6d, 0x7d, 0x07, 0x7f,
0x6f}；//数码管显示 1～9uchar min, sec, hour, t0, count, i；//count 用来计下 but1 按
下的次数，t0 用于精确定时，i 辅助位
sbit shezhi＝P2^3；
sbit jia＝P2^2；
sbit jian＝P2^1；
sbit shuchu1＝P2^6；//高峰期模式开始
sbit shuchu2＝P2^5；//高峰期模式结束
void delay (uchar)；//延时函数声明
void init ()；//初始化函数声明
void display (uchar, uchar, uchar, uchar)；//显示函数声明
/ *********************** 主程序 ***********************/
void main ()
{
    init ()；
    while (1)
     {
      i++；
      if (i==255)
          i=0；
      if (shezhi==0) //第一个按钮键被按下
       {
          while (shezhi==0)；
          count++；
       }
```

```
    if (count==1)
  {
      TR0=0；
      if (jia==0) //第二个按钮键被按下
       {
           while (jia==0)；
             sec++；
           if (sec==60)
             sec=0；
       }
      if (jian==0) //第三个按钮键被按下
       {
           while (jian==0)；
             sec--；
           if (sec==0)
             sec=60；
       }
  }
  if (count==2)
   {
       if (jia==0)
        {
           while (jia==0)；
             min++；
           if (min==60)
             min=0；
        }
       if (jian==0)
        {
           while (jian==0)；
             min--；
           if (min==0)
             min=60；
        }
   }
  if (count==3)
   {
       if (jia==0)
        {
           while (jia==0)；
```

```
        if (P3==0xbf)
            {
                hour++;
                if (hour==24)
                    hour=0;
            }
    }
    if (jian==0)
     {
                while (jian==0);
                if (P3==0xbf)
                 {
                    hour--;
                    if (hour==0)
                    hour=23;
                    }
            }
    }
    if (count==4)
     {
        count=0;
        TR0=1;
        if (hour==18 || hour==17 || hour==8 || hour==7)
         {
           shuchu1=0;
           shuchu2=1;
         }
        else
         {
            shuchu2=0;
            shuchu1=1;
         }
     }
        display (hour, min, sec, count);
    }
}
/************************ 初始化函数 ***************************/
void init ()
{
    TMOD=0x01;
```

```
        TH0=（65536-50000）/256；
        TL0=（65536-50000）%256；
        EA=1；
        ET0=1；
        TR0=1；
        P3==0xbf；
        shuchu1=1；
        shuchu2=1；
}
/***************************** 延时函数 *****************************/
void delay（uchar z）
{
    uchar x，y；
    for（x=0；x<z；x++）
      for（y=0；y<100；y++）；
}
/***************************** 显示函数 *****************************/
void display（uchar hour，uchar minute，uchar second，uchar count）
{
    uchar f1，f2，f3，f4，f5，f6；
            f1=hour/10；
            f2=hour%10；
            f3=minute/10；
            f4=minute%10；
            f5=second/10；
            f6=second%10；
    switch（count）
     {
            case 0：
            case 1：
            case 2：
                P0=0xfe；
                P1=table［f1］；
                delay（5）；

                P0=0xfd；
                P1=table［f2］；
                delay（5）；break；
            case 3：
                if（i%8==0）//使调节小时时，小时闪烁
```

```
            {
                P0=0xfe;
                P1=table [f1];
                delay (10);

                P0=0xfd;
                P1=table [f2];
                delay (10);
            }
                break;
        }
            P0=0xfb;
            P1=0x40;
            delay (5);
switch (count)
    {
        case 0:
        case 1:
        case 3:
                P0=0xf7;
                P1=table [f3];
                delay (5);

                P0=0xef;
                P1=table [f4];
                delay (5); break;
        case 2:
                if (i%8==0) //使调节分钟时，分钟闪烁
                    {
                        P0=0xf7;
                        P1=table [f3];
                        delay (10);

                        P0=0xef;
                        P1=table [f4];
                        delay (10);
                    }
                break;
    }
        P0=0xdf;
```

```
            P1＝0x40；
            delay（5）；
        switch（count）
          {
            case 0：
            case 2：
            case 3：
                P0＝0xbf；
                P1＝table［f5］；
                delay（5）；

                P0＝0x7f；
                P1＝table［f6］；
                delay（5）；break；
            case 1：
                if（i％8＝＝0）//使调节秒钟时，秒钟闪烁
                 {
                P0＝0xbf；
                P1＝table［f5］；
                delay（10）；

                P0＝0x7f；
                P1＝table［f6］；
                delay（10）；
              }
            break；
        }
}
/ ************************* 定时器 0 中断函数 *************************/
void timer0（）interrupt 1
{
    TH0＝（65536-50000）/256；
    TL0＝（65536-50000)％256；
    t0++；
      if（t0＝＝16）
        {
          t0＝0；
          sec++；
          if（sec＝＝60）
            {
```

```
            sec＝0；
            min＋＋；
            if（min＝＝60）
             {
                min＝0；
                hour＋＋；
             }
         }
         if（hour＝＝18｜｜hour＝＝17｜｜hour＝＝8｜｜hour＝＝7）
          {
            shuchu1＝0；
                shuchu2＝1；
          }
         else
          {
            shuchu2＝0；
            shuchu1＝1；
          }
      }
}
```

思考题

8-1　简述单片机应用系统开发的主要内容。

8-2　单片机应用系统开发过程中，其硬件电路设计应考虑哪些主要问题？

8-3　简述单片机应用系统开发过程中软件设计的一般步骤。

8-4　简述模块化程序设计方法的思路及其优缺点。

8-5　单片机应用系统开发过程常用的硬件抗干扰技术有哪些？

8-6　什么是指令冗余技术？指令冗余具体方法和措施有哪些？

8-7　说明单片机应用系统中"看门狗"的工作原理。

8-8　单片机应用系统开发过程中进行系统调试的目的是什么？系统调试一般要经过哪几个过程？

8-9　设计一个能对 16 路通道的温度参数进行巡回检测的超限报警系统，采用 ADC0809 进行 A/D 转换，每一路通道的温度上限值通过 4×4 矩阵键盘输入，只要有任一路通道的温度超限均使扬声器 SK1 发出报警，同时为每一通道配置一个 LED 发光二极管指示其温度超上限的状态，通过串行口将温度数据发送给 PC 机。试画出该系统的硬件电路连线图，并编写程序实现其功能。

附录 A 51 系列单片机指令表

指令类别		指令助记符	指令机器码	功能说明	字节	周期
数据传送类指令	内部数据存储器数据传送	MOV A, #data	74 data	(A)←data	2	1
		MOV A, direct	E5 direct	(A)←(direct)	2	1
		MOV A, Rn	E8~EF	(A)←(Rn)	1	1
		MOV A, @Ri	E6、E7	(A)←((Ri))	1	1
		MOV Rn, #data	78~7F data	(Rn)←data	2	1
		MOV Rn, direct	A8~AF direct	(Rn)←(direct)	2	2
		MOV Rn, A	F8~FF	(Rn)←(A)	1	1
		MOV direct, #data	75 direct data	(direct)←data	3	2
		MOV direct2, direct1	85 direct1 direct2	(direct2)←(direct1)	3	2
		MOV direct, A	F5 direct	(direct)←(A)	2	1
		MOV direct, Rn	88~8F direct	(direct)←(Rn)	2	2
		MOV direct, @Ri	86、87 direct	(direct)←((Ri))	2	2
		MOV @Ri, #data	76、77 direct	((Ri))←data	2	1
		MOV @Ri, direct	A6、A7 direct	((Ri))←(direct)	2	2
		MOV @Ri, A	F6、F7	((Ri))←(A)	1	1
		MOV DPTR, #data16	90 data15~8 data7~0	(DPTR)←data16	3	2
	内部数据存储器数据交换	XCH A, direct	C5 direct	(A)↔(direct)	2	1
		XCH A, Rn	C8~CF	(A)↔(Rn)	1	1
		XCH A, @Ri	C6、C7	(A)↔((Ri))	1	1
		XCHD A, @Ri	D6、D7	$(A_{3\sim0})↔((Ri)_{3\sim0})$	1	1
		SWAP A	C4	$(A_{3\sim0})↔(A_{7\sim4})$	1	1
	堆栈操作	PUSH direct	C0 direct	① (SP)←(SP)+1; ② ((SP))←(direct)	2	2
		POP direct	D0 direct	(direct)←((SP)); (SP)←(SP)-1	2	2
	外部数据存储器数据传送	MOVX A, @DPTR	E0	(A)←((DPTR))	1	2
		MOVX @DPTR, A	F0	((DPTR))←(A)	1	2
		MOVX A, @Ri	E0	(A)←((DPTR))	1	2
		MOVX @Ri, A	F0	((DPTR))←(A)	1	2
	程序存储器数据传送类	MOVC A, @A+DPTR	93	(A)←((A)+(DPTR))	1	2
		MOVC A, @A+PC	83	(A)←((A)+(当前 PC))	1	2

指令类别		指令助记符	指令机器码	功能说明	字节	周期
算术运算类指令	加法类	ADD A, #data	24 data	$(A) \leftarrow (A) + data$	2	1
		ADD A, direct	25 direct	$(A) \leftarrow (A) + (direct)$	2	1
		ADD A, Rn	28~2F	$(A) \leftarrow (A) + (Rn)$	1	1
		ADD A, @Ri	26、27	$(A) \leftarrow (A) + ((Ri))$	1	1
		ADDC A, #data	34 data	$(A) \leftarrow (A) + data + (C)$	2	1
		ADDC A, direct	35 direct	$(A) \leftarrow (A) + (direct) + (C)$	2	1
		ADDC A, Rn	38~3F	$(A) \leftarrow (A) + (Rn) + (C)$	1	1
		ADDC A, @Ri	36、37	$(A) \leftarrow (A) + ((Ri)) + (C)$	1	1
	减法指令	SUBB A, #data	94 data	$(A) \leftarrow (A) - data - (C)$	2	1
		SUBB A, direct	95 direct	$(A) \leftarrow (A) - (direct) - (C)$	2	1
		SUBB A, Rn	98~9F	$(A) \leftarrow (A) - (Rn) - (C)$	1	1
		SUBB A, @Ri	96、97	$(A) \leftarrow (A) - ((Ri)) - (C)$	1	1
	加一和减一类	INC A	04	$(A) \leftarrow (A) + 1$	1	1
		INC direct	05 direct	$(direct) \leftarrow (direct) + 1$	2	1
		INC Rn	08~0F	$(Rn) \leftarrow (Rn) + 1$	1	1
		INC @Ri	06、07	$((Ri)) \leftarrow ((Ri)) + 1$	1	1
		INC DPTR	A3	$(DPTR) \leftarrow (DPTR) + 1$	1	2
		DEC A	14	$(A) \leftarrow (A) - 1$	1	1
		DEC direct	15 direct	$(direct) \leftarrow (direct) - 1$	2	1
		DEC Rn	18~1F	$(Rn) \leftarrow (Rn) - 1$	1	1
		DEC @Ri	16、17	$((Ri)) \leftarrow ((Ri)) - 1$	1	1
	BCD 码调整	DA A	D4	$(A) \leftarrow$ 将(A)调整成按 BCD 码相加的结果	1	1
	乘、除法类	MUL AB	A4	$(B) \leftarrow ((A) \times (B))_{15\sim8}$，$(A) \leftarrow ((A) \times (B))_{7\sim0}$	1	4
		DIV AB	84	$(B) \leftarrow ((A) \times (B))_{15\sim8}$，$(A) \leftarrow ((A) \times (B))_{7\sim0}$	1	4
逻辑运算及循环移位类指令	逻辑与操作	ANL A, #data	54 data	$(A) \leftarrow (A) \wedge data$	2	1
		ANL A, Rn	58~5F	$(A) \leftarrow (A) \wedge (Rn)$	1	1
		ANL A, direct	25 direct	$(A) \leftarrow (A) \wedge (direct)$	2	1
		ANL A, @Ri	56、57	$(A) \leftarrow (A) \wedge ((Ri))$	1	1
		ANL direct, A	52 direct	$(direct) \leftarrow (direct) \wedge (A)$	2	1
		ANL direct, #data	53 direct data	$(direct) \leftarrow (direct) \wedge data$	3	2
	逻辑或操作	ORL A, #data	44 data	$(A) \leftarrow (A) \vee data$	2	1
		ORL A, Rn	48~4F	$(A) \leftarrow (A) \vee (Rn)$	1	1
		ORL A, direct	45 direct	$(A) \leftarrow (A) \vee (direct)$	2	1
		ORL A, @Ri	46、47	$(A) \leftarrow (A) \vee ((Ri))$	1	1
		ORL direct, A	42 direct	$(direct) \leftarrow (direct) \vee (A)$	2	1
		ORL direct, #data	43 direct data	$(direct) \leftarrow (direct) \vee data$	3	2
	逻辑异或操作	XRL A, #data	64 data	$(A) \leftarrow (A) \oplus data$	2	1
		XRL A, Rn	68~6F	$(A) \leftarrow (A) \oplus (Rn)$	1	1
		XRL A, direct	65 direct	$(A) \leftarrow (A) \oplus (direct)$	2	1
		XRL A, @Ri	66、67	$(A) \leftarrow (A) \oplus ((Ri))$	1	1
		XRL direct, A	62 direct	$(direct) \leftarrow (direct) \oplus (A)$	2	1
		XRL direct, #data	63 direct data	$(direct) \leftarrow (direct) \oplus data$	3	2
	A 清零和取反	CLR A	E4	$(A) \leftarrow 00H$	1	1
		CPL A	F4	$(A) \leftarrow$ 将(A)取反	1	1
	循环移位操作	RL A	23	$(A_0) \leftarrow (A_7)$，$(A_{i+1}) \leftarrow (A_i)$ 注:其中 i=0,1,…,6	1	1

指令类别		指令助记符	指令机器码	功能说明	字节	周期
逻辑运算及循环移位类指令	循环移位操作	RLC A	33	$(CY)\leftarrow(A_7)$, $(A_0)\leftarrow(CY)$, $(A_{i+1})\leftarrow(A_i)$ 注:其中 i=0,1,…,6	1	1
		RR A	03	$(A_7)\leftarrow(A_0)$, $(A_i)\leftarrow(A_{i+1})$ 注:其中 i=0,1,…,6	1	1
		RRC A	13	$(CY)\leftarrow(A_0)$, $(A_7)\leftarrow(CY)$, $(A_i)\leftarrow(A_{i+1})$ 注:其中 i=0,1,…,6	1	1
控制转移类指令	无条件转移	LJMP addr16	02 $addr_{15\sim8}$ $addr_{7\sim0}$	$(PC)\leftarrow$addr16	3	2
		AJMP addr11	$addr_{10\sim8}$00001 $addr_{7\sim0}$	① $(PC)\leftarrow(PC)+2$; ② (PC)10~0←addr11	2	2
		SJMP rel	80 rel	$(PC)\leftarrow(PC)+2+rel$	2	2
		JMP @A+DPTR	73	$(PC)\leftarrow(A)+(DPTR)$	1	2
	条件转移指令	JZ rel	60 rel	若(A)=0 则程序转移	2	2
		JNZ rel	70 rel	若(A)≠0 则程序转移	2	2
		CJNE A,#data,rel	B4 data rel	若(A)≠data 则程序转移	3	2
		CJNE A,direct,rel	B5 direct rel	若(A)≠(direct)则程序转移	3	2
		CJNE Rn,#data,rel	B8~BF data rel	若(Rn)≠data 则程序转移	3	2
		CJNE @Ri,#data,rel	B6,B7 data rel	若((Ri))≠data 则程序转移	3	2
		DJNZ Rn,rel	D8~DF rel	首先(Rn)←(Rn)-1; 当(Rn)≠0 则程序转移	2	2
		DJNZ direct,rel	D5 direct rel	首先(direct)←(direct)-1; 当(Rn)≠0 则程序转移	3	2
	程序调用及返回	LCALL addr16	12 $addr_{15\sim8}$ $addr_{7\sim0}$	① $(PC)\leftarrow(PC)+3$; ② 堆栈←(PC); ③ $(PC)\leftarrow$addr16	3	2
		ACALL addr11	$addr_{10\sim8}$00001 $addr_{7\sim0}$	① $(PC)\leftarrow(PC)+2$; ② 堆栈←(PC); ③ $(PC)_{10\sim0}\leftarrow$addr11	2	2
		RET	22	$(PC)\leftarrow$堆栈	1	2
		RETI	32	$(PC)\leftarrow$堆栈	1	2
	空操作	NOP	00	$(PC)\leftarrow(PC)+1$	1	1
位操作类指令	位数据传送	MOV C,bit	A2 bit	$(CY)\leftarrow$(bit)	2	1
		MOV bit,C	92 bit	(bit)←(CY)	2	1
	位置位操作	CLR C	C3	$(CY)\leftarrow0$	1	1
		CLR bit	C2 bit	(bit)←0	1	1
		SETB C	D3	$(CY)\leftarrow1$	2	2
		SETB bit	D2 bit	(bit)←1	2	2
	位逻辑运算	ANL C,bit	82 bit	$(CY)\leftarrow(CY)\wedge$(bit)	2	2
		ANL C,/bit	B0 bit	$(CY)\leftarrow(CY)\wedge\overline{(bit)}$	2	2
		ORL C,bit	72 bit	$(CY)\leftarrow(CY)\vee$(bit)	2	2
		ORL C,/bit	A0 bit	$(CY)\leftarrow(CY)\vee\overline{(bit)}$	2	2
		CPL C	B3	$(CY)\leftarrow\overline{(CY)}$	1	1
		CPL bit	B2 bit	$(bit)\leftarrow\overline{(bit)}$	2	1
	位条件转移	JC rel	40 rel	若(CY)=1 则程序转移	2	2
		JNC rel	50 rel	若(CY)=0 则程序转移	2	2
		JB bit,rel	20 bit rel	若(bit)=1 则程序转移	3	2
		JNB bit,rel	30 bit rel	若(bit)=0 则程序转移	3	2
		JBC bit,rel	10 bit rel	若(bit)=1 则程序转移, 且(bit)←0	3	2

附录 B C51 库函数

C51 功能强大和高效率的重要原因之一是其拥有丰富的可直接调用的库函数，使用库函数可以使得程序代码简洁，程序结构清晰，易于调试和维护。每个 C51 库函数都在相应的头文件（.h）中有函数的原型声明，使用库函数时必须在源程序中用预编译指令 #include 定义与该函数相关的头文件。C51 库函数分为本征库函数和非本征库函数两类。程序编译时，非本征库函数必须由 ACALL 或者 LCALL 指令来调用；本征库函数则直接将固定代码插入当前行，不需用 ACALL 和 LCALL 语句来实现，因而大大提高了访问函数的效率。

附录表 B-1　C51 本征库函数

函数名	函数原型	函数功能说明
nop	void _nop_(void);	产生一条 NOP 指令，用来停顿 1 个 CPU 周期。函数无返回值
testbit	bit _testbit_(bit x);	产生一条 JBC 指令，用于测试位变量 x 的值。如果 x=1，函数返回值 1，且将使得 x=0；否则，函数返回值 0。该函数仅用于直接寻址位变量，对任何类型的表达式无效
crol	unsigned char _crol_(unsigned char val,unsigned char n);	这 3 个函数与 8051"RLA"指令相关，均是将变量 val 循环向左移动指定的 n 位，函数返回左移后的值。各函数不同之处在于参数 val 的类型
irol	unsigned int _irol_(unsigned int val,unsigned char n);	
lrol	unsigned int _lrol_(unsigned int val,unsigned char n);	
cror	unsigned char _cror_(unsigned char val,unsigned char n);	这 3 个函数与 8051"RRA"指令相关，均是将变量 val 循环向右移动指定的 n 位，函数返回右移后的值。各函数不同之处在于参数 val 的类型
iror	unsigned int _iror_(unsigned int val,unsigned char n);	
lror	unsigned int _lror_(unsigned long val,unsigned char n);	
push	void _push_(unsigned char _sfr);	将特殊功能寄存器 _sfr 内容压入堆栈。函数无返回值
pop	void _pop_(unsigned char _sfr);	将堆栈中的数据弹出到特殊功能寄存器 _sfr 中。函数无返回值
chkfloat	unsigned char _chkfloat_(float val);	测试浮点数 float 的状态，函数返回值如下。 0：标准浮点数。 1：浮点数 0。 2：正溢出。 3：负溢出。 4：出错 Not a Number

注：C51 本征库函数的原型声明都包含在头文件 intrins.h 中，使用时必须有 #include <intrins.h> 语句。

附录表 B-2　C51 非本征库函数

函数名	函数原型	函数功能说明
abs	#include <math. h> Int abs(int val);	功能:求绝对值。 参数:val,整型。 返回值:val 的绝对值,整型
acos	#include <math. h> float acos(float x);	功能:求反余弦。 参数:浮点数 x,取值必须在 −1~1 之间。 返回值:x 的反余弦,弧度,值在 0~π 之间
asin	#include <math. h> float asin (float x);	功能:求反正弦。 参数:浮点数 x,取值必须在 −1~1 之间。 返回值:x 的反正弦,弧度,值在 −π/2~π/2 之间
assert	#include < assert. h> void assert (int expr);	功能:检查表达式的宏。如为假输出到 printf 打印出错 参数:expr 为被检查的表达式。 返回值:无
atan	#include <math. h> float atan(float x);	功能:求反正切。 参数:浮点数 x,取值必须在 −1~1 之间。 返回值:x 的反正切,弧度,值在 −π/2~π/2 之间
atan2	#include <math. h> float atan2(float y,float x);	功能:计算浮点数 y/x 的反正切。 参数:浮点数 x,浮点数 y。 返回值:在 −π/2~π/2 之间的反正切值
atof	#include <stdlib. h> float atof(void * string);	功能:将浮点数格式的字符串转换为浮点数。当遇到 string 的某个字符不能转换成数字时,则停止处理。 参数:string 格式"[{+|−}]数字[. 数字][e|E][{+|−}]数字",例如"−12.345e+67"。 返回值:返回 string 的浮点值
atoi	#include <stdlib. h> int atoi(void * string);	功能:将字符串转换为一个整数值。当遇到 string 的某个字符不能转换成数字时,则停止处理。 参数:string 格式"[空格][{+|−}]数字",例如"−23456"。 返回值:返回 string 的整数值
atol	#include <stdlib. h> long atol(void * string);	功能:将字符串转换为一个长整数值。当遇到 string 的某个字符不能转换成数字时,则停止处理。 参数:string 格式"[空格][{+|−}]数字"。 返回值:返回 string 的长整数值
cabs	#include <math. h> char cabs(char val);	功能:求绝对值。 参数:val,字符型。 返回值:val 的绝对值,字符型
calloc	#include <stdlib. h> void * calloc (unsigned int num, unsigned int len);	功能:为数组元素分配存储区,并初始化其值为零。 参数:num 为元素个数;len 为每个元素分配的字节数。 返回值:返回一个指向所分配存储区的指针。如不能分配,则返回 NULL 指针
ceil	#include <math. h> float ceil(float val);	功能:求大于或等于 val 的最小整数值。 参数:val,浮点数。 返回值:不小于 val 的最小 float 整数值
cos	#include <math. h> float cos(float x);	功能:求 x 弧度的余弦。 参数:x 为浮点数,值必须在 −65535~65535 之间。 返回值:x 的余弦,浮点数
cosh	#include <math. h> float cosh(float x);	功能:求 x 弧度的双曲余弦。 参数:x 为浮点数。 返回值:x 的双曲余弦,浮点数
exp	#include <math. h> float exp(float x);	功能:求自然对数中 e 的 x 次幂。 参数:x,浮点数。 返回值:e 的 x 次幂,浮点数

续表

函数名	函数原型	函数功能说明
fabs	# include <math. h> float fabs(float val);	功能:求浮点数 val 的绝对值。 参数:val,浮点数。 返回值:val 的绝对值,浮点数
floor	# include <math. h> float floor(float val);	功能:求小于等于 val 的最大整数。 参数:val,浮点数。 返回值:不大于 val 的最大整数
fmod	# include <math. h> float fmod(float x,float y);	功能:求 x/y 的余数,即 x−i * y。其中 i 为结果与 x 同号,结果绝对值小于 y 绝对值的整数。 参数:x 是被除数,为浮点数; y 是除数,为浮点数。 返回值:求 x/y 的余数,浮点数
free	# include <stdlib. h> void free(void xdata * p);	功能:释放被 p 所指向的存储块。一旦存储块返回到存储池,就可被再分配。 参数:p 是指向此前用 calloc、malloc 或 realloc 函数分配的存储块的存储区指针。如 p 是 NULL 指针则忽略。 返回值:无
getchar	# include <stdio. h> char getchar(void);	功能:该函数基于_getkey 或 putchar 函数操作,用_getkey 从输入流读一个字符。用 putchar 函数显示所读字符。 参数:无。 返回值:所读的字符
gets	# include <stdio. h> char * gets(char * string, int len);	功能:调用 getchar 函数读一字符串行(该字符串行以换行符结束)到 string 中,读入后其中的换行符被 NULL 空字符替代。 参数:string 为指向接收到字符串的指针; len 为可读入的最多字符数。 返回值:指针,与 string 相同
inti_ mempool	# include <stdlib. h> void inti_ mempool (void xdata * p, un- signed int size);	功能:初始化存储管理程序,提供存储池的开始地址和大小。函数必须在存储管理函数 calloc、free、malloc、realloc 被调用前设置存储池。 参数:p 指向一个 xdata 存储区,用 calloc,free,malloc 和 realloc 库函数管理;size 参数指定存储池所用的字节数。 返回值:无
isalnum	# include <ctype. h> bit isalnum(char c);	功能:测试参数 c,确定是否是一个字母或数字字符('A'～'Z','a'～'z','0'～'9')。 参数:c 表示检查字符,字符型。 返回值:如 c 是字母或数字,返回 1;否则返回 0
isalpha	# include <ctype. h> bit isalpha(char c);	功能:测试参数 c,确定是否是一个字母('A'～'Z','a'～'z')。 参数:c 表示检查字符,字符型。 返回值:如 c 是一个字母,返回 1;否则,返回 0
iscntrl	# include <ctype. h> bit iscntrl(char c);	功能:测试参数 c,确定是否是一个控制字符(0x00～0x1F 或 0x7F)。 参数:c 表示检查字符,字符型。 返回值:如 c 是控制字符,返回 1;否则,返回 0
isdigit	# include <ctype. h> bit isdigit(char c);	功能:测试参数 c,确定是否是十进制数('0'～9')。 参数:c 表示检查字符,字符型。 返回值:如 c 是十进制数,返回 1;否则,返回 0
isgraph	# include <ctype. h> bit isgraph(char c);	功能:测试参数 c,确定是否为非空白可打印字符(0x21～0x7E)。 参数:c 表示检查字符,字符型。 返回值:c 是非空白可打印字符,返 1;否则返 0

函数名	函数原型	函数功能说明
islower	#include <ctype.h> bit islower(char c);	功能:测试参数 c,确定是否为一个小写字母('a'~'z')。 参数:c 表示检查字符,字符型。 返回值:如 c 是小写字母,返回 1;否则,返回 0
isprint	#include <ctype.h> bit isprint(char c);	功能:测试参数 c,确定是否为一个可打印字符(0x20~0x7E),包括空格在内。 参数:c 表示检查字符,字符型。 返回值:如 c 是可打印字符,返回 1;否则返回 0
ispunct	#include <ctype.h> bit ispunct(char c);	功能:测试参数 c,确定是否为一个标点符号字符(!,.:?"#$%&'()<>[]{}*+-=/\@^_~),即除了空格、数字或字母外的可打印字符。 参数:c 表示检查字符,字符型。 返回值:如 c 是标点符号,返回 1;否则返回 0
isspace	#include <ctype.h> bit isspace(char c);	功能:测试 c 是否为一个空白字符(空格、换页、换行、回车、水平制表符及垂直制表符),即 0x09~0x0D 或 0x20。 参数:c 表示检查字符,字符型。 返回值:如 c 是空白字符,返回 1;否则返回 0
isupper	#include <ctype.h> bit isupper(char c);	功能:测试 c 是否为一个大写字母('A'~'Z')。 参数:c 表示检查字符,字符型。 返回值:如 c 是大写字母,返回 1;否则返回 0
isxdigit	#include <ctype.h> bit isxdigit(char c);	功能:测试 c 是否为一个十六进制数('A'~'F','a'~'f','0'~'9')。 参数:c 表示检查字符,字符型。 返回值:如 c 是十六进制数,返 1;否则,返 0
labs	#include <math.h> long labs(long val);	功能:求绝对值。 参数:val,长整型数。 返回值:val 的绝对值
log	#include <math.h> float log(float val);	功能:求自然对数,自然对数基数为 e。 参数:val,浮点数。 返回值:val 的浮点自然对数
log10	#include <math.h> float log10(float val);	功能:求常用对数,常用对数基数为 10。 参数:val,浮点数。 返回值:val 的浮点常用对数
longjmp	#include <setjmp.h> volatile void longjmp(jmp_bufenv,int val);	功能:恢复先前由函数 setjmp 保存的环境,使得程序可以长跳转到 setjmp 处继续执行。仅有使用 volatile 属性声明的局部变量和函数参数可以被恢复。 参数:env 是 setjmp 保存的环境,jmp_buf 类型;val 是返回到相应 setjmp 处的整型值。 返回值:无
malloc	#include <stdlib.h> void * malloc(unsigned int size);	功能:为指明体积的缓存分配存储区。 参数:size 是存储区数体积字节数。 返回值:一个指向存储区最低字节地址的指针,如没有足够的空间,则返回 NULL 指针
memccpy	#include <string.h> void * memccpy(void * dest, void * src, charc,int len);	功能:将字符从源缓冲区复制到目的缓冲区,直到复制 len 个字符或字符 c 被复制为止。 参数:dest 是指向目标缓冲区的指针; src 是指向源缓冲区的指针; len 是要复制移动的最大字符数。 返回值:如所有字符完全复制,返回 dest;如复制到字符 c 结束,则返回 0

函数名	函数原型	函数功能说明
memchr	#include <string. h> void * memchr(void * s,char c,int len);	功能:在 s 所指缓存的前 len 个字节内查找字符 c。 参数:s 是指向缓存区的指针;c 是要查找的字符,字符型;len 表示缓存区的最大长度,整型。 返回值:如果查找到,返回 c 在缓存中首次出现位置的指针;如没有查到,则返回 NULL 指针
memcmp	#include <string. h> char memcmp (void * s1, void * s2, int len);	功能:比较两个缓存区的前 len 长度的字符。 参数:s1 是指向第 1 个缓存的指针;s2 是指向第 2 个缓存的指针;len 是要比较的最大字节数。 返回值:两个缓存区前 len 个字符的比较结果,字符型。;若 s1＝s2,返回 0;若 s1>s2,返回正数;若 s1<s2,返回负数
memcpy	#include <string. h> void * memcpy (void * s1, void * s2, int len);	功能:将指定数目的字符从源缓存区复制到目的缓存区。如果缓存重叠则该函数结果是不确定的,此时应用 memmove 函数替代。 参数:s1 是指向目的缓存的指针;s2 是指向源缓存的指针;len 是要复制的最大字符数。 返回值:返回 s1
memmove	#include <string. h> void * memmove(void * s1,　void * s2, int len);	功能:将指定数目的字符从源缓存区复制到目的缓存区。如果存储缓冲区重叠,该函数可保证 s2 中的那个字节在被覆盖前复制到 s1。 参数:s1 是指向目的缓存的指针;s2 是指向源缓存的指针;len 是要复制的最大字符数。 返回值:返回 s1
memset	#include <string. h> void * memset(void * s,char c,int len);	功能:设置 s 的前 len 字节设置为 c。 参数:s 是指向目的缓存的指针;c 为要设值的字符,字符型;len 为缓冲区长度。 返回值:返回 s
modf	#include <math. h> float modf(float val,float * ip);	功能:把浮点数 val 分成整数和小数部分。 参数:val 为待分离的浮点数;ip 是指向 val 的整数部分的指针,浮点型。 返回值:返回带符号的小数部分 val
offsetof	#include <stddef. h> int offsetof(stuc,mem);	功能:求结构成员的偏移量,实现结构成员定位。 参数:stuc 为待操作的结构;mem 是结构的成员。 返回值:结构成员对于结构始地址的偏移量字节
pow	#include <math. h> float pow(float x,float y);	功能:计算 x 的 y 次幂。 参数:x,y 均为浮点数。 返回值:x 的 y 次幂。如果 x≠0 且 y=0,返回 1;如果 x=0 且 y≤0,或 x<0 且 y 不是整数,则返回 NaN(非数据错误)
printf	#include <stdio. h> int printf(const char * fmtstr,…);	功能:格式化一系列字符串和数值数据,生成一个字符串并用 putchar 函数写到输出流。 参数:① fmtstr 是指向格式化字符串的指针。 格式化字符串包含字符、转义系列和格式标识符。字符和转义系列按说明的顺序复制到流。格式标识符使随后的同序号的数据按格式说明转换和输出,格式标识符以％号开头,格式为"％[flags][width][. precision][{b|B|1|L}]type"。 如数据量多于格式标识符,多出数据将被忽略; 如格式标识符多于数据,结果将不可预料。 ② …参数表示 fmtstr 控制下的待打印数据。 返回值:实际写到输出流的字符数

续表

函数名	函数原型	函数功能说明
putchar	#include <stdio. h> char putchar(char c);	功能：用 8051 的串口输出字符 c。 参数：c 表示输出的字符，字符型。 返回值：输出的字符 c
puts	#include <stdio. h> int puts(const char * string);	功能：使用 putchar 将字符串和换行符写到输出流。 参数：c 表示输出的字符，字符型。 返回值：操作成功返回 0；如果出错则返回 EOF
rand	#include <stdlib. h> int rand(void);	功能：产生一个 0～32767 之间的虚拟随机数。 参数：无。 返回值：一个虚拟随机数
realloc	#include <stdlib. h> void * realloc(void xdata * p, unsigned int size);	功能：改变原先已经由 malloc、calloc 或 realloc 分配的存储区的大小。 参数：p 是指向存储区起始地址的指针；size 参数指定新存储区的大小。 返回值：指向新存储区最低地址的指针；如果存储池没有足够的存储区，则返回 NULL 指针
scanf	#include <stdio. h> int scanf(const char * fmtstr,…);	功能：用 getchar 函数按格式化字符串，读入并保存到参数。每个参数必须是一个指向变量的指针。 参数：①fmtstr 是指向格式化字符串的指针。 fmtstr 是由一个或单个空白字符、非空白字符和格式标识符组成。空白字符有空格（' '）、制表符（'\t'）或换行符（'\n'），扫描输入时跳过；②除百分号（'%'）外的非空白字符产生扫描读入，但不保存；格式标识符使得读入字符按指定类型转换，并保存在参数列表中。它以'%'开头，格式为"%[*][width][{b|h|l}]type"。 ②…是指向接收数据变量的指针，可选。 返回值：如操作成功，返回输入成功的字段数量；如出错，则返回 EOF
setjmp	#include <setjmp. h> volatile int setjmp(jmp_buf env);	功能：保存当前 CPU 的状态。该函数和 longjmp 函数一起使用，提供非局部跳转的方法。由该函数保存的状态此后可以调用 longjmp 来恢复，使程序从调用后之处继续执行。仅有 volatile 属性声明的局部变量和函数参数被恢复。 参数：env 为保存的环境，jmp_buf 结构类型。 返回值：若函数返回 0，表示当 CPU 当前状态被复制到 env；若函数返回一个非零值，表示执行了 longjmp 函数来返回 setjmp 函数调用，在这种情况下返回值是传递给 longjmp 函数的值
sin	#include <math. h> float sin(float x);	功能：计算 x 的弧度正弦。 参数：x 必须为 -65535～+65535 之间的浮点数值。 返回值：x 的浮点正弦值。如 x 值越界，则返回 NaN 表示出错
sinh	#include <math. h> float sinh(float x);	功能：计算 x 的双曲正弦。 参数：x 必须为 -65535～+65535 之间的浮点数值。 返回值：x 的浮点双曲正弦值。如 x 值越界，则返回 NaN 表示出错
sprintf	#include <stdio. h> int sprintf(char * s, char * format,…);	功能：该函数除了直接输出到字符串外，其作用与 printf 函数相同。详情参见 printf 函数。 参数：① s 指向接收格式化数据的字符串的指针。 ② format 是指向格式化字符串的指针。 ③ …表示在 fmtstr 控制下的待打印数据。 返回值：输出的字符数
sqrt	#include <math. h> float sqrt(float x);	功能：计算 x 的平方根。 参数：x 为浮点数值。 返回值：x 的浮点平方根值

函数名	函数原型	函数功能说明
srand	#include ＜stdlib. h＞ void srand(int seed);	功能:初始化 rand 函数所用虚拟随机数发生器,随机数发生器对给定的 seed 值,产生的虚拟随机数序列相同。 参数:seed 为确定特定随机数序列的无符号整数。 返回值:无
sscanf	#include ＜stdio. h＞ int sscanf(const char * s, const char * format,…);	功能:该函数除了从字符串读取外,其功能与 scanf 相同。详见 scanf 函数功能。 参数:① s 是指向含有数据的字符串的指针。 ② format 是指向格式化字符串的指针。 ③ …参数指向将接收数据的变量的指针。 返回值:返回输入成功的字段数目,如果出现错误 则返回 EOF
strcat	#include ＜string. h＞char * strcat(char * s1,const char * s2);	功能:将第二字符串复制后添加到第一字符串的末尾。其中,第二字符串的首字符增开覆盖第一字符串的结束字符(null)。 参数:s1、s2 是指向第一、第二字符串的指针。 返回值:返回 s1
strchr	#include ＜string. h＞ char * strchr(const char * s,int c);	功能:在字符串中搜索指定字符首次现的位置,结束字符(null)也视为字符串的一部分。 参数:s 是指向字符串的指针; c 表示字符串的整数值。 返回值:返回指向 c 在 s 所指字符串中首次现的位置的指针;如果找不到 c,则返回 null
strcmp	#include ＜string. h＞ char strcmp(char * s1,char * s2);	功能:比较字串 s1 和 s2 的内容。 参数:s1、s2 是指向第一、第二字符串的指针。 返回值:若 s1＜s2,返回负数;若 s1＝s2,返回 0;若 s1＞s2,返回正数
strcpy	#include ＜string. h＞ char * strcpy(char * s1, char * s2);	功能:复制字符串 s2 到字符串 s1,并用 NULL 字符结束 s1。 参数:s1 是指向目的字符串的指针; s2 是指向源字符串的指针。 返回值:s1
strcspn	#include ＜string. h＞ int strcspn(char * s, char * set);	功能:在字符串 s 中查找字符串 set 的任何字符。 参数:s 是指向源字符串的指针; set 是指向查找对象字符串的指针。 返回值:s 中和 set 匹配的第一个字符的索引。如果匹配,返回 0;如果没有字符匹配,返回字符串的长度
strlen	#include ＜string. h＞ int strlen(char * s);	功能:计算 s 的字节数,不包括 NULL 结束符。 参数:s 是指向要测试长度的字符串的指针。 返回值:字符串 s 的长度
strncat	#include ＜string. h＞ char * strncat(char * s1, char * s2, int len);	功能:从 s2 添加最多 len 个字符到 s1,并用 NULL 结束。 参数:s1 是指向目的字符串的指针;s2 是指向源字符串的指针;len 连接的最多字符数。 返回值:s1
strncmp	#include ＜string. h＞ char * strncmp(char * s1,char * s2,int len);	功能:比较 s1 的前 len 字节和 s2,返回一个值表示它们的关系。 参数:s1 是指向第一字符串的指针;s2 是指向第二字符串的指针;len 为比较的长度。 返回值:若 s1＜s2,返回负数;若 s1＝s2,返回 0;若 s1＞s2,返回正数
strncpy	#include ＜string. h＞ char * strncpy(char * dest,char * s2, int len);	功能:从 s2 复制最多 len 个字符到 s1。 参数:s1、s2 分别是指向目的字符串和源字符串的指针;len 为要复制的字符串中的字符数。 返回值:s1

函数名	函数原型	函数功能说明
strpbrk	# include <string. h> char * strpbrk(char * s, char * set);	功能：查找 s 中第一个出现的 set 中的任何字符,不包括 NULL 结束符。 参数：s、set 分别是指向源字符串和要查找的字符串的指针。 返回值：s 匹配的字符的指针
strpos	# include <string. h> int strpos(const char * s, char c);	功能：查找字符串 s 中 c 字符首次出现的位置,包括 s 的结束符 NULL。 参数：s 是指向字符串的指针;c 是要查找的字符。 返回值：s 中和 c 匹配的字符的索引,s 中第一个字符的索引是 0;如没发现匹配,则返回−1
strrchr	# include <string. h> char * strrchr(const char * s,char c);	功能：查找字符串 s 中 c 字符最后出现的位置,包括 s 的结束符 NULL。 参数：s 是指向字符串的指针;c 是要查找的字符。 返回值：s 中和 c 匹配的字符的索引;如没匹配则返回 NULL
strrpbrk	# include <string. h> char * strrpbrk(char * s, char * set);	功能：查找 s 中最后一个出现的 set 中的任何字符,不包括 NULL 结束符。 参数：s、set 分别是指向源字符串和要查找的字符串的指针。 返回值：s 最后匹配的字符的指针;如没匹配则返回 NULL

strrpos	# include <string. h>
	intstrrpos(const char * s, char c);
		功能：查找字符串 s 中 c 字符最后一次出现的位置,包括 s 的结束符 NULL。
		参数：s 是指向字符串的指针;c 是要查找的字符。
		返回值：s 中和 c 匹配的最后字符的索引,s 中第一个字符的索引是 0;如没匹配则返回−1

strspn	# include <string. h> int strspn(char * s, char * set);	功能：查找字符串 s 中 set 没有的字符。 参数：s、set 分别是指向源字符串和要查找的字符串的指针。 返回值：s 中首个和 set 不匹配的字符的索引。如 s 所有字符 set 中都有,返回 s 的长度
strstr	# include <string. h> char * strstr(const char * s1,char * s2);	功能：在第一字符串中搜索第二字符串出现位置。 参数：s1、s2 分别是指向第一字符串和第二字符串的指针。 返回值：s2 在 s1 中首次出现位置的指针;如找不到,则返回 NULL 指针

strtod	# include <stdlib. h>
	floatstrtod(const char * string, char * * ptr);
		功能：将一个浮点数格式的字符串转换为一个浮点数。字符串开头的空白字符被忽略。
		参数：string 是指向字符串的指针;ptr 是指向转换后字符的指针。
		返回值：如成功转换则返回生成的浮点数,ptr 指向 string 中转换部分的第一个字符;如不能转换则返回 0,prt 指向 string 第一个非空白字符

strtol	# include <stdlib. h> long strtol(const char * string,char * * ptr, unsigned char base);	功能：将字符串转换为长整型值,去除前导空白。如果 base 为零,结果是一个八、十、十六进制整数。如果 base 在 2~36 之间,数值必须是一个字母或数字的非零序列,字母 a~z(或 A~Z)分别表示值 10~36。如果 base 是 16,则十六进制数的 0x 部分允许作为起始序列。 参数：string 是指向字符串的指针;ptr 是指向转换后字符的指针;base 是基数。 返回值：由字符串生成的长整型值。如溢出则返回 LONG_MIN 或 LONG_MAX
strtoul	# include <stdlib. h> unsigned long strtoul(const char * s, char * * ptr, unsigned char base);	功能：将字符串转换为一个无符号长整型数。基数的作用与 strtol 函数相同。 参数：s 是指向字符串的指针;ptr 是指向转换后字符的指针;base 是基数。 返回值：由字符串生成的无符号长整型值。如溢出则返回 ULONG_MAX

函数名	函数原型	函数功能说明
tan	#include <math.h> float tan(float x);	功能:求 x 弧度的正切值。 参数:x 为浮点数,必须在 $-65535\sim 65535$ 之间。 返回值:x 的正切值。如 x 值越界则返回 NaN
tanh	#include <math.h> float tanh(float x);	功能:求 x 弧度的双曲正切值。 参数:x 为浮点弧度值。 返回值:x 的双曲正切值
toascii	#include <ctype.h> char toascii (char c);	功能:将字符转换成一个七位的 ASCII 码。 参数:c 为要转换的字符。 返回值:字符 c 的 7 位 ASCII 码
toint	#include <ctype.h> char toint(char c);	功能:将数字按十六进制转换成数值。 参数:c 为要转换的数字。 返回值:数字 c 的值。如 c 不是十六进制数则转换失败,返回 -1
tolower	#include <ctype.h> char tolower(char c);	功能:将字符转换为小写。如该字符不是字母,则不产生影响。 参数:c 为要转换的字符。 返回值:c 所表示字符的小写
toupper	#include <ctype.h> char toupper(char c);	功能:将字符转换为大写。如该字符不是字母,则不产生影响。 参数:c 为要转换的字符。 返回值:c 所表示字符的大写
ungetchar	#include <stdio.h> char ungetchar(char c);	功能:把字符 c 放回到输入流。子程序被 getchar 和别的返回 c 的流输入函数调用。getchar 在调用时只能传递一个字符给 ungetchar。 参数:字符 c。 返回值:如成功,函数返回字符 c。如在读输入流时调用 ungetchar 多次,返回 EOF 错误条件
va_arg	#include <stdarg.h> type va_arg(argptr, type);	功能:va_arg 宏用来从一个可选的参数列表提取并列参数。该宏对每个参数只能调用一次,且必须根据参数列表中的顺序调用。 参数:argptr 为指向可变长度参数列表的指针;type 指定提取参数的数据类型。 返回值:返回指定参数类型的值
va_end	#include <stdarg.h> void va_end(argptr);	功能:va_end 宏用来终止指针 argptr 的使用。 参数:argptr 为指向可变长度参数列表的指针,用 va_start 宏初始化。 返回值:无
va_start	#include <stdarg.h> void va_start(argptr, prevparm);	功能:va_start 宏用来初始化 va_arg 和 va_end 所用的可变长度参数列表指针 argptr。 参数:argptr 为指向可变长度参数列表的指针;prevparm 是用三点号(…)指定的可选参数前紧接的一个函数参数。 返回值:无
vprintf	#include <stdio.h> void vprintf(const char * fmtstr, char * argptr);	功能:格式化一系列字符串和数字值,并建立一个用 puschar 函数写到输出流的字符串。与 printf 类似,但本函数使用的是参数列表的指针,而不是一个参数列表。 参数:fmtstr 是指向一个格式字符串的指针;argptr 是指向参数列表的指针。 返回值:返回实际写到输出流的字符数
vsprintf	#include <stdio.h> void vsprintf(char * buffer, const char * fmtstr, char * argptr);	功能:格式化字符串和数字值,产生一个用 puschar 函数写到输出流的字符串存储在缓存中。与 printf 类似,但本函数使用的是参数列表的指针,而不是一个参数列表。 参数:fmtstr 是指向一个格式字符串的指针;argptr 是指向参数列表的指针。 返回值:返回实际写到输出流的字符数

续表

函数名	函数原型	函数功能说明
_getkey	#include \<stdio. h\> char _getkey(void);	功能:等待从串行接口读入一个字符。 参数:无。 返回值:接收到的字符
_tolower	#include \<ctype. h\> bit _tolower(char c);	功能:将字符转换为小写。宏_tolower 用于已知字符是一个大写字母的情况下。 参数:字符 c。 返回值:c 所表示的小写字符
_toupper	#include \<ctype. h\> bit _toupper(char c);	功能:将字符转换为大写。宏_toupper 用于已知字符是一个小写字母的情况下。 参数:字符 c。 返回值:c 所表示的大写字符

[1] 张毅坤，梁莉，陈善久．单片微机计算机原理及应用．第 2 版．西安：西安电子科技大学出版社，2013.

[2] 姜志海，黄玉清，刘连鑫．单片机原理及应用．第 3 版．北京：电子工业出版社，2013.

[3] 马永杰．单片机原理及应用．第 2 版．北京：清华大学出版社，2013.

[4] 饶志强，韩彩霞．单片机原理及应用．武汉：华中科技大学出版社，2013.

[5] 张鑫．单片机原理及应用．第 3 版．北京：电子工业出版社，2014.

[6] 李全利．单片机原理及应用．第 2 版．北京：清华大学出版社，2014.

[7] 邵淑华．单片机汇编语言编程 100 例．北京：中国电力出版社，2013.

[8] 贾菲，洪立彬，马妙霞．单片机汇编语言编程就这么容易．北京：化学工业出版社，2015.

[9] 王敏，袁臣虎，冯慧，陈伏荣．单片机原理及接口技术——基于 MCS-51 与汇编语言．北京：清华大学出版社，2013.

[10] 孙宝法．单片机原理与应用．北京：清华大学出版社，2014.

[11] 余锡存，曹国华．单片机原理及接口技术．第 3 版．西安：西安电子科技大学出版社，2014.

[12] 毛晓波．单片机原理及接口技术．北京：机械工业出版社，2015.

[13] 牛晓伟，邓广福，刘锦峰，丰龙．单片机原理及接口技术．北京：中国电力出版社，2015.

[14] 陈勇，程月波，荆蕾．单片机原理与应用——基于汇编、C51 及混合编程．北京：高等教育出版社，2014.

[15] 徐爱钧．Keil C51 单片机高级语言应用编程技术．北京：电子工业出版社，2015.

[16] 丁向荣，陈崇辉，姚永平．单片机原理与应用——基于可在线仿真的 STC15F2K60S2 单片机．北京：清华大学出版社，2015.

[17] 刘爱荣，王双岭，李景丽，韩晓燕，刘秀敏，李立凯．51 单片机应用技术(C 语言版)．重庆：重庆大学出版社，2015.

[18] 陈忠平．51 单片机 C 语言程序设计经典实例．北京：电子工业出版社，2012.

[19] 徐爱钧．单片机原理与应用——基于 C51 及 Proteus 仿真．北京：清华大学出版社，2015.